中国古典园林研究论丛

丛书主编 王其亨

魏晋南北朝园林史探析

傅晶 王其亨 著

天津大学出版社

图书在版编目（CIP）数据

魏晋南北朝园林史探析 / 傅晶，王其亨著.—天津：
天津大学出版社, 2018.5(2021.12重印)
　（天津大学社会科学文库 / 王其亨主编. 中国古典
园林研究论丛）
　ISBN 978-7-5618-6113-4

　Ⅰ.①魏… Ⅱ.①傅… ②王… Ⅲ.①中国园林—建
筑史—研究—中国—魏晋南北朝时代 Ⅳ.①TU-098.42

中国版本图书馆CIP数据核字(2018)第086271号

策划编辑　金　磊　韩振平
　　　　　张　龙　郭　颖
责任编辑　赵淑梅
装帧设计　谷英卉　魏　彬

出版发行　天津大学出版社
地　　址　天津市卫津路92号天津大学内（邮编：300072）
电　　话　发行部：022－27403647
网　　址　publish.tju.edu.cn
印　　刷　廊坊市海涛印刷有限公司
经　　销　全国各地新华书店
开　　本　185 mm ×260 mm
印　　张　19
字　　数　472千
版　　次　2018年5月第1版
印　　次　2021年12月第2次
定　　价　72.00元

出版说明

　　自然科学与社会科学如车之两轮、鸟之两翼。哲学社会科学的发展水平，体现着一个国家和民族的思维能力、精神状况和文明素质。中国特色社会主义事业的兴旺发达，不仅需要自然科学的创新，而且需要以马克思主义为指导的哲学社会科学的繁荣和发展。"天津大学社会科学文库"的出版为繁荣发展我国哲学社会科学事业尽一份绵薄之力。

　　天津大学前身是北洋大学，有悠久的历史。1895年9月30日，盛宣怀请北洋大臣王文韶禀奏清廷，称"自强之道，以作育人才为本；求才之道，尤以设立学堂为先"。隔日，即1895年10月2日，光绪皇帝御批，中国近代第一所大学诞生了。创设之初，学校分设律例（法律）、工程（土木、建筑、水利）、矿务（采矿、冶金）和机器（机械制造和动力）4个学门，培养高级专门人才。1920年教育部训令，北洋大学进入专办工科时期。

　　中华人民共和国成立后，1951年，学校定名为天津大学；1959年，成为中共中央首批指定的16所全国重点大学之一；1996年进入"211工程"首批重点建设高校行列；2000年，教育部与天津市签署共建协议，天津大学成为国家在新世纪重点建设的若干所国内外知名高水平大学之一。

　　学校明确了"办特色、出精品、上水平"的办学思路，逐步形成了以工为主，理工结合，经、管、文、法等多学科协调发展的学科布局。学校以培养高素质拔尖创新人才为目标，坚持"实事求是"的校训和"严谨治学、严格教学要求"的治学方针，对学生实施综合培养，为民族的振兴、社会的进步培养了一批批优秀的人才。21 世纪初，学校制定了面向新世纪的总体发展目标和"三步走"的发展战略，努力把天津大学建设成为国内外知名高水平大学，并在 21 世纪中叶建设成为综合性、研究型、开放式、国际化的世界一流大学。

"天津大学社会科学文库"的出版目的是向外界展示天津大学社会科学方面的科研成果。丛书由若干本学术专著组成，主题未必一致，主要反映的是天津大学社会科学研究的水平，借助天津大学的平台，对外扩大天津大学社会科学研究的知名度，对内营造一种崇尚社会科学研究的学术氛围，每年数量不多，铢积寸累，逐渐成为天津大学社会科学的品牌，同时也推出一批新人，使广大学者积年研究所得的学术心得能够嘉惠学林，传诸后世。

"天津大学社会科学文库"出版的取舍标准首先是真正的学术著作，其次是与天津大学地位相匹配的优秀研究成果。我们联系优秀的出版社进行出版发行，以保证品质。

出版高质量的学术著作是我们不懈的追求，凡能采用新材料、运用新方法、提出新观点的，新颖、扎实的学术著作我们均竭诚推出。希冀我们的"天津大学社会科学文库"能经受得起时间的检验。

天津大学人文社科处

2009 年 1 月 20 日

序

自 1952 年以来，在建筑历史与理论学科创始人和带头人卢绳先生以及冯建逵先生的主持下，天津大学建筑学院对中国古典园林的研究，已坚持不懈六十多年，取得了十分丰硕的成果，更形成了独具特色而且非常优秀的学术研究传统。

这个传统的核心，就是务实求真，不懈探索。

在中国古典园林的研究还处于拓荒奠基期的时候，天津大学建筑学院的先贤们，就别具慧眼、高屋建瓴地开创了明确的研究方向，即以集历史大成而规模恢宏的清代皇家园林作为研究主体，将根基性的园林建筑实物的测绘以及对应档案文献的发掘作为研究的起点。经过两代学人扎扎实实的投入，迄今已完成了绝大部分园林建筑的实测和相关档案文献的梳理工作。其规模之大，持续时间之长，投入师生人数之多，在相关建筑历史研究和文化遗产保护领域，都可以说是空前的。

在此基础上，天津大学建筑学院先贤们带领众多学子，多维度地开展了深入研究，发表了大量的学术论文，更陆续出版了《承德古建筑》《清代内廷宫苑》《清代御苑撷英》《中国古典园林建筑图录·北方园林》等学术专著，已列入《中国古建筑测绘大系》的《北海》《承德避暑山庄及外八庙》《颐和园》等也即将付梓。

显而易见，如果没有务实求真、精诚敬业、持之以恒、严谨治学的态度，要取得这样的业绩，是根本不可能的。

务实求真、不懈探索的传统，也反映在相关工作与社会需求的密切结合上，包括建筑学科专业人才培养，文化遗产保护，现代建筑创作实践、借鉴和创新，等等。

事实上，数十年来，故宫博物院、北海公园、承德避暑山庄、颐和园、香山公园等涉及清代皇家园林的单位，均已成为天津大学建筑学院最重要的教学和科研基地。这些管理部门和学校密切合作，互助互利，取得了显著效益。学校方面，师生们通过相关园林建筑的测绘、复原及修缮设计、保护规划等工作，直接服务于文化遗产保护事业，专业修养得以升华，学科建设也随之得以发展。天津大学建筑学院的中国古建筑测绘课程之所以能够获得高等教育领域的国家级特等奖，国家文物局的古建筑测绘研究重点科研基地之所以能够获准在天津大学建筑学院创立，就是对于这一工作模式及其突出成就的高度认同。

基于这一学术研究传统，也产生了针对当代设计借鉴与创新的学术成果，典型如彭一刚先生的《中国古典园林分析》、胡德君先生的《学造园》等，就是建筑教学、研究和设计实践密切结合的杰作，自问世以来一直饮誉建筑界和相关学术领域。

这一务实求真的学术研究传统，还使天津大学建筑学院形成了研究中国古典园林的浓郁氛围，团队合作的精神也一直在教学、科研和设计实践中传承与发展。从某种意义上讲，摆在读者面前的这套"中国古典园林研究论丛"，就是这种传统、这种精神的直接产物。

具体说来，1985 年以后，天津大学建筑学院的研究团队进一步拓展了清代皇家园林的测绘和文献研究，包括样式雷图档的整理研究，强化了组群布局、题名用典等方面的剖析，还系统汲取了现象学、类型学、解释学等当代哲学和美学方法，把研究引向清代皇家园林以至中国古代园林本质内涵（包括其设计思想、理论以及相关价值观等）的探析。相关课题的硕士、博士学位论文已有六十多篇，在更深层次、更广领域取得了可喜成果，赢得了学术界的高度评价。1990 年至今，相关研究课题持续获得国家自然科学基金、重点项目以及教育部博士点基金资助。

在天津大学（北洋大学）建校一百二十周年之际，天津大学建筑学院的研究团队谨从近二十多年来的园林研究成果中精选了一部分，辑为"中国古典园林研究论丛"，借以缅怀开拓了这一研究领域的众多先贤，也奉献给在相关专业教育、学术研究、设计创作以及文化遗产保护事业中努力拼搏的更多同人，以期能够裨益于中国古代优秀文化遗产的继承和光大。

王其亨

2015 年 9 月

目录

绪论 / 009

第一章　魏晋南北朝园林文化的社会背景 / 019

第二章　魏晋南北朝山水美学与园林审美意趣 / 093

第三章　皇家园林 / 141

第四章　士人园林 / 211

第五章　佛寺和宫观的园林环境 / 249

第六章　结论 / 289

参考文献 / 295

后记 / 302

绪 论

魏晋南北朝（公元220—589年）是中国古典园林发展史中的重要转折期。此期不但在皇家园林之外，出现了士人园林、佛寺园林等新园林类型，还在园林本质上发生了重大飞跃，由秦汉时期的侧重满足物质生活需求，转向作为承载思想、安顿心灵、升华人格的精神居所。这种由物质层面向精神层面的转换和升华，是魏晋南北朝园林的主要特征和重大价值，中国古典园林以山水审美为主题、以寄情修心为旨归的独特精神气质和形象风貌，由此逐渐显化和确立，并为后世所承继和发展。

因形象资料和实物遗存的匮乏，魏晋南北朝园林的物质实体研究受到较大的局限，但大量的历史文献却为造园理念研究提供了丰富的线索。本书着重于园林特征的发展原理探究，以人对园林的需求考察为切入点，分析了随着社会发展，人类的生活方式和意识形态对园林的需求变化，引发的园林功能、性质变化，以及园林形态和风貌显现出的新特征。

本书认为魏晋南北朝时期山水美学的兴盛主要基于儒家山水观及礼乐复合、人生理想等文化渊源，而非缘于抽象虚无、消极遁世的老庄思想的影响，正如梁代刘勰论述魏晋南北朝诗的兴盛原因所言："庄老告退，而山水方滋"（［南朝梁］刘勰：《文心雕龙·明诗》）。此期山水审美的自觉对中国古典园林文化和形象特征的转折性发展具有决定性意义，园林的精神居所本质由此确立，并作为园林营造的核心原理，贯穿于整个中国古典园林发展史中。园林作为生活场所，自魏晋起成为园主的人生观和人格理想的直接投射与呈现，园林的发展使中国古人礼乐复合的人生哲学和生活模式得到了完整实现。

一、魏晋南北朝园林具有转折性的研究价值

魏晋南北朝上承秦汉文明，下启恢宏昌盛的唐宋盛世，是中国历史上一段多元文化空前交织融会、特色和新意层出的转折期。这期间，政治的剧烈动荡、各民族的大规模迁徙和文化融合、思想的巨大解放以及外域佛教文化的渗入影响等因素，共同促成了异彩纷呈的社会生活现象以及文化领域中活跃的学术发展和突出的创新性成就。玄远思辨的魏晋玄学、汉化发展的佛教义理，逍遥放逸的竹林七贤、儒雅风流的兰亭集聚、三教融会的庐山结社，"山水有清音"（［西晋］左思：《招隐诗》）的山水情结、游弋林泉的山水审美风尚，陶渊明恬淡自适的田园诗文、谢灵运怡情赏心的山水诗赋，力显山水之美的石崇金谷园、谢灵运始宁山居、"翳然林水，便自有濠濮间想"（［南朝宋］刘义安：《世说新语·言语》）的华林园等皇家园林，以及北朝规模宏大的洛阳佛寺群和敦煌、麦积山、云冈、龙门等石窟寺、南朝"多少楼台烟雨中"的"四百八十寺"（［唐］杜牧：《江南春》），还有书圣王羲之、画圣顾恺之，"体大而虑周""笼罩群言"（［清］章学诚：《文史通义·诗话》）的《文心雕龙》等文论、《画山水序》《叙

画》等画论，以及祖冲之、刘徽、裴秀、贾思勰、马钧等科学家，这些历代传为美谈的魏晋人物和魏晋气象，标示着魏晋南北朝在我国文化发展史上的特殊地位和对后世产生的重大影响。

值得重视的是，魏晋南北朝社会文化的全面繁荣和突破性成就，成为了推动园林发展的强大动力。此期思想界空前高扬的理性精神和抽象思辨能力，是文化创新的直接工具；以此为方法论的魏晋玄学，闪烁着理性光华，同时，深入融会和发展了传统的儒、道等学说，并与佛学思维和义理相互融合阐发，在取得突出理论造诣的同时，塑造了魏晋独具一格的社会文化精神。在其引领下，魏晋时代产生了标举新意、张扬个性的特有人格观、审美观和生活方式，并进一步促发了文学艺术在理论水平、思想内涵、创作题材及风格气质上的突破性发展。其中最引人注目的是，此期对山水美学的深入开掘，引发了空前高涨的山水审美社会风尚和山水诗[①]、山水画、山水园林等文学艺术创作潮流，并最终被后世传承和发展为华夏传统文化艺术体系中最具代表性的组成部分。正如宗白华先生所评述的那样：

汉末魏晋六朝是中国政治上最混乱、社会上最苦痛的时代，然而却是精神史上极自由、极解放，最富于智慧、最浓于热情的一个时代。因此也就是最富有艺术精神的一个时代。……奠定了后代文学艺术的根基与趋向。[②]

在这样一个从政治局势到社会文化生活都较前代有着巨大转变、具备自身鲜明特色的社会背景下，作为社会文化缩影的园林艺术，其物质风貌和精神内涵也较以往发生了显著的变化。伴随着山水美学思想的突破性发展和山水艺术的高度自觉，魏晋南北朝园林的本质由满足物质生活需求转变为园主陶冶情操、安顿心灵的精神居所。这种由物质层面向精神层面的转换和升华，促进了园林审美内涵的凸显和造园审美追求的自觉，经过造园者对园林景观审美意象的深入开掘，魏晋南北朝园林在文化内涵、审美意趣和创作艺术等方面，都大大超越前代，有了长足的进展。自然、写意的园林审美新风，曲水流觞、空亭纳景、点景题名、品赏美石等中国古典园林的独特艺术手法，均在此期成形并传承和发展，最终衍化为中国古典园林独特的艺术风貌和精神气质。同时，由于园林精神住居本质的凸显和深化，园林文化自此在中国古代文化体系中占据了不可替代的一席之地。

由此可见，园林的本质特征、物质风貌和文化内涵等方面在魏晋南北朝时期发生的上述重大转折以及激发其发展创新的社会文化动力，都具有不容忽视的重要研究价值。对其展开全面探讨，将有助于深入把握中国园林文化的发展脉络，进一步理解古典园林创作体系的核心精神和表现方式。

---

① [南朝梁] 刘勰：《文心雕龙·明诗》。其中载述："宋初文咏，体有因革，庄老告退，而山水方滋。"
② 宗白华：《论〈世说新语〉和晋人的美》，见《美学散步》，356 页，上海，上海人民出版社，2005。

二、以园林的精神住居本质为核心线索的研究思路

园林是一个开放性的概念，不同的历史时期，园林所涵括的物质和文化内容不尽相同，风貌也有所差别。例如，作为园林起源的殷、周、先秦时代的园、圃、囿等，注重物质生产功能，兼为游乐和祭祀场所，其中除少量人工建筑和池沼，更多的是带资源保护性质的广袤的天然山水林木[1]。人们在其中通过体察自然，形成山水比德、比道的人格化审美意识，并积淀为后世山水审美和园林栖居的民族文化心理[2]。秦汉园林则以皇家宫苑为主流，兼备生产和娱游功能，其规模宏大、范山模水，常以昆仑或蓬莱神话为造园主题，园中的建筑也着重彰显华丽壮美的磅礴气势[3]。至魏晋南北朝，伴随着山水美学思想的突破性发展，园林的营造理念发生了重大转折，园林的性质逐渐由物质生产基地向审美娱情场所转化。此期兴建的部分郊野园林，如士人的山居、别业等，虽然仍含带大量生产性的庄园场景，但已经明确了"以娱休沐，用托性灵"（［南朝梁］徐勉：《为书戒子崧》）的造园思想，将自觉性的山水审美观照前所未有地贯穿到园居生活中；园林中的生产性元素纷纷超越了原本纯粹满足物质生活需求的功能，敷上了审美娱情的色彩，成为娱游性园林活动的重要组成部分[4]；城市中的宫苑和私园同样十分重视营造园林的审美娱情氛围[5]，此期的大量诗文和载记，都突出反映了园林审美意义的空前开掘和深入人心[6]，

---

[1] 殷、周时期的园林是建立在农业生产基础上的。帝王在营建都城的同时，开辟大规模的物质生产基地，用以满足种植、狩猎饲养和提供宗教仪式之祭品的需要。因此早期狭义的园林，是以皇家苑囿的面目出现的，兼有生产、游乐和祭祀场所性质。《文王之什·灵台》中对此有详尽的载述："王在灵囿，麀鹿攸伏。麀鹿濯濯，白鸟翯翯。王在灵沼，于牣鱼跃。……于论鼓钟，于乐辟雍。"载［先秦］佚名：《诗经·大雅》。

[2] 先秦的山水观详见本书第一、二章所述。

[3] 成书于东汉的《说文解字》对园、圃、囿、苑有如下界定："园，所以树果也。……圃，种菜曰圃。""囿，苑有垣也……一曰禽兽曰囿。""苑，所以养禽兽也。"这说明，在汉人的意识中，人为经营的"园、圃、囿、苑"的主要功用，仍是用来进行物质生活资料生产的领地，而娱游观赏的性质并不占主导。参见［东汉］许慎：《说文解字》。

[4] 如士族视察庄园生产状况的"行田"活动，常常是结合士人观赏山水的聚会活动进行的。池鱼是可以观生意、引发濠濮间想的审美对象；竹林、果木也可以作为审美景观甚至比德对象；采药、采果等行为均被作为游山赏景的园林活动内容。详见本书第四章论述。

[5] 东晋简文帝司马昱入华林园时说，"会心处不必在远，翳然林水，便自有濠濮间想也。觉鸟兽禽鱼，自来亲人"。参见［南朝宋］刘义庆：《世说新语·言语》。北魏姜质《亭山赋》阐述北魏张伦宅园的意境："卜居动静之间，不以山水为忘。庭起半丘半壑，听以目送心想。"参见［北魏］杨衒之：《洛阳伽蓝记》。

[6] 反映园林审美化倾向的诗文和载记有：

园林多趣赏，被襖乐还寻。（［南朝陈］陈叔宝：《被襖泛舟春日玄圃各赋七韵诗》）

（北魏张伦宅园）园林山池之美，诸王莫及。伦造景阳山，有若自然。（［北魏］杨衒之：《洛阳伽蓝记》）

（北魏冯亮）雅爱山水，又兼巧思，结架岩林，甚得栖游之适，……林泉既奇，营制又美，曲尽山居之妙。（［北齐］魏收：《魏书》卷九十·《列传·逸士》）

营小园者，……欲穿池种树，少寄情赏。……为培塿之山，聚石移果，杂以花卉，以娱休沐，用托性灵。……华楼回榭，颇有临眺之美。（［南朝梁］徐勉《为书戒子崧》）

从东晋陶渊明"静念园林好，人间良可辞"（［晋］陶渊明：《庚子岁五月中从都还阻风于规林·其二》）的表述中，不难体会出当时的园林是可以暂避人间喧嚣、获得心灵安顿的场所。同时，南北朝翻译的佛教经典中，也大量以"园林""园观"来指称佛教理想的天神世界和佛国净土中泉池清净、花木繁茂、楼台庄严的生活环境[1]，明显地体现出此时园林概念与田庄、牧场等生产基地场景的疏离，以及与林泉花鸟等审美性环境的切近；并且，这种带宗教幻想的彼岸世界追求，更强调了园林审美与心性超越、精神升华的密切关系，促使园林作为精神居所的本质特征日益凸显。中唐至两宋，园林与生产环境逐渐脱离，对应于经济基础的变化和审美意趣的发展，园林日趋小型精致，并最终衍化为明清园林以写意和抽象的人工山水来配合建筑要素，从而构成园林景观的创作手法，以及充分发挥主体的审美能动性、在游园赏景中达及心灵超越和审美升华的园林境界。

由于实物遗存的阙如和图画等形象资料的匮乏，今天对于魏晋南北朝园林的风貌已经难以有清晰的感性认识。但由前文关于园林发展轨迹的简要梳理可知，园林的本质是具有深刻社会意义和美学价值的精神居住，这一本质贯穿于自上古至明清的园林发展总历程中，而园林的布局、造景等艺术手法和技巧，则都是园林本质在不同时代背景下的外在形式与表现。正是在此前提下，可以克服形象资料匮乏的困难，以园林本质为线索，展开必需的研究。因此，本书的基本研究思路是紧扣园林贯穿古今的精神居住本质，着眼于早期园林作为历史原型的特殊地位，以园林营造理念的发展和变化为线索，以园林文化内涵的历代延承和演进为纽带，参证现有的园林实物及造园理论，进行溯源性的追问和探究；在此过程中，有针对性地挖掘和整理原始资料，并结合相关领域的考古成果，一方面探究政治、经济、文化背景对造园思想和园林文化渊涵的影响，一方面考证当时的社会条件对园林形态的塑造。由此推知魏晋南北朝园林的发展程度和基本面貌，确定其在整个中国园林发展史上所处的地位（参见图0-1）[2]。

三、研究方法与内容

本书在研究方法上，尽量避免以现代美学原则去主观地评价和分析中国古典园

[1]《佛说长阿含经》云：而行诣于园林，随意娱乐。或一日、二日至于七日……善见池东有园林名善见……善见池南有园林，名大善见。善见池西有园林，名曰娱乐。善见池北有园林，名曰等花。……其四园墙复有四门。……其墙四面有树木园林，流泉浴池。生种种花，树木繁茂，花果炽盛，众香芬馥，异鸟哀鸣。参见［后秦］佛陀耶舍、竺佛念译：《佛说长阿含经》。
[2]《大楼炭经·忉利天品》云："（忉利天帝参议）殿舍东有释园观，名粗坚。广大各四万里，亦以七宝作。七重壁、栏楯、交露、树木，周匝围绕甚姝好。门高千二百里，广长八百里。门上有曲箱盖交露楼观，下有园观浴池，中有种种树木叶华实，种种飞鸟相和而鸣。粗坚园观中有香树，高七十里，皆生华实，劈者出种种香。……殿舍南有天帝释园观，名乐画。……忉利殿东有天帝释园观，名愦乱。……忉利天殿舍西有园观名歌舞。"参见［西晋］法立、法炬译：《大楼炭经》。

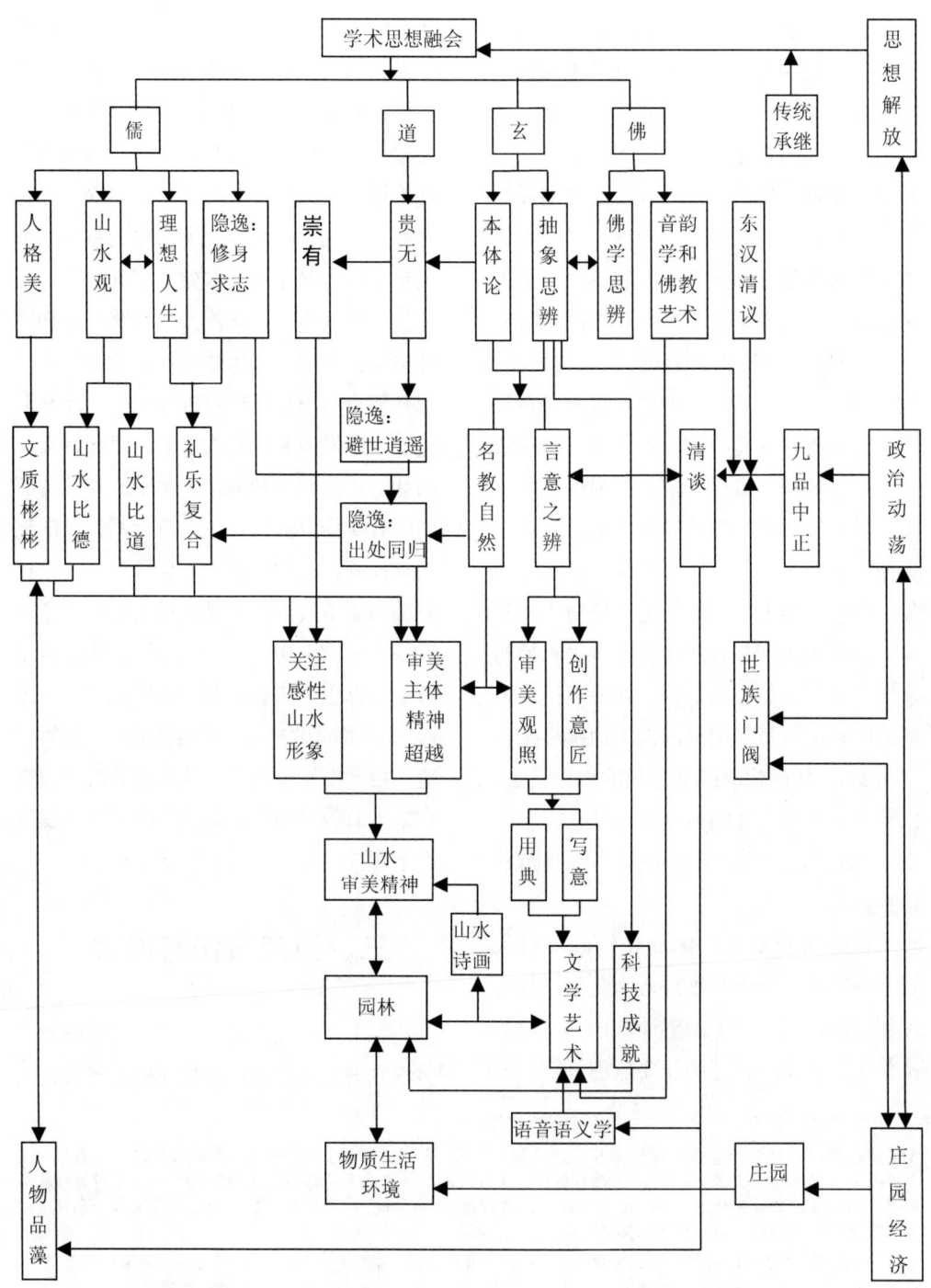

图 0-1　魏晋南北朝园林审美发展源流

林的造园理念和艺术手法，而是立足于客观地挖掘、研读古代文献原典，通过解读史料和士人抒情言志的诗文来把握园林的精神实质和创作意匠，借助古代文论、画论总结的美学原则和思想来理解古人特殊的审美方式和艺术表达手法。

在研究内容方面，依据园林史研究的普遍结构和分类方式，首先概述魏晋南北朝的政治、经济、文化特征，提点相关社会背景对园林发展的影响；而后重点剖析山水审美在魏晋南北朝的兴盛原因和主要特点，及其与园林意匠的密切关系；进而将魏晋南北朝园林分为皇家园林、士人园林①、寺院园林三大部分进行讨论。

（一）魏晋南北朝园林文化的社会背景

本书首先概述魏晋南北朝时局动荡、庄园经济发展、士族门阀兴盛等的基本社会状况及其与园林发展的相互关系，重点梳理此期的社会文化心理特征及其对园林的影响，主要包括以下内容。

第一，儒学与魏晋南北朝政教、私学、学术研究、玄学、士人人格理想、隐逸观、人物品藻、佛学、道家等文化现象的深厚渊源及密切关系。

第二，概述魏晋玄学的主要内容和本质特征。分析魏晋玄学"辩名析理"的抽象思辨思维方式对文学、艺术、社会生活、

科学技术等方面产生的巨大影响。重点剖陈在玄学思维的影响下，美学和艺术摆脱了经学附庸的地位，从理论到实践上都发生了自觉，在审美观照方式、艺术表达方式等方面推陈出新，进而促进了诗、画、园林等艺术形态的发展。

第三，概述佛教在魏晋南北朝的汉化过程，指出其"般若学"和"涅槃学"是将神秘的精神实体作为修为的最高境界，并衍生为直觉顿悟的修行方法。这些思想理论与审美的超越性和直觉性特征契合，在一定程度上促进了魏晋南北朝美学方法论的发展，进而推动了园林审美和园林创作手法的创新。同时概述佛教音韵、绘画、雕塑、建筑艺术对中国文化的影响。

（二）魏晋南北朝山水美学与园林审美意趣

第二章梳理魏晋南北朝山水审美与上古、先秦、两汉山水观的传承关系，指出山水审美是指将山水感性形象美感和审美主体理性精神超越充分结合的结果，由此进一步剖析魏晋南北朝山水审美兴盛的主要原因。

（1）在对山水感性形态的关注和把握方面：以魏晋玄学宇宙本体论由"贵无"向"崇有"的转变为理论前提，得益于对孔门儒学比德比道山水观的发展和深化，也得益于玄学家郭象对庄子超越精神的创

---

①魏晋南北朝的私家园林主人虽然有王公、显贵、士人、富商之分，但其中的王公显贵基本都是士人集团的高层人士，而富商也追随士人风尚，故此，从园林风格角度上，可以用士人园林来统括全体私家园林。

造性解读。

（2）在审美主体理性精神超越方面：承继和发展孔门儒学礼乐复合的理想人生追求，融会儒、道隐逸文化形成"出处同归"的隐逸观。

进而阐述山水审美与魏晋士人人生、士人生活的密切关系，包括在魏晋士人山水游弋和文会雅集之风、由山林而园林的隐逸理想等方面。由此展现山水审美活动在魏晋蔚然成风的盛况，分析山水审美兴盛对园林审美价值显化和深入开掘的重大推动作用，并结合山水诗、文、画等山水艺术作品特征分析，探讨魏晋南北朝园林与之同步的重在审美娱情的精神气质。

鉴于园林作为精神居所的内在本质，结合兰亭雅聚、亭的演变、点景题名、园林的乐感空间等典型个案，深入剖析魏晋南北朝园林追求物我交融的审美超越境界的特征，以及重在写意的审美意趣，总结其创作理念和艺术表现手法，以供今人借鉴。

（三）皇家园林

第三章依据文史资料，分三国、西晋、十六国、东晋南朝、北朝五部分整理皇家园林实例，考证大内御苑及相关重要园苑的历史沿革、基本格局和整体风貌；结合典型个案或突出特征，分析该时代园林的文化内涵、审美旨趣和创作手法。着重剖析的内容有：东晋南朝皇家园林中的"圣王境界"、浓重的重文倾向和相关的济世景象。结合曲水流觞等禊赏园景、点景题名、赏石之风等园林景观创作的典型个案，剖陈东晋南朝皇家园林日趋简约、写意的审美旨趣，分析魏晋社会日渐精审细致的审美取向对园林小型化创作意匠和写意化理景手法的强大影响和塑造力，揭示士人文化和园林艺术对皇家园林的深刻影响。另以北魏洛阳皇家园林为主要考察对象，通过分析洛阳宫苑群的总体格局与城市环境和功能需求的密切结合、园林景观援典题名等典型实例，剖陈其对魏晋园林文化的承继和发展。

（四）士人园林

第四章分析士与士文化的特殊社会地位以及由此产生的士人理想人生与山水审美的深厚渊源，指出士人园林实际是山水审美在魏晋空前发展并与士人生活密切结合的产物，分析推动士人园勃兴的相关政治、经济、文化因素。

通过与汉代私园相对比，把握魏晋士人园林的总体风格。根据相关文史资料，整理魏晋南北朝士人园林实例，列为简表，以期对此间士人园林的历时性发展特征有一个直观的了解和认识。

择取魏晋南北朝园林各发展阶段的典型实例，从园居理想、造园手法、园林活动等方面加以比较和剖析，总结魏晋南北朝士人园林的基本特征和创作手法。

对魏晋南北朝士人园林的重要价值和历史地位作出评述，指出其集中而典型地表达了士阶层的物质与精神追求，具有深刻的文化内涵和非凡的艺术价值；是中国古代意境最臻精美的诗情画意的居所。士人园林自此在园林体系中确立了引领创作理念和审美意趣潮流的主导地位。

（五）寺院园林

第五章参证佛典和相关文史资料，从佛教的修持和讲经环境以及佛教神话等角度，探寻佛寺与园林环境的因缘。对魏晋南北朝汉地佛寺园林化的几种不同表现方式作基本的分类和描述，并结合魏晋南北朝时期佛教的汉化和发展情况，从寺院庄园经济、吸引信众、士人官僚舍宅为寺、高僧避居山林等角度，分析佛寺园林化的时代性和社会性动因。

依据相关文史资料，梳理魏晋南北朝城市佛寺的园林化发展历程，整理相关实例并列为简表，以便直观地了解此期园林化佛寺的基本风貌。并进一步对北魏洛阳景林寺、宝光寺、景明寺以及南朝梁建康同泰寺等几所著名城市佛寺的园林化格局和创作意匠作出深入的考证和剖析。

结合社会背景和自然条件分析山林佛寺的成因；讨论部分由高僧避居山林、兴建精舍而发展起来的山林佛寺格局及创作意匠；整理帝王敕建的山林佛寺资料，分析其基本风貌和创作意匠。

参证佛典和相关文史资料，讨论石窟寺择址自然形胜之处的营建模式，选取甘肃天水麦积山石窟寺为典型，分析其与山林环境的有机结合以及由此烘托而出的强烈宗教氛围。

依据相关文史资料，梳理魏晋南北朝道教宫观园林化的成因和发展历程。整理相关实例，分析其整体格局和基本风貌。

第一章

魏晋南北朝园林文化的社会背景

魏晋南北朝（公元220—589年）是国史中一段极富特色的转折期。这期间，一方面是时局的剧烈动荡，一方面却是整个文化领域的异常活跃，呈现出多元交织和创新发展的面貌。魏晋南北朝思想界空前高涨的理性精神和高度抽象的思辨能力，在中国历史上独树一帜；此期的玄学和佛学思想理论，在我国古代哲学史上留下了浓重一笔。魏晋时代标举新意、张扬个性的特有人格观、审美观和生活方式，促发了文学艺术在理论水平、创作思想、创作题材及风格上的突破性发展。此间被高度重视和深入开掘的山水美学，以及由此引发的山水诗、山水画和山水园林创作潮流，在后世被承继和发展为华夏传统文化艺术体系中最具代表性的组成部分。各民族文化的交流互融以及外域佛教的音韵学和佛教艺术也对魏晋南北朝文学艺术发展产生了巨大影响。

在这样一个从政治局势到文化生活都较前代有着巨大转变、具备自身鲜明特色的社会背景下，作为社会文化缩影的园林艺术，其精神内涵和物质风貌也必然发生显著的变化。

第一节　动荡的政治局面

东汉末年，小农经济衰颓，流民大量出现，阶级矛盾激化，农民起义频繁。同时，庄园经济发达，官僚士族和地方豪强势力日趋强大；而国家统治阶级则腐朽不堪，宦官和外戚擅政，与官僚士族集团矛盾重重，酿成了"党锢之祸"，政权更加不堪重击。东汉灵帝中平元年（公元184年），爆发黄巾起义，在镇压起义过程中，地方豪强势力扩张，国家陷入军阀混战割据时期。曹操、刘备、孙权在动荡的时局中扩张势力，最终分据三隅，形成鼎立之势。曹操据有长江以北的广大地区，先后于许昌和邺城兴建都城和王城，公元220年，曹丕正式宣布汉王朝的灭亡，建立魏国，定都洛阳；同时，西南有刘备称帝的蜀国，建都成都；孙权则割据江南，建立吴国，先后于京口、武昌和建业兴建都城。统一的汉王朝被魏、蜀、吴三国鼎立的分裂局面代替。

公元265年，司马炎取代曹氏政权而建立晋朝，建都洛阳，史称西晋。公元280年，晋消灭了蜀和吴，统一中国。晋立国后，分封诸王予以实权，九品中正制、占田制等政治和经济制度又加强了门阀世族的势力，遂导致公元290年晋武帝司马炎死后世族分别拥戴诸王争夺政权的"八王之乱"。同时，北方少数民族发展，公元304年，乘晋室内乱开始了中原争夺战。公元317年，西晋在宗室内乱和外族攻袭的双重打击下灭亡。

西晋末的大动乱迫使中原的一部分士族和人民迁徙到长江下游和东南地区。公元317年，琅琊王司马睿承继晋室，建立东晋王朝，定都建康（即三国吴的故都建业，今南京），汉族政权自此偏安。公元420年，刘裕代东晋建立宋朝，后又历齐、梁、陈共四朝，均都于建康，公元589年为隋所灭。

在北方，从公元304年匈奴族的刘渊起兵反晋开始，黄河流域陷入了匈奴、羯、氐、羌、鲜卑五个少数民族的豪酋以及部分汉族地方势力割据混战、政权更迭的局面，至公元439年北魏灭北凉止，135年间先后出现了16个政权，史称"五胡十六国时期"。鲜卑拓跋部建立的北魏政权最终扫平十六国残余、统一黄河流域，南北朝对峙的局面从此形成。公元493年，北魏孝文帝元宏迁都洛阳，改易鲜卑旧俗，建立汉化的北魏政权。公元534年，北魏分裂为东魏和西魏，随后又分别为北齐、北周所取代。

公元581年，北周权臣杨坚代周称帝，国号隋，定都大兴城（今西安城东南）。公元589年，隋消灭南方的陈朝，结束了魏晋南北朝这一历时369年的分裂时期，中国才又恢复大一统的局面。

政治的空前动乱，虽然给社会经济和人民生活造成了一定程度的破坏，但却为文化领域包括园林艺术的发展带来了历史性转折契机。

其一，政治动乱酿成了社会秩序的大解体，两汉羼杂过多谶纬迷信、神化王权的官方"今文经学"思想体系被批判和摈弃[1]，士人思想获得解放，个性得以自由发展，由此引发了思想文化领域的异常活跃。思维方式的突破性发展、对传统文化的深入开掘和发扬，推动了士人人生观、审美观的变革和发展，使哲学、文学、艺术等领域都出现了众多创新性的成果，园林作为社会文化载体，也同样在时代文化潮流的综合影响下出现了转折性发展。

其二，在政权频繁交替的过程中，夺得统治权的帝王多着力兴建宫城苑囿。但受精致化审美取向的影响，并与综合国力相配合，魏晋以降的皇家苑囿与两汉相比呈现出规模缩小，景观自然化、写意化等不同的特点。容后文详述。

其三，汉末小农经济衰颓、庄园经济发展，魏晋政局的动荡和分裂更促进了庄园这种家族性聚居的生产和生活组织形式的大量出现，世族地主的势力空前膨胀。他们在政治和经济上都是执政者倚重的对

---

[1] 今文经学：西汉初期，汉武帝接受董仲舒的建议，"罢黜百家，独尊儒术"，儒学成为官方学说的正统。但董仲舒倡导的儒学与孔孟之原始儒学有所不同，他在儒学经典中羼杂了法、道、墨、阴阳诸家的学说，形成"霸（黄老刑名）、王（儒）道杂之"的汉家制度儒学。他讲的《易经》，把战国以来盛行的以邹衍为代表的阴阳五行学和封建政治联系起来，使本来具有朴素唯物观点的阴阳学，变成了强调"天人合一""五德终始""君权神授"的迷信化的神学理论，起到神化王权、维护封建统治的作用。由于董仲舒所讲的儒家经典是用当时通行的隶书写成，因而称之为"今文经学"。

古文经学：在"今文经学"被认可为官方学说的同时，逐渐兴起了与之相抗的"古文经学"。所谓古文经，是指汉武帝时鲁恭王刘馀在孔子故宅的夹壁中得到的用小篆写成的经书。"古文经学"就是讲授这些篆文经书的学说。它区别于"今文经学"的主要特点是，力求保持原始儒学的朴质传统，"举大义""不为章句"。所讲的重要经典是《左传》和《周礼》，注重六艺和历史教育，很少有迷信成分。东汉时期有名的古文经学家很多是自然科学家或社会科学家。如数学家、天文学家刘歆，史学家、文学家班固，科学家张衡，哲学家王充，经学大师马融、郑玄等。古文经学思想理论体系为魏晋玄学的产生奠定了思想方法的基础。讫后文详述。

以上内容参见罗宏曾：《魏晋南北朝文化史》，31～33页，成都，四川人民出版社，1989。

象，在文化上也是最具影响力的角色。他们所经营的拥有良田和山水美景的庄园，是魏晋勃兴的士人园林的最初表现形态。

其四，因汉末魏晋动乱而南渡的中原人民，带动了南方地区的开发；东晋南朝的偏安江南，更使南方迅速发展为鱼米之乡、富庶之地。江南秀美的山水环境，对魏晋南北朝山水审美和园林的发展起到一定的激发和推动作用。

其五，各民族的大规模迁徙融合，以及外域佛教渗入中土，促成了社会文化多元交织、融汇发展的繁荣景象，从而对建筑和园林艺术产生了巨大影响。例如，胡床传入中原，引发了席地到高坐的转变，是促发传统建筑由低矮向高敞发展的因素之一；佛教的塔、石窟等建筑形态，丰富了中土建筑类型，并在园林中多有营建；佛教的颂经、绘画、雕塑、音乐都对汉地文学艺术发展起到不容忽视的推动作用。

第二节　社会经济新格局

与社会发展同步，并受政治局势影响，魏晋南北朝社会经济格局出现了一些新的发展倾向。

其一，江南地区社会经济显著发展。魏晋南北朝的中原地区，受频繁战乱的集中破坏、政权割据的人为分裂、少数民族统治时生产方式的落后化以及土地自然肥沃程度下降和地域的限制等因素的共同影响，经济发展出现了明显的迟缓趋势。

秦岭淮河以南的广大地区，则在相对稳定的社会政治条件下逐渐发展。据统计，东汉时人口增长地区主要集中在江南，此时江南经济的发展速度已呈现超越中原的态势[1]。江南原本就具有优越的地理条件，土地肥沃、水陆交通方便，魏晋南迁时中原人民又带来了先进的生产经验，更加速了其发展速度。例如江浙地区，经孙吴、东晋和南朝的持续经营，形成了以建康、会稽、扬州、荆州为中心的粮食生产基地、手工业和商业发达的富庶经济区。正如南朝梁沈约在《宋书》孔季恭等传论中所载述的：

> 江南之为国盛矣。……地广野丰，民勤本业（农业），一岁或稔，则数郡忘饥。会土（会稽）带海傍湖，良畴亦数十万顷，膏腴上地，亩直一金……荆城（荆州）跨南楚之富，扬郡（扬州）有全吴之沃，鱼盐杞梓之利，充牣八方；丝绵布帛之饶，覆衣天下。[2]

江南繁荣的经济和社会景象是园林兴盛和发展的物质依托。

其二，土地私有制和庄园经济的发展。

早在西周末期和春秋时期，国有土地制——井田制就开始逐步瓦解，私有土地制度逐步形成和发展。官僚和贵戚凭借

---

① 高敏：《魏晋南北朝经济史》（上），27页，上海，上海人民出版社，1996。

② 转引自王仲荦：《魏晋南北朝史》（上），478页，上海，上海人民出版社，1979。

社会地位而获得大量封赏的土地，是为高门地主；工商业的发展和土地买卖的自由化则使富商也得以购买大量土地成为大地主；同时，汉末佛教日兴，寺院和僧侣激增，在官府赐予和信众捐赠下，寺院私有土地增加，所有权操纵于上层僧侣之手，形成了寺院僧侣地主土地私有制。由此可见，土地等社会财富日益集中到贵族和富商等社会上层人士手中，自耕小农和小手工业者等下层劳动人民则失去土地或破产，依附于大地主，成为雇佣劳动力。小农经济生产形式弱化，集中的家族式生产经营模式——庄园经济抬头。

西汉末年，大地主庄园经济已在各地出现，这些庄园实际是一种特殊的生产组织形式[1]，拥有广阔的山水良田，不但进行粮食生产，还种植果蔬、桑竹等经济作物，饲养家禽鱼虫，并开展相应的手工业生产，也从事物资交易，呈现出高度的自给自足性。略如史籍述及西汉末年湖阳（今河南唐河县南80里湖阳镇）樊重庄园景象：

> 广开田土三百余顷。（［南朝宋］范晔：《后汉书·樊宏传》）

> 广起庐舍，高楼连阁，波陂灌注，竹木成林，六畜放牧，鱼蠃梨果，檀棘桑麻，闭门成市，兵弩器械，赀至百万。（［北

魏］郦道元：《水经注·沘水注》）

东汉末，博陵崔寔著《四时月令》，对于庄园经济已有较全面的叙述[2]（图1-1）。至魏晋南北朝，"自给自足的庄园经济，已经较为普遍了"[3]。汉魏时期的庄园，因军事防御性较强而多以"坞、屯、壁、堡、垒、营、寨"等命名；晋代以降，庄园的军事色彩削弱，经济性质增强，所以多称为"田、池、园、邸、别墅、别业"等（图1-2）。[4]

如葛洪《抱朴子·吴失篇》描述东吴世家大族的庄园景象为：

> 童仆成军，闭门为市，牛羊掩原隰，田池布千里。……园囿拟上林，馆第僭太极，梁肉余于犬马，积珍陷于帑藏。[5]

西晋石崇在河南金谷涧有一座著名庄园河阳别业：

> 有清泉、茂林、众果、竹柏、药草之属；金田十顷，羊二百口，鸡猪鹅鸭之类，莫不毕备。又有水碓、鱼池、土窟其为娱目欢心之物备矣。（［西晋］石崇：《金谷诗序》）

西晋永嘉丧乱后，南渡的中原世家大族如琅玡王氏、陈郡谢氏、太原王氏、陈留阮氏、高平郗氏、太原孙氏、谯国戴氏、鲁国孔氏等大庄园主，很快在浙东会稽一带占山固泽、重建庄园。如王敦"大起营业，侵人田宅"；晋元帝为了感谢王导拥戴之功，"夺钟山农田八十顷以赐王导"；

---

[1] 高敏：《魏晋南北朝经济史》（上），367 页，上海，上海人民出版社，1996。
[2] 王仲荦：《魏晋南北朝史》（上），171 ~ 174 页，上海，上海人民出版社，1979。
[3] 王仲荦：《魏晋南北朝史》（上），142 页，上海，上海人民出版社，1979。
[4] 高敏：《魏晋南北朝经济史》（上），369 ~ 370 页，上海，上海人民出版社，1996。
[5] 东吴江东世族以吴郡顾、陆、朱、张四姓为首，经济实力雄厚，是统治者仰仗的重要地方力量，其势力一直持续到有唐一代。

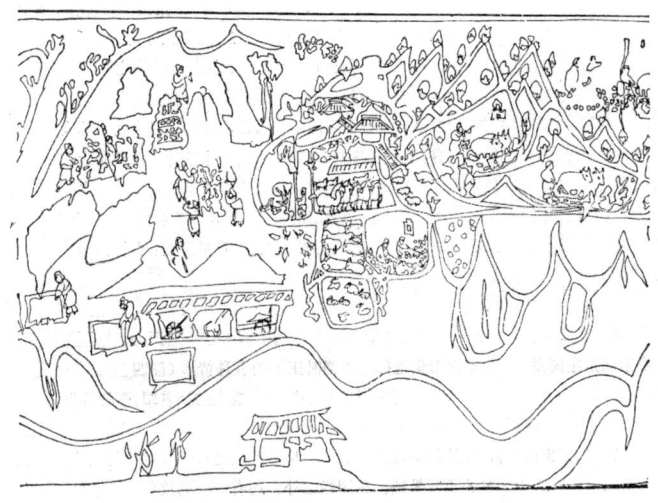

内蒙古和林格尔汉墓壁画线描

图 1-1 东汉庄园场景（引自《秦汉绘画史》）

谢混家"资财巨万，园宅十余所"；沈庆之"家素丰厚，产业累万金，奴童千人"；孔灵符庄园"水陆地二百六十五顷，含带二山，又有果园九处"。①

北齐颜之推在《颜氏家训·治家篇》中，则详细载述了庄园自给自足的生产和生活模式：

> 生民之本，要当稼穑而食，桑麻以衣，蔬果之蓄，园场之所产，鸡豚之善，埘圈之所生，爰及栋宇器械，樵苏脂烛，莫非种殖之物也。至能守其业者，闭门而为生之具以足，但家无盐井耳。②

魏晋时期的庄园主中，很大一部分是累世公卿、具备良好文化修养的士人家族，他们所占据的土地不但有良田，还有风景优美的山水。这些无衣食之忧的士人择居于庄园秀丽的山水间，具备享受山水之乐的便利条件。东晋偏安江南，世族占山固泽，江南秀美的自然山水更激发了士人的山水审美情绪，重在寄情赏心的士人园林经营活动在此基础上日渐兴盛。史料记载的魏晋著名士人园林大多数出自世族庄园，如西晋石崇金谷园、潘岳在洛水之傍的园宅，以及东晋谢灵运会稽始宁别墅等③。可见，魏晋士人园林的勃兴与世族庄园经济的发展有着不可分割的关系。

其三，生产技术进步。

魏晋南北朝时的江南地区，利用该地湖泊山泽众多的自然条件，大力发展以陂塘储水灌溉为特征的水利工程。陂塘灌溉法由于大小任意，启闭由人，较昔日中

---

①转引自罗宏曾：《魏晋南北朝文化史》，24页，成都：四川人民出版社，1989。
②转引自王仲荦：《魏晋南北朝史》（上），142页，上海，上海人民出版社，1979。
③参见本书第四章表4-1所示。

［三国吴］彩绘贵族生活图漆盘　安徽省马鞍山市
三国朱然墓出土
（引自《中国美术全集·漆器》）

［东晋］宴乐图平盘　南昌火车站东晋墓葬群出土
（引自《南昌火车站东晋墓葬群出土发掘简报》，
载《文物》2001（2））

［西晋］庄园生产·牛耕　甘肃嘉峪关市六号墓出
土（引自《中国美术全集·墓室壁画》）

［西晋］庄园生产·猎鹿　甘肃嘉峪关市六号墓出
土（引自《中国美术全集·墓室壁画》）

［晋］纸画墓主生活图　新疆吐鲁番阿斯塔那墓出土

（引自《中国美术全集·魏晋南北朝绘画》）

图1-2　魏晋南北朝庄园生活景象（1）

［北凉］采桑与坞壁 甘肃酒泉市丁家闸五号墓出土
（引自《中国美术全集·魏晋南北朝墓室壁画》）

［北凉］燕居与出游 甘肃酒泉市丁家闸五号墓出土
（引自《中国美术全集·魏晋南北朝墓室壁画》）

［北凉］庄园生活图 新疆吐鲁番哈喇和卓古墓区九七号墓出土（墓室壁画）
（引自《魏晋南北朝壁画墓研究》）

图1-2 魏晋南北朝庄园生活景象（2）

原流行的渠灌法，具有明显的便利性；并且，与渠灌法较依赖江河自然水量的特点不同，陂塘类似今天的水库，更加适于防洪和抗旱，为南方的水稻种植发展提供了良好条件。江南的世族地主营建庄园时，都十分重视占领山泽和湖泊，这在很大程度上是为便于兴修陂塘等农田灌溉水利工程①。同时，这些水体也可作为审美化园林景观的重要组成部分。

江南的水稻种植技术也有较显著的

---

①高敏：《魏晋南北朝经济史》（上），33~35页，上海，上海人民出版社，1996。

［西晋］青瓷烛座（摄于南京市博物馆）

图 1-3　魏晋江南手工艺品

进步，例如由"火耕水耨"的直播耕作法发展为移栽耕作法，以及水稻生产集约化程度的提高等[1]。

除了农业生产技术方面的进步外，江南的手工业也有了较大发展。桑树栽植的普及、养蚕缫丝和织布技术水平的提高，促进了家庭纺织业的进展，与蜀地的交流使织锦业在江南逐步推广。其他如制盐业、铁的冶铸业、矿产开采加工业，漆器、陶瓷等手工艺品制造业，都全面地发展起来。（图 1-3）

生产技术的进步有力地推动了社会经济的发展，为园林兴盛奠定了坚实的物质基础。

第三节　世家大族与门阀制度

魏晋南北朝政治的最主要特征，是世家大族特权的空前膨胀和门阀制度的高度发展。唐长孺先生指出：

魏、晋、南北朝是一个封建门阀制度高度发展的时期，门阀专政的史实大概从汉末开始暴露，发展于魏晋而凝固于晋宋之间，以后渐趋衰落。[2]

魏晋门阀制度即指维护世家大族特权的社会等级制度[3]。世族势力在魏晋的空前强大，与古代封建官僚机制和社会经济的发展以及汉末动荡的时局密切相关。魏晋世家大族中，一部分是家学传统深厚、累世公卿的官僚家族，一般称为"高门士族"；一部分则是富商巨贾或武断乡曲的地方豪强家族。

---

[1]高敏：《魏晋南北朝经济史》（上），35～37 页，上海，上海人民出版社，1996。
[2]唐长孺：《魏晋南北朝史论丛（外一种）》，114 页，石家庄，河北教育出版社，2000。
[3]唐长孺：《魏晋南北朝史论丛（外一种）》，114 页，石家庄，河北教育出版社，2000。

在古代中国君主专制国家政权中，君主为压制王族势力发展，保证绝对王权，必须提拔一部分平民来构成官僚系统。春秋战国时期，因"竹帛下于庶人"，有文化知识的"士"①阶层被选拔，士人为官制滥觞。至秦汉一统江山，国家官僚机构日趋复杂庞大，汉武帝以降，崇尚儒术，官僚多以经术起家，致身通显。他们授徒讲学，门生众多，而且子孙继承家学，也多跻身官僚阶层，形成官僚家族。这些家族在西汉前期长期的社会安定局面下，居官不变，权位固化，逐步形成了特权阶层；西汉政府推行的"任子"制度等，更保证了官吏子孙的特权地位得以世袭②。东汉中叶，官僚家族渐次发展为士族门阀，他们屡代为官，享受封赏的土地而富甲乡里，聚族而居，垄断文化，门生故吏遍于天下。

汉武帝"盐铁令"的颁布，使商人无法插手盐、铁等被收归官营的重要生产事业，商人转而通过土地兼并把财富集中于地权，成为大土地所有者；族人的集聚和部曲、佃客的归附，使这些商人家族发展成地方豪族，有的还因与皇室有姻亲关系而转化为贵族。例如西汉末年的宛李氏"世以货殖著姓，雄于闾里"③。李氏子通后来成了东汉光武帝刘秀的姐夫，其家族转化为国家贵族。另外有一部分凭借武力优势而雄踞乡里的家族，也是地方豪族的一种。

东汉以降，世族在社会经济和政治生活中日居主导地位，如唐长孺先生概括的：

从汉末起门阀制度正在滋长，现实的政权基础建立在世家大族所支配的经济结构上面，因此，所有的政治制度必须为其服务。④

世家大族原本就以浓厚的血缘宗亲关系为结合纽带聚族而居，东汉末的战乱，更加剧了各大族的集聚，他们或在定居的地域内屯坞自守，或举族迁徙。世族庄园不但是可以自给自足的生产生活基地，还组织雇佣农民加以武装，形成在战乱中足以自保的独立堡垒，这就吸引了更大批流离失所的平民投奔依附。故此，社会的动荡不仅未摧毁庄园经济，反而更加强了世家大族和部曲、佃客间的隶属关系，世族集团成为社会中不容忽视的重要角色。东汉末中央政权崩溃，四方割据的群雄为扩展势力，对世族更极力拉拢，如曹操拉拢许褚、李典、田畴；孙权拉拢鲁肃、甘宁和"吴中四姓"；刘备拉拢糜竺、霍峻，正是有了这些世族的支持，才得以形成三国鼎立之势。⑤

（门阀贵族）被认为是最高贵的等

①关于"士"的详细内容见本书第四章所述。
②高敏：《魏晋南北朝经济史》(上)，8页，上海，上海人民出版社，1996。
③转引自王仲荦：《魏晋南北朝史》(上)，145页，上海，上海人民出版社，1979。
④唐长孺：《魏晋南北朝史论丛》(外一种)，113页，石家庄，河北教育出版社，2000。
⑤王仲荦：《魏晋南北朝史》(上)，148页，上海，上海人民出版社，1979。

级，经济上他们通常是最大的地主，政治上则是最高级的官僚。等级的世袭性保证他们的家族乃至宗族永久保持法律规定的各项特权。①

受世族势力的影响和操纵，维护世族地主阶层利益的门阀制度高度发展，为保持家族特权，社会门第的高低成为官吏选举的主要条件，如东汉王符《潜夫论·论荣篇》所论："以族举德，以位为贤。"至曹魏初期，九品中正之法行，州郡大小中正皆由当地著姓士族官员担任，九品的定评，自然操纵于他们的手中，官位的升降，多凭借"世资"，形成"高门华阀，有世及之荣；庶姓寒人，无寸进之路"（［清］赵翼：《廿二史札记》）的情况。因此曹魏以后，士族的势力更加发展，两晋期间"衣冠"连绵不绝，高门士族在社会上的地位空前显赫。他们在政治上世袭高官、享有极高地位和特权；在经济上据有雄厚资财，拥有大规模的土地、庄园；在文化上实行垄断而且本身具有极高的文化修养。由于社会地位和自身条件的优越性，以及与社会政治和文化有着切身的紧密联系，士族成员的思想学说、生活方式、艺术追求等，往往是最能反映时代特征、最具影响力的社会潮流，为世人甚至皇室所倾慕和效仿（图1-4）。例如，南朝文献中关于世人效仿东晋名相谢安行止的载述：

（谢）安能作洛下书生咏，而少有鼻疾，语音浊。后名流多学其咏，弗能及，手掩鼻而吟焉。②

又如，宋元嘉名士戴颙所居之山"有竹林经舍，林涧甚美"，宋文帝筑景阳山于华林园，山成时戴颙已死，文帝叹曰："恨不得使戴颙观之。"（［南朝梁］沈约：《宋书》卷九十三列传第五十三《隐逸》）显示出戴颙等士人的审美品位对皇室的巨大影响。

第四节　思想解放与文化繁荣

学术界普遍认为，魏晋南北朝是我国历史上第二次"百家争鸣"时期③。在思想意识层面上，魏晋摈弃汉代以董仲舒"今文经学"为代表的、羼杂过多谶纬迷信、神化王权和强调烦琐礼制的思想理论体系，发展两汉"古文经学"家刘歆、班固、王充、马融、郑玄等人的理性思维方式④，开放性地探讨和研究儒、道、法、佛等各家学说，加以综合融会。以这些思想方法为基础，魏晋产生的玄学思潮，以"辩名析理"的抽象思辨为本质特征，极大地发展了魏晋思想理论界的抽象思辨水平。在玄学影响下所形成的清谈论辩的普遍社会

①唐长孺：《魏晋南北朝史论丛（外一种）》，543页，石家庄，河北教育出版社，2000。
②［南朝宋］刘彧：《文章志》。转引自［南朝宋］刘义庆：《世说新语·雅量》，梁刘孝标注。
③罗宏曾：《魏晋南北朝文化史》，28页，成都：四川人民出版社，1989。
④关于古文经学和今文经学的解释参见本章21页注释①。

[东晋] 车马人物纹漆奁　南昌火车站东晋墓葬群出土
（引自《南昌火车站东晋墓葬群出土发掘简报》，载《文物》2001（2））

谢安像（引自《中国历代名人图鉴》）

谢灵运像（引自《中国历代名人图鉴》）

图1-4　东晋士族形象示意

风气，深深影响着魏晋士人，成为追求个人精神超越，或者排解、逃避残酷社会现实的一种有效手段。

随着玄学的发展和"辩名析理"思辨方式的逐步深入，魏晋士人对事物本质规律的探讨和对个人精神超越的追求不断深化，玄学的思维方式对美学、科技、艺术等领域产生了巨大的影响。例如，"言意之辩"原为哲学本体论范畴的探讨，而后拓展到艺术领域，促进了魏晋士人对审美观照方式和审美理想追求等问题的深入认识和把握，进而推动了山水美学在魏晋南北朝的空前兴盛，对包括园林在内的山水艺术创作的突破性发展产生了重大的影响。

一、魏晋南北朝文化现象的儒学基因

1. 为君权服务的儒学

玄学在魏晋的流行，并不等于儒学就此衰没，相反，儒学仍居于正统地位。对魏晋各代统治者来说，一直离不开儒家的纲常名教为其服务。

两汉独尊儒术，儒学本身就注重教育，官方也通过开办太学或鼓励私学来传播和普及儒学思想，将思想教育与政权统治密切结合起来。因此，两汉时期社会教育空前发达①。东汉末年，政治动荡，教育停滞。至曹操初统中原后，为巩固政权，稳定思想，立即着手恢复以传授儒学为主的教育事业。他虽倡导"唯才是举"，但不忘"治定之化，以礼为首"，故主要还是"治平尚德行，有事赏功能"。因感于"后生者不见仁义礼让之风"，专门下《修学令》"令郡国各修文学""庶几先王之道不废，而有以益于天下"（［西晋］陈寿：《三国志》卷一《魏书·武帝纪》）。魏黄初元年（公元220年），曹丕代汉称帝不久，即决定在洛阳原东汉太学旧址上重建学校。魏黄初二年（公元221年），封孔子二十一世孙孔羡为宗圣侯，奉祀孔子。黄初五年（公元224年）颁布五经课试之法，规定仍以儒家五经为基本教材培养和选拔人才。

西晋司马氏代魏后，为巩固政权，更加强倡导尊儒重教，晋武帝司马炎泰始四年（公元268年）下诏：

> 敦喻五教，劝务农功，勉励学者，思勤正典。……士庶有好学笃道，孝悌忠信，清白异行者，举而进之。（［唐］房玄龄等：《晋书》卷三《帝纪·武帝》）

并在四年内三次亲临辟雍，举行隆重的宣儒教、讲经学盛典。晋咸宁四年（公元278年），西晋皇室专门刊刻了《大晋龙兴皇帝三临辟雍皇太子又再莅之盛德隆

---

① 两汉国家最高学府太学，主要以儒家经典学说"五经"（《易》《诗》《书》《礼》《春秋》）为法定课程，设立教职并培养学生。西汉武帝时长安已有太学生1万多人，东汉光武帝时洛阳的太学生更增至3万多人。在私家讲学方面，也出现了伏生、申公、马融等经学大儒，各有成百上千名生徒。参见李力，杨泓：《魏晋南北朝文化志》，4页，上海，上海人民出版社，1998。

熙之颂》碑，记载皇帝、皇太子重教尊儒，数次亲临辟雍的事迹，立于辟雍、太学附近。从碑文所记"廓开太学，广延群生……东越于海，西及流沙，并时集至，万有余人"，可以看出西晋时各地文人儒士齐聚京师太学的盛况。

晋代以降，几乎每代皇帝都有"劝学""兴教""尊孔"等诏书、表记，鼓励、号召王侯子弟学习儒家"宪章典谟"。东晋明帝太宁三年（公元 325 年）曾下《祀孔子诏》（［清］严可均：《全晋文》卷九）；南朝宋设儒学馆为四学之一，宋文帝于元嘉十九年（公元 442 年）下《劝学诏》《崇孔圣诏》，复修鲁郡孔子庙、孔子墓及学舍，二十三年（公元 446 年）又下《嘉奖师儒诏》（［南朝梁］沈约：《宋书》卷五本纪第五《文帝》）；齐武帝永明三年（公元 485 年）下《兴学诏》，七年（公元 489 年）下《量给孔子祭秩诏》赞颂孔子的素王英风，从而"家寻孔教，人颂儒书，执卷欣欣，此焉弥盛"（［南朝梁］萧子显：《南齐书》卷三十九列传第二十《陆澄》）；齐明帝永泰元年（公元 498 年）诏曰：

仲尼明圣在躬，允光上哲，弘厥雅道，大训生民，师范百王，轨仪千载……玄功潜被，至德弥阐。（［南朝梁］萧子显：《南齐书》卷六本纪第六《明帝》）

后又下《复孔子祭秩诏》；梁武帝天监元年（公元 502 年）下《访百寮古乐诏》和《答何佟之等请修五礼诏》，反复强调"以礼乐为永准"，积极提倡儒家礼乐（［清］严可均：《全梁文》卷二《答何佟之等请修五礼诏》）。北魏孝文帝太和十六年（公元 492 年），"改谥宣尼曰'文圣尼父'，告谥孔庙"（［北齐］魏收：《魏书》卷七帝纪第七《高祖纪》）。

儒学与政权的结合，使这时期的佛道二教不得不与儒家思想认同，在三教融合的过程中，儒学始终处于正统核心地位。

2. 以儒学为主旨的私学和家学传统

儒学之所以在玄学盛行的魏晋时期依然受到官方和士人的重视，并取得很大发展，最直接的原因就是士人和一些世族望门的私学和家学传统。正如陈寅恪先生所言：

虽西晋……洛阳太学稍复旧观，然为时未久，影响不深。故东汉以后学术文化，其重心不在政治中心之首都，而分散于各地之名都大邑。是以地方之大族盛门乃为学术文化之所寄托。中原经五胡之乱，而学术文化尚能保持不坠者，固由地方大族之力……而学术文化与大族盛门常不可分离也。[①]

魏晋时期的私学和家学，仍以弘扬儒家经学为主旨，两汉的黄河流域是私学传统的根据地，东汉末年聚徒讲学的经学大师多出于此，而且世代传承，影响广远。汉末战乱，士儒避乱荆、蜀、辽东，但经

---

① 陈寅恪：《崔浩与寇谦之》，载《金明馆丛稿初编》，147~148 页，北京，生活·读书·新知三联书店，2001。

学讲授传统仍持盛不衰。两晋之际，私家经学则活跃于江左、河洛和河西地区，呈现出多元化的繁荣景象①。

东汉以来世家大族门阀政治形成，许多高门士族的家学传承有序，多修习儒典，并凭门资品望袭爵入仕。例如起源于孝友人家的琅玡王氏家族，是名冠六朝、流誉南北的中国第一豪门，《南史·王昙首传》引沈约语："自开辟以来，未有爵位蝉联、文才相继如王氏之盛也。"王氏家族家传儒学，其魏晋时期的始祖王祥，德高望重，在魏晋之际位居三公。他在给子侄辈的《训子遗令》中说：

> 夫言行可复，信之至也；推美引过，德之至也；扬名显亲，孝之至也；兄弟怡怡，宗族欣欣，悌之至也；临财莫过乎让。此五者，立身之本。（［唐］房玄龄等：《晋书》卷三十三列传第三《王祥》）

而他的子孙后代也没有辜负这位宗祖的期望，曾出现了一大批政治家、思想家、文学家和书法家、艺术家，活跃在魏晋整个社会舞台。《晋书·王坦之传》曾载其言：

> 孔父非不体远，以体远故用近；颜子岂不具德，以德备故膺教。

其主导思想是尊崇孔颜的儒家体系。

魏晋名士中不乏家世儒学者。从嵇康等著名的"竹林七贤"到西晋左思，再到东晋陶渊明等，都有尊崇儒学的家庭传统渊源。嵇喜曾为嵇康作传云："家世儒学，少有俊才，旷迈不群"（［西晋］陈寿：《魏志》卷二十一《王粲》）。陶渊明的曾祖父陶侃为晋大司马，曾显赫一时（［南朝梁］沈约：《宋书》卷九十三列传第五十三《隐逸》）。其祖父陶茂为武昌太守（［唐］房玄龄等：《晋书》卷九十四列传第六十四《隐逸》），陶渊明在《命子》诗中称颂其祖"直方二台，惠和千里"②。陶渊明的妹妹是一位"有德有操""惟友惟孝"的淑女（［东晋］陶渊明：《祭程氏妹文》）。

以门阀世族作为社会政治基础的西晋前期，经学势力颇盛，朝廷提倡重礼兴儒。司马氏本是河内世族，司马炎本身就是一个典型的世族子弟，他在登上皇位前夕，给各郡中正之官发布了一道命令，要求以贯彻儒学思想的六条标准选拔人才：

> 一曰忠恪匪躬，二曰孝敬尽礼，三曰友于兄弟，四曰洁身劳谦，五曰信义可复，六曰学以为己。（［唐］房玄龄等：《晋书》卷三帝纪第三《武帝》）

只是在前面加上一个"忠"，其余与前引王祥的五条遗训大致相似，足见当时标榜儒学的时代精神。

作为司马氏政权基础的名门大族多

---

① 东汉河南开封郑兴、郑众父子世传家学，精长于《春秋》《公羊》《左传》，居乡讲授，为中州一代学人所宗。汉魏之际战乱，士儒离乡避难，私学重心有所迁移，关陇学人多避荆、蜀。齐鲁学人避趋辽东，使辽东一带成为魏初私学发达的地区。两晋之际，私学活跃于江左、河洛和河西地区。其中河西地区因属中西文化交通要道，战乱中大批内地士儒避乱于此，在当地形成了多种高水平文化聚集汇合的中心，以汉魏经学的师传和佛教学的流布最为显盛。凉州敦煌一带的几位经学大师，授业弟子都在千人以上。李力，杨泓：《魏晋南北朝文化志》，12页，上海，上海人民出版社，1998。

② 《易经坤卦》载，"君子敬以直内，义以方外"，涵盖了修身与行道两方面。

是儒学世家，特别重视礼乐孝道。《晋书·傅玄传》载，武帝即位之初，傅玄便上疏敦行名教，称儒学为王教之首。荀崧在《上疏请增置博士》中指出：

> 昔咸宁、太康、元康、永嘉之中……太学有石经古文，先儒典训，贾、马、郑、杜、服、孔、王、何、颜、尹之徒，章句传注众家之学，置博士十九人。九州之中，师徒相传，学士如林，犹是选张华、刘寔居太常之官，以重儒教。

3. 儒家经典的传承

魏晋是儒学极其繁荣而富有生命力的时代，此间的有关著述不可胜数。以儒学经典的研究而论，上承汉代经学，尤其是古文经学的传统，注释群经更形成了一个空前高潮。三国魏经学家王肃最有代表性。其父王朗就曾注《易传》，王肃又因与经学家郑玄争胜而遍注群经，不仅注《论语》《尚书》《诗经》《左传》《周礼》《仪礼》和《礼记》，甚至于不择手段，伪造《孔子家语》和《孔丛子》，足以说明儒学对他影响之深。

此后，士人们对儒家典籍频繁作注。据王其亨教授笔记收录，仅按唐代陆德明《经典释文》《隋书·经集志》及《艺文志廿种综合引得》等统计，这一时期注释《周易》的有90余家；注三礼包括《丧服》经、传的共有122家（其中《周礼》10家，《仪礼》3家，《礼记》64家），注《孝经》的45家；注《春秋》，《左传》和《公

羊传》的60余家；注《诗经》的40家；注《论语》的达51家。与数量繁多的儒学注疏形成鲜明对比的是，在所谓老庄思想盛行的整个魏晋六朝时期，注《老子》包括道教养生方面的只有32家；而注《庄子》的只有寥寥15家。两者比较之下，注释儒学经典的是注释老庄（甚至包括道教养生）的10倍以上。

许多注疏《老子》《庄子》的人，尤其是当时的玄学名流，并非从道教方术角度而是从学术思想的角度注疏老庄的。更值得注意的是，他们在注老庄的同时也注释《周礼》《论语》和《周易》等儒家著作，且规模远逾注老庄。如魏晋玄学的创始者王弼、何晏既注《老子》，又作有著名的《论语集解》《论语释疑》和《周易略例》；为扬雄《太玄》作注的虞翻著有《周易注》九卷、《论语注》十卷；阮籍作《通易论》；嵇康注有《春秋左氏传音》三卷；注《庄子》的郭象著有《论语体略》；孙绰曾作《论语孙氏集解》；又有博物学家陆玑作《诗经草木鸟兽疏》；连陶弘景这样公认的道教思想家，也曾注《论语》《孝经》《尚书序》和《三礼目录》等；南朝梁武帝萧衍既是佛教徒，又作《论语正言章句》《周易大义》《周易系辞义疏》和《周易讲疏》等，还注《诗经》《大戴礼记》及《中庸》；简文帝萧纲既注老庄，又注《诗经》《孝经》和《左传》；等等[①]。

魏晋期间，盛行于汉代颇具迷信色彩的各种纬书已极少见，相反，作为六艺之

---

①摘自王其亨先生笔记。

一的《书》，包括《尚书》、书法以及各类字书在内的审美性作品，占据了相当大的规模，其中还未包含《千字文》《尔雅》这样的专门书籍。

以上事实充分说明，儒学的影响不仅没有衰落，反而继先秦之后出现了又一次欣欣向荣、百家争鸣的景象。这与魏晋时期异常活跃的学术气氛有密切关系，更反映了当时儒学深厚的社会基础。

4. "援道入儒"的魏晋玄学名士

玄学是魏晋时期产生的重要哲学思潮，一般指魏晋时研究《老子》《庄子》和《周易》这三本渊博深奥之书，探讨宇宙本源等玄远的本体论学术问题的社会思潮[1]。玄学思潮对魏晋社会，尤其对士人的思想、思维和生活产生了巨大影响，玄风熏染下的士人思想和行为表现，构成了特色鲜明、流芳后世的"魏晋风度"。值得重视的是，玄学之所以具有如此突出的理论水平和巨大的影响力，主要得益于其对先秦诸子的理论深入开掘和空前融合，以及对儒学的修正和发展。

（1）杂糅诸子、兼容儒道的魏晋玄学

在汉代学术界，儒学并非绝对"独尊"，除了官方的经学主流之外，也出现了许多杂糅诸子的学者。汉初众多思想家引用黄老思想的目的，是为了更好地补充和修饰儒家思想，使儒家思想具有时代的适应性。在他们看来，黄老或老子思想的基本出发点，原本是和儒家一致的。近年来郭店楚简本的发现，也有力地证明这种看法由来已久，而非无源之水、无本之木[2]。两汉扬雄、王充、刘向、刘歆、班固、王充、郑玄等著名学者，开拓了改善儒学、向诸子百家学习的方向，魏晋玄学的开创者何晏、王弼，承继上述学术传统，更强化了对诸子百家的吸收和儒道的融合，开启了魏晋时代以玄学为代表的"援道入儒"的学术风气[3]。（图1-5）

《晋书》卷四十九列传第十九《阮瞻传》曾记载了一个有关"名教"与"自然"的讨论：

（阮瞻）见司徒王戎，戎问曰："圣人贵名教，老庄明自然，其旨同异？"瞻曰："将无同。"[4] 戎咨嗟良久，即命辟之。

①汤一介先生认为，玄远之学即形而上学。见汤一介：《郭象与魏晋玄学》（增订本），9页，北京：北京大学出版社，2000。

②郭店竹简指在湖北荆门郭店出土的楚简。《光明日报》1998年10月29日第二版《郭店楚简：终于揭开一个迷》载：其中儒家著作11种14篇，道家著作2种4篇。值得注意的是，竹简所录的《老子》并无反儒特色。最突出的是将今本的"绝仁弃义"代之以"绝巧弃利"，与儒家斥"巧"摒"利"相一致，基本思想是与儒家相同的。竹简中又大量存在诸如"生为贵""天生百物，人为贵""人道为贵""道四述，唯人道为可道也""其为道者四，唯人道为可道也""是以君子人道之取先""大乐曰余才宅天心"等等论述。这些现象足以证明，今本《老子》是后来道家传人"不断增益更改，历经数百年始定形的结果"；又从一个侧面说明儒道早期的相似与相近，儒道的对立实乃后人为之，"儒道同源"应是事实。详见李泽厚：《世纪新梦》，201~210页，合肥，安徽文艺出版社，1998。

③有关玄学兼容儒道的特点，详见本节"（2）玄学名士对儒学的尊崇和发展"中所述。

④"将无同"为当时口语，意即"大致相同"。

扬雄像

郑玄像

王弼像

图1-5　魏晋玄学名士像（引自《中国历代名人图鉴》）

时人谓之"三语掾"。太尉王衍亦雅重之。

尽管将"名教"与"自然"的关系混同于儒道关系并不正确，但人们仍然可以从这一玄学最为关心的"名教"与"自然"的争论中，通过这种"名教自然将无同"的回答，发现隐藏于当时士人思想深处的"儒道同归"的观念认识。可见"主张老庄自然与周孔名教相同之思想在当时确曾流行"[1]。

（2）玄学名士对儒学的尊崇和发展

根据相关文献资料可知，玄学的创始人王弼、何晏都是以儒学为宗，并认为圣人孔子在老子之上的。何劭《王弼传》引王弼语：

圣人体无，无又不可以训，故不说也。老子是有者也，故恒言无所不足。

《列子·仲尼篇》张注引夏侯玄曰：

天地以自然运，圣人以自然用。自然者，道也。道本无名，故老氏曰，强为之名……

二者表达了同样的意思。在《论语释疑》中王弼认为孔子是圣人；"大爱无私""至美无偏"恰是尧圣之美德；《列子·仲尼篇》注引何晏《无名论》曰："仲尼称尧荡荡无能名焉"，可见他们所说的无名，是以孔子对尧舜无为之治的论述为前提的[2]。而玄学家们注《老子》、言老庄，实际也是借老庄对孔子儒学进行发挥，甚至以儒学思想诠释改造老庄之意。还是汤用彤先生见得精准：

---

① 周一良：《魏晋南北朝史札记》，54~62页，北京，中华书局，1985。
② ［先秦］孔子：《论语·卫灵公》载："无为而治者，其舜也与？夫何为哉？恭己正南面而已矣。"《论语·为政》又载："为政以德，譬如北辰，居其所而众星共之。"

盖世人多以玄学为老、庄之附庸，而忘其亦系儒学之蜕变。多知王弼好老，发挥道家之学，而少悉其固未尝非圣离经。……实则亦极重儒教。其解《老》虽精，然苦心创见，实不如注《易》之绝伦也。①

这种传统一直延续影响到了西晋时的郭象②。

儒学对正始名士的影响还表现在他们的文学作品中。玄学创始人何晏曾作《景福殿赋》：

家怀克让之风，人咏康哉之诗。莫不优游以自得，故淡泊而无所思……想周公之昔戒，慕咎繇之典谟。……绝流遁之繁礼，反民情于太素。故能翔岐阳之鸣凤，纳虞氏之白环。

文中所引多《论语》《尚书》《周易》及孟、荀之言；总的来看，全文所体现的依然是汉代的宏大气魄，反映了曹魏欲统一中国、成就一番伟业的宏图大志；其所推崇的无为之治，实际是孔子的无为——儒家的尧舜之治。文中有不少园林景色的优美描写：

树以嘉木，植以芳草。悠悠玄鱼，皦皦白鸟。沈浮翱翔，乐我皇道。

鱼鸟之乐亦是儒家的典型命题。其注又引用荀子的观点，说"宫室台榭，以避燥湿，养德别轻重也"，来阐述园林与养德的关系，可见儒学的影响之深！潘岳的

《闲居赋》即取《礼记》"不知世事闲静居坐"之立意，其中有"孝乎惟孝，友于兄弟，此亦拙者之为政也"一句，即语出《论语》。以上二者均把园林——园居，与儒家的修身养性紧密结合起来，凸显了儒家对园林的影响。

竹林七贤堪称名冠古今，尤以阮、嵇为离经叛道的典型代表，其思想、言行乃至人格精神都对后世有着深远的影响。然而，以往人们注意到的仅仅是少数极端人物的自由放达、不拘礼教的外在表现，却忽视了阮、嵇等七贤代表人物内心真实、深沉的一面。他们忧国忧民的济世情怀，对社会现实的不满和反抗，以及对儒家理想追求的衷心服膺，才是魏晋的真风度，才是令后代士人追慕和效仿的真正原因。（图1-6）

"外坦荡而内淳至"的阮籍本质上是儒而非庄。其一，阮籍本怀有济世之志，有其《咏怀诗》中大量对英雄、伟业的赞叹为证：

昔年十四五，志尚好《诗》《书》。被褐怀珠玉，颜闵相与期。③

炎光延万里，洪川荡湍濑。弯弓挂扶桑，长剑倚天外。泰山成砥砺，黄河为裳带。视彼庄周子，荣枯何足赖？捐身弃中野，乌鸢作患害。岂若雄杰士，功名从此

①汤用彤：《汤用彤选集》，263页，天津，天津人民出版社，1995。

②李泽厚曾论述："郭象自己说得明白，他之全面地重新解释庄子，目标就在'明内圣外王之道'，要把内圣（理想人格）与外王（社会政治的统治秩序）统一起来。"李泽厚：《中国古代思想史论》，206页，北京，生活·读书·新知三联书店，2008。郭象注《庄子·天下篇》有云："按此篇较评诸子，至于此章，则曰其道舛驳，其言不中，乃知道听涂说之伤实也。……然膏粱之子，均名戏豫，或倦于典言，而能辩名析理，以宣其气，以系其思。流于后世，使性不邪淫，不犹贤于博奕者乎！故存而不论，以贻好事也。"盖言名不正则言不顺，意在重新诠释"使性不邪淫"耳。

③［曹魏］阮籍《咏怀诗·十五》。该诗表达了阮籍志尚儒家经典，以颜回、闵子骞自期的少年儒者形象。

图1-6　[南朝宋]墓室砖画"竹林七贤与荣启期"中的嵇康和阮籍　南京西善桥南朝宋大墓出土
（引自《中国美术全集·魏晋南北朝绘画》）

大！①

　　只不过在当时的社会环境下，这种济世报国之志只能化作精神和行为上的矛盾与痛苦："谁云君子贤，明达安可能？"（[曹魏]阮籍《咏怀诗·三十》）

　　其二，西晋统治者出于政治需要而对儒家礼法制度大加提倡，阮籍对这种虚伪的礼法制度进行的猛烈抨击和其行为的放达，并不影响他对儒家伦理思想的核心即仁爱精神和尊卑纪纲的肯定。他尝作《孔子诔》，又于诗中写道：

　　儒者通六艺，立志不可干。违礼不为动，非法不肯言。渴饮清泉流，饥食甘一箪。岁时无以祀，衣服常苦寒。屣履咏《南风》，缊袍笑华轩。信道守《诗》《书》，义不受一餐。烈烈褒贬辞，老氏用长叹。（[曹魏]阮籍《咏怀诗·六十》）

　　昔荣期带索，仲尼不易其三乐。（[曹魏]阮籍《诣蒋公奏记辞辟命》）

　　从思想到行为以至言咏，都践履着儒家的规范：六艺、礼法，体现的是尧舜意蕴和孔颜乐处的理想人格。

　　其三，阮籍曾作《乐论》以发挥孔门儒学关于乐的思想：

　　昔者孔子著其都乎，未举其略也。今将为子论其凡。

　　并举"孔子闻韶三月不知肉味"的典故，言"知圣人之乐和而已矣"，对"乐"与"和"及有关美的看法，实际是援庄入儒，是对儒家美学理论的发展。老子是不

_____

①[曹魏]阮籍《咏怀诗·三十八》。该诗表达了阮籍对庄周的鄙薄和不满。

谈"乐"的，阮籍在肯定儒家"礼治其外，乐化其内"的同时，援引庄子的"自然"为儒家"乐"的本体，将儒家乐论提高到"大乐与天地同和"的哲学本体论高度。

其四，阮籍作《通易论》，从儒家立场论证礼法名教之治：

尊卑有分，长幼有序。……故立仁义以定性……是故圣人以建天下之位，守尊卑之制，序阴阳之适，别刚柔之节。顺之者存，逆之者亡，得之者身安，失之者身危。……知之以守笃者，虽穷必通。（［清］严可均：《全三国文》卷四十五魏四十五《通易论》）

遵守儒家的社会等级制度，这才是他的真实思想。阮籍在《达庄论》中强调自我，反映了魏晋精神的特色：

庄周之书何足道哉！犹未闻夫太始之论、玄古之微言乎？直能不害于物而形以生，物无所毁而神以清，形神在我而道德成，忠信不离而上下平。

阮籍的旷达、放浪形骸，是与世俗抗争、维护自身人格尊严的手段，也是他积极入世的表现。

嵇康也深受儒家传统的影响。嵇康比阮籍更执着于仁义道德准则，有更强烈的是非观念。他在写给子孙的《家诫》中极其重视并赞美儒家的忠臣烈士，因为在其思想深处，儒家"匹夫不可夺志""杀身成仁""舍生取义"的"济世"思想占据重要地位，他认为仁义应发自内心，使之成为一种自然而然的要求。又如他自己讲的所谓不拘礼法，并没有超出儒家的仁义道德，相反正是受孔子所说的"狂狷"之影响。尤其值得注意的是他儒道同归的思想。

嵇康曾言"非汤武而薄周孔"（［曹魏］嵇康：《与山巨源绝交书》），本是针对司马氏以汤武周孔作为其篡位的虚伪掩饰，并非真要否定孔子儒家思想，其真正的用意是主张君子循性而动、殊途同归、融会儒道。处于魏晋那样社会动荡而学术活跃的历史时期，为了反抗司马氏虚伪的名教，拿起庄老学说作思想武器实是顺理成章的。虽说"老子、庄周，吾之师也"（［曹魏］嵇康：《与山巨源绝交书》），却并不像庄子那样心如死灰；他"隐居放言"的行为，正是实践了孔子对隐逸的理解——对道的捍卫，而这也正是嵇康"济世"思想与现实矛盾情况下做出的抉择。他在《与山巨源绝交书》中说：

仲尼兼爱，不羞执鞭；……所谓达能兼善而不渝，穷则自得而无闷。以此观之，故尧舜之君世，许由之岩栖，子房之佐汉，接舆之行歌，其揆一也。……故君子百行，殊途而同致，循性而动，各附所安。

又在《卜疑集》中说：

仕不期达。常以为忠信笃敬，直道而行之，可以居九夷，游八蛮，浮沧海，践河源……（［清］严可均：《全三国文》卷四十七魏四十七《卜疑》）

由此可见嵇康并未真"非汤武而薄周孔"，而如《易·系辞传》所言"天下同归而殊途，一致而百虑"，主张周孔老庄、出处仕隐殊途而同归。联系其主要思想、对典籍和实例的引用以及对统治者不合作的实际行动，恰恰反映了嵇康受儒家思想影响之深。因此鲁迅先生认为，嵇康等人反对礼教，"其实不过是态度，至于他们的本心，恐怕倒是相信礼教，当作宝贝，比曹操司马懿们要迂执得多"①。"嵇康们"反对的只是虚伪的名教，骨子里还是拥护真名教的。

与魏晋时期士人的普遍崇尚一样，嵇康对"曾点言志"所体现的天地境界十分向往，他曾在《琴赋》中表达了对这种理想境界的追慕：

若夫三春之初，丽服以时，乃携友生，以遨以嬉。涉兰圃，登重基，背长林，翳华芝，临清流，赋新诗。嘉鱼龙之逸豫，乐百卉之荣滋。（［清］严可均：《全三国文》卷四十七魏四十七《琴赋》）

另外，与老庄对包括音乐在内的艺术持否定或轻视态度不同，嵇康酷爱音乐艺术，在《声无哀乐论》中所阐发的"乐"应以"和"为本体，高度重视精神即"心"的"和"对养生的作用，也是以儒为宗，援庄入儒，借助庄子个体人格的自由追求，使"乐"与养生相联系，强化了孔子的"成于乐"，突出了个体在审美与艺术中的地位，与阮籍一样也是对儒家美学思想的发展。嵇康在《与山巨源绝交书》中所说的"其揆一也""殊途而同致"亦即"名教与自然将无同"之最佳注解。

晋以后，士人与统治者之间的政治矛盾日趋缓和，士人更少像嵇康、阮籍那样，采取激烈的言辞和放达的行为，通过对司马氏虚伪"礼教"的抨击作为政治反抗的手段，于是崇儒尊孔之风更炽。而西

晋后期不得玄学要旨却自命旷达的王衍、阮瞻、王澄等人祖尚虚浮、放荡不羁的作风，更受有识之士的批判，诚如西晋末年玄谈家乐广所评："名教中自有乐地，何必乃尔。"②

刘勰的《文心雕龙》也是大力推尊孔子的。刘勰自青少年时代起就崇信儒家思想，渴望入世建功。如他在《程器》中说：

君子藏器，待时而动，发挥事业……穷则独善以垂文，达则奉时以骋绩。

虽然他后来信奉佛教，但依然主张孔、释相通。《全梁文》卷六十载刘勰的《灭惑论》云："殊译共解；……异经同归。……故孔、释教殊而道契。"正如学者所公认，《文心雕龙》根本的理论基础不但是《易传》的基本思想，并且是沿着荀子儒学、《易传》《乐记》，以及汉代扬雄、王充美学思想这一系统脉络发展而来③。当然，刘勰对老子、庄子、玄学的许多观点都予以肯定、接受和发挥，前提是基于儒学基本精神的兼收并蓄。

由几个典型人物的分析可见，玄学影响下的魏晋士人，依然笃信孔子儒家思想，并认为儒学与老庄思想殊途同归。

5. 基于儒家思想的魏晋人格理想

汉末政治动乱，社会秩序打破，神化君权、压制个性的汉制官方道德准则受到

①鲁迅：《魏晋风度及文章与药及酒之关系》，载《鲁迅全集》第三卷《华盖集、华盖集续编、而已集》，502，北京，人民文学出版社，1973。
②转引自罗宏曾：《魏晋南北朝文化史》，135页，成都，四川人民出版社，1989。
③李泽厚，刘纲纪：《中国美学史》第二卷，623～627页，北京，中国社会科学出版社，1984。

挑战。由于古代士人"是社会文化和思想的传承与创新者，是社会道德理想的体现者"①。魏晋士人肩负着修正和超越社会道德时弊、重建人格理想的重大责任。承应时代需求，魏晋士人在摆脱两汉经学桎梏②、融会诸子学说、解放思想的基础上，致力于重建人格理想的多方探索。

（1）名教与自然：人格社会性与自然性的统一

魏晋玄学中关于"名教"与"自然"关系的讨论，涵盖了宇宙本体、社会政治、人格理想等诸多方面内容。就其对树立魏晋士人人格理想的贡献来说，玄学主张的"名教本于自然""名教即自然"，事实上是对孔子"礼乐复合"③人生理想从哲学高度的诠释和发挥。

玄学中的"名教"指人为的社会秩序，"自然"指非人为的宇宙规律。值得重视的是，魏晋玄学家通过抽象思辨，对"自然"的概念作了新的阐释，从而在本体论的高度上将以往两个被对立的方面——非人为的"自然"和人为的"名教"统一了起来。"名教"与"自然"的统一，为社会思想和道德准则等问题的解决找到了出路。

古语"自然"全无现代的"大自然"之意④，《老子》一书中的"自然"，是指莫知其然而然的未加人为的状态，带有高于人界的神秘意味，从"人法地，地法天，天法道，道法自然"的阐述中可见其意。

而在魏晋玄学中，自然的概念则发生了转换。王弼认为"天地任自然……万物自相治理"（［曹魏］王弼：《道德经注》）及"万物以自然为性"。如钱穆先生所说，王弼"其说以道为自然，以天地为自然、以物性为自然。此皆老子本书所未有也"。玄学的自然是指万物（包括人类）生成和发展的本然、自然而然的状态，是对事物本身内在必然性的肯定。这样的概念否定了超现实的神秘力量对万物进行主宰的观念，达到了对于万物客观存在的本质认识，将万物天然的存在规律视为宇宙最高法则。这是一种全新的宇宙观。这样，万物的本性是自然的，人的本性是自然的，而那些反映人类最本质关系的社会制度和规范也应该是自然的，比如，"仁义""忠恕"等伦理规范，反映的是人类的自然本性，这样的规范就是理想的自然的名教。所以，"名教本于自然""名教即自然"，人的自然和理想人生，必然是"礼乐复合"的。

①余英时：《士与中国文化》，上海，上海人民出版社，1987。
②主要是今文经学。
③孔子认为，理想的人生应是"立于礼，成于乐。"（《论语·泰伯》）亦即用"礼"——社会制度和秩序来规范人的外在行为，用"乐"——集诗歌、音乐、舞蹈为一体的艺术来教化、陶冶人的情操。此即为"礼乐复合"。
④《辞源》列出了古语"自然"三义：（1）天然，非人为的；（2）不造作，非勉强的；（3）当然。

（2）"圣人有情"：基于儒家思想的完美人格理想

"圣人有情"是曹魏玄学名士王弼对具有理想人格的"圣人"①的阐释，他说：

圣人茂于人者，神明也，同于人者，五情也；神明茂，故能体冲和以通无，五情同，故不能无哀乐以应物；然则圣人之情，应物而无累于物者也。②

在王弼看来，圣人与常人的共同之处是"情"，也就是儒家反复强调的"乐"——内在的心性自由。作为人格美范式的"圣人"，应该是能协调个体与社会、性情与伦理、自然与名教之间的尖锐矛盾和冲突的；是既不脱离社会的伦理原则和名教秩序，不远离外在的物欲世界和功利现实，又不至于在伦理名教中扭曲自己，在物欲现实中丢失自己，而是仍保持着自我人格的独立，守护着自然人性的完满，显现着个体生命的本真，体验着内在精神的自由的人。

这种在日常生存状态中达到"自我超越"的人生境界，就是抱有审美化心灵的生活态度，成就一种"皆陈自然""至美无偏"（［曹魏］王弼：《论语释疑·泰伯》）的理想人格。具体地说，这个理想人格主要有以下两个时代性特征③。

其一，内守、理性、智慧。我们知道，秦汉时代总体上崇尚的是一种能开疆拓域、建功立业的外向型、事功型人格，霍去病就是一个典型范例。而且那个时代的整个审美文化，也表现为这样一种主体追逐和征服外部世界的豪情与气象。但从魏晋始，动荡的社会政治和思想状况使士人转向"隐居以求其志"的处世态度，着重于对现实社会的深刻反思。王弼心目中的"圣人"是"智慧自备"（［曹魏］王弼：《道德经注》）的，"通远虑微"（［曹魏］王弼：《论语释疑·阳货》）的，既可以在危机四伏的现实中"善力举秋毫，善听闻雷霆""锐挫而无损""独立"而"不改"（［曹魏］王弼：《老子指略》），又可以"察己以知之，不求于外"（［曹魏］王弼：《道德经注》），通过内在智慧的自我观照和反省，获得终极真理。

其二，有情、自然、超越。圣人是有情的，王弼肯定了人的情感的合理性，认为只要让情感保持贴近自然本性，"近性之情""欲而不迁"就是正常的、健康的。所谓：

圣人达自然之至，畅万物之情，故因而不为，顺而不施。（［曹魏］王弼：《道德经注》）

这实际就是孔子倡导"成于乐"并为后世儒家反复强调的"乐"，就是内在的

---

①实际上，这时的"圣人"依然是孔子的专用名词，"圣人"孔子是当时许多士人企慕和追求的理想典范。《世说新语·言语》曾谈到孙齐庄儿时与庾亮的一段对话："公曰：'何不慕仲尼而慕庄周？'对曰：'圣人生知，故难企慕。'"此话出于一个童子之口，足以说明孔子在当时士人心目中不可取代的崇高地位。转引自刘彤彤：《中国古典园林的儒学基因及其影响下的清代皇家园林》，142页，天津大学博士论文，1999。
②何劭：《王弼传》。引自［西晋］陈寿：《三国志·钟会传》裴松之注。
③仪平策：《中国审美文化史·秦汉魏晋南北朝卷》，242～244页，山东，山东画报出版社，2000。

心性自由的境界。

因此，王弼哲学中的人性是比较丰富和全面的，包括了人的理智和情感，双方缺一不可。并且，值得注意的是，理想人格从秦汉偏于外物、事功、感性向偏于内心、智慧、理性的转换，实际也是整个魏晋时代审美文化的基本趋势。

（3）"以内乐外"：重视心性修为的审美体悟

嵇康是极受推崇的具有魏晋风度的士人代表，其"越名教而任自然"的理论一直是世人关注的焦点，甚至被曲解为纵欲主义和王戎之徒放诞作风的理论依据。事实上，所谓"任自然"，追求的是人的一种性情的自然，心意的自得，是人的内心生活的无拘不羁、舒放自由。所以，"越名教而任自然"在嵇康那里的另一个说法就是"越名任心"：

矜尚不存乎心，故能越名教而任自然；情不系于所欲，故能审贵贱而通物情。物情顺通，故大道无违；越名任心，故是非无措也。（［曹魏］嵇康：《释私论》）

可见，嵇康的"任自然"并非指肉体形骸的感性放纵，而是指内在心性的超然自得。他在《养生论》中进一步阐述了这个观点，

精神之于形骸，犹国之有君也。……故（君子）修性以保神，安心以全身。"

善养生者……外物以累心不存，神气以醇白独著。旷然无忧患，寂然无思虑。

这也就是说，真正的养生并不在"养形"，而在于内在心意的不为物累，个体

精神的旷然自由。可知，嵇康的养生论依然是其"意足""自得"观念的一种发挥，是强调以"心"为本的。

在此基础上，嵇康提出了"有主于中，以内乐外"（［曹魏］嵇康：《答难养生论》）的重要思想，这使他的玄学更加走近美学。他主张人的内心是衡量人生状态的重要根据和标尺。从人与世界的认知关系说，它超越了单纯依靠理智来运作的局限性，因为在嵇康看来，"识而后感，智之用也"，亦即事事处处都先诉诸理智的分析和判断，而不是用心去感悟，这样一种把握世界的方式实际上是不利于切中本质的。最好的方式就是"不虑而欲，性之动也"，也就是不用理智分析而是在心性的自然感动中达到对事物的体悟。嵇康认为这样才会真正把握对象的本质，才会"遇物而当"，实现"通物之美"（［曹魏］嵇康：《答难养生论》），使人在一种主与客、内与外的和谐相得中体验到生命的自足和快乐。再从人与世界的功利关系说，它也超越了单纯的意志行为的片面性。嵇康说："终无求欲，上美也。"（［曹魏］嵇康：《家诫》）但这并不是说人什么也不要做了，完全地超尘绝世了。人其实可以交友，可以当官，可以跟世俗社会好好相处，只是不要为了获取某种私利才去这样做，即所谓"文明在中，见素表璞；内不愧心，外不负俗；交不为利，仕不谋禄"（［曹魏］嵇康：《卜疑集》）。

可见，嵇康的理想人格观与王弼有所区别，相对说来，王弼的"圣人"，其范围更偏于权力阶层，而嵇康的"至人"则

更属于士人群体；前者的权谋、理性、智慧因素居多，后者的心性、生命、审美意味尤浓。从审美文化的发展趋势看，如果说王弼玄学以理性人格的壮美范式置换超越了秦汉时期感性直观的"大美"形态的话，那么，嵇康玄学则以其"越名任心"的鲜明旗帜，成为审美理想从智慧型壮美人格向以"心"为本的优美型文化趣尚演变的中介环节。

（4）庙堂与山林：关注现实和精神超越完美结合

一般认为，"魏晋玄学发展到郭象已达到了顶点。"[1]因为玄学讨论的本末有无等矛盾问题在郭象的学说体系里已得到了解决。郭象哲学的核心就是"崇有"，他认为万物都是"快然自生"的，是"独化无待"的，是自在运作的现象实在，并强调万物各自本性都是合理的。因此，理想的人格，就是人的自然本性。郭象指出，首先要"各安其性"，通过"任性而为"，做到"性分自足"，就是理想人格的终极目标——"各以得性"，亦即回归自然本性。

他强调的"圣人虽在庙堂之上，然其心无异于山林之中"（［西晋］郭象：《庄子·逍遥游注》）的人格美范式，更清晰地体现出着眼于现实存在的审美超越。它包含了两重含义：其一，理想的人格与现实存在（在庙堂之上）的不可分割性；其二，在现实中同样可以保持心性自由，实现回归自然本性的精神超越。

郭象的玄学，是从形上到感性的回归。他促使人们关注自然界鲜活的感性形态，把自然界万物当作与人平等的生命实体来观照。他的理想人格观促使人们认识到在身处现实的环境下，实现精神超越的可能性。这在美学上具有极为重要的意义，它启发人们关注万物独立的审美价值，引发了魏晋山水审美的滥觞。它所提出的理想人格由于解决了出处仕隐的矛盾而被后代士人奉为要旨，并引发了士人由寄情自然山水到营构安顿心灵的居所——园林的理想人格践行方式。

由以上阐述可见，将关注现实和精神超越完美结合，是魏晋士人的共同人格理想，这显然是孔子儒学"礼乐复合"人生观的承继和发展，而与庄老脱离实际的消极、虚幻的人生态度有着明显区别。

（5）得道之圣人与治世之圣人：人格的双重性

"名教与自然"之争的结果，就是融合儒道确立了新的人格标准。魏晋士人普遍具有双重的人格认识。郭象在《庄子序》中坦言他注《庄子》是为了"明内圣外王之道"，主旨即综合孔庄；葛洪《抱朴子·辨问篇》则明确提出：

得道之圣人，则黄、老是也；治世之圣人，则周、孔是也。

《释滞篇》又进一步说：

---

[1]汤一介：《郭象与魏晋玄学》（增订本），67页，北京，北京大学出版社，2000。

长才者兼而修之，何难之有？内宝养生之道，外则和光于世，治身而身长修，治国而国太平。

《晋书·阮籍传》说他"外坦荡而内淳至"，某种程度上接近孟子；嵇康则是儒家人道原则与庄子自然原则的结合，在社会的人际关系中追求自由。

被后世视为人格典范的陶渊明，实际是孔子的"狂狷"人格的现实化身。他从小就"猛志逸四海"（［东晋］陶渊明：《杂诗·五》），在其不少作品中可以体现。他尝作《七十二弟子》云：

恂恂舞雩，莫曰匪贤。俱映日月，共殡至言。

又作《卿大夫孝传赞》之一颂扬孔子：

言合训典，行合世范，德义可尊，作事可法，遗文不朽，扬名千载。（［东晋］陶渊明：《卿大夫孝传赞》）

即使在归隐之后仍遵循孔子的教诲：

奉上天之成命，师圣人之遗书。发忠孝于君亲，生信义于乡间。（［东晋］陶渊明：《感士不遇赋》）

弱龄寄事外，委怀在琴书。（［东晋］陶渊明：《始作镇军参军经曲阿作》）

少年罕人事，游好在六经。（［东晋］陶渊明：《饮酒·十六》）

其诗文用典很多取自《诗经》《论语》等，据朱自清的统计达37次。他保持节操、理想，在田园生活中获得心灵自由与超脱，本身就是儒家"独善其身"和"三不朽"之"立德"的表现。

尤其值得称道的是他对"孔颜乐处"和"曾点气象"的发挥：

宁固穷以济意，不委曲而累己。既轩冕之非荣，岂缊袍之为耻。（［东晋］陶渊明：《感士不遇赋》）

先师有遗训，忧道不忧贫。（［东晋］陶渊明：《癸卯岁始春怀古田舍二首》之二）

竟抱固穷节，饥寒饱所更。（［东晋］陶渊明：《饮酒·十六》）

时运，游暮春也。春服既成，景物斯和。偶景独游，欣慨交心。（［东晋］陶渊明：《时运》）

还有其效仿石崇《金谷集》和王羲之《兰亭集》的"斜川之游"等，对园林的发展有极为重要的意义。对此后文将详述。（图1-7，图1-8）

出处仕隐是魏晋士人经常讨论的话题，《世说新语》曾记载了孙绰与谢万的一次争论：谢万以四隐四显为对象作《八贤论》，"其旨以处者为优，出者为劣。孙绰难之，以谓体玄识远者，出处同归"[1]。孙绰的"出处同归"，实即调和儒道的人格理想，亦即名教与自然将无同之思想。故孙绰"居于会稽，游放山水十有余年"，且"时复托怀玄胜，远咏老庄，萧条高寄，不与时务经怀"自夸，然卒任管理刑狱之廷尉卿，与老庄相去绝远。《世说新语·规箴》注曾引宋明帝的《文章志》载：

（孙绰）与许询俱与（有）负俗之谈，询卒不降志，而绰婴纶世务焉。

孙绰自己曾说：

---

[1]［南朝宋］刘义庆：《世说新语·文学》，（梁）刘孝标注，引《中兴书》谓四隐者为渔父、季主、楚老、孙登；四显者为屈原、贾谊、龚胜、嵇康也。

图1-7 [明]王仲玉绘 陶渊明像
（引自《故宫博物院藏明清绘画》）

贞人在冬则松竹，在火则玉英。

典籍文章之言也。治出于天，辞宣于仁。

仲尼见沧海横流，故务为舟航。（[清]严可均：《全晋文》卷六十二）

这些都是儒家影响的表现。此一思想使魏晋士人的人格与生活大都具有双重性，既要高尚放达超脱，又不放弃治世理想，如前文提到的何晏、王弼、孙绰等。朱熹就一针见血地指出：

陶渊明说尽万千言语，说不要富贵，能忘贫贱，其实是大不能忘，它只是硬将这个抵拒将去。……晋宋间人物，虽曰尚清高，然个个要官职，这边一面清谈，那边一面招权纳货。（[宋]黎靖德：《朱子语类》卷三十四）

曹魏正始之后，出现了许多礼玄双修的名士。

此图取意于陶渊明所作《归去来辞》内容："怀良辰以孤往，或植杖而耘耔。登东皋以舒啸，临清流而赋诗。"

图1-8 [明]李在 归去来兮图——临清流而赋诗（引自《中国美术全集·明代绘画》）

名教内自有乐地。①

（亮）善谈论，性好庄、老，风格峻整，动由礼节。②

刘尹与桓宣武共讲礼记。桓云："时有入心处，便觉咫尺玄门。"（［南朝宋］刘义庆：《世说新语·言语》）

《世说新语·赏誉》篇中有一段评论吴之名士的话：

凡此诸君，以洪笔为锄耒，以纸札为良田。以玄默为稼穑，以义理为丰年。以谈论为英华，以忠恕为珍宝。著文章为锦绣，蕴五经为缯帛。坐谦虚为席荐，张义让为帷幕。行仁义为室宇，修道德为广宅。

说明在时人心中，礼与玄、儒和道是相通的。

文典则累野，丽亦伤浮，能丽而不浮，典而不野，文质彬彬，有君子之致。（［南朝梁］萧统：《答湘东王求〈文集〉及〈诗苑英华〉书》）

曹子建、陆士衡，皆文士也，观其辞致侧密，事语坚明，意匠有序，遗音无失，虽不以儒者命家，此亦悉通其义也。（［南朝梁］萧绎：《金楼子·立言》）

6. 出处同归：儒道合流的魏晋隐逸观

"隐逸"是古代中国的特殊文化现象，隐逸的人群主要是士人。一般认为，"可以仕而不仕即为隐"。③士人的隐逸就是

当其人格理想与社会现状发生矛盾时，选择有别于主流社会的环境排忧解怀，以此标示自己不群于世的立场。

（1）儒、道隐逸观

儒、道两家的隐逸观有着不同的倾向。

1）儒家隐逸

孔子是系统提出儒家隐逸思想的第一人④。以孔孟为代表的儒学认为，隐逸就是保持相对独立的意志和人格节操，坚持对"道"和"仁政"的追求，对无道的抗议与不合作，在隐居的过程中蓄养而待、审时而动，并于适当的时机为社会政治和文化做出贡献。

邦有道，则知；邦无道，则愚。⑤（［先秦］孔子：《论语·公冶长》）

邦有道，则仕；邦无道，则可卷而怀之。……君子谋道不谋食。耕也，馁在其中矣；学也，禄在其中矣。君子忧道不忧贫。（［先秦］孔子：《论语·卫灵公》）

笃信好学，守死善道。危邦不入，乱邦不居。天下有道则见，无道则隐。邦有道，贫且贱焉，耻也；邦无道，富且贵焉，耻也。（［先秦］孔子：《论语·泰伯》）

隐居以求其志，行义以达其道。（［先秦］孔子：《论语·季氏》）

子路曰："……君子之仕也，行其义也。"……子曰："不降其志，不辱其身，

---

① ［唐］房玄龄：《晋书·乐广》，上海，商务印书馆，1934。
② ［唐］房玄龄：《晋书·庾亮》，上海，商务印书馆，1934。
③ 张立伟：《归去来兮——隐逸的文化透视》，3页，北京，生活·读书·新知三联书店，1995。
④ 张立伟：《归去来兮——隐逸的文化透视》，3页，北京，生活·读书·新知三联书店，1995。
⑤ 孔安国以为愚是"佯愚似实"。

伯夷、叔齐与！"谓："柳下惠、少连，降志辱身矣，言中伦，行中虑，其斯而已矣。"谓"虞仲、夷逸，隐居放言，身中清，废中权。我则异于是，无可无不可。"①（［先秦］孔子：《论语·微子》）

穷则独善其身，达则兼济天下。（［战国］孟子：《孟子·尽心上》）

《史记·孔子世家》评述道：

鲁自大夫以下皆僭离于正道，故孔子不仕，退而修诗书礼乐，弟子弥众。……其后定公以孔子为中都宰，一年，四方皆则之。

孔孟之后，《荀子》《易传》发展了孔子的隐逸理论；《中庸》更进一步提出：

君子尊德性而道问学，致广大而尽精微，极高明而道中庸。……是故居上不骄，为下不倍（背），国有道其言足以兴，国无道其默足以容。《诗》曰：既明且哲，以保其身。其此之谓与。②

可见，孔孟的隐逸蕴含了积极有为的进取意味，强调在隐逸过程中士人的主要任务就是通过"修诗书礼乐"不断充实和完善自己。也就是说，隐士也应该奉行"立于礼，成于乐"（［战国］孟子：《论语·泰伯》）的个人完善原则，通过自觉地修身求志，以期日后的行义达道。值得指出的是，儒家的个人修养最高境界就是达到"乐"的审美升华，也就是物我相融、与宇宙万物生命寄其同情的超越境界。

《论语·先进》中曾谈到孔子与其学生曾点的共同志趣：

莫春者，春服既成。冠者五六人，童子六七人，浴乎沂，风乎舞雩，咏而归。

曾点气象所表达的是人内在的美好天性，抒发的是超脱的审美态度。这一志趣代表了孔子的最高理想，用孟子的话说就是"上下与天地同流"（［战国］孟子：《孟子·尽心上》）。对此朱熹解释得更为透彻：

曾点见得事事物物上皆是天理流行。良辰美景，与几个好朋友行乐，他看那几个说底功名事业，都不是了。他看见日用之间，莫非天理，在在处处，莫非可乐。（［宋］黎靖德：《朱子语类》卷四十）

这种于生活中无处不在的审美体悟和超越，大大促进了士人包括隐士对山水等现实事物的关注，并将其引向审美境界。由此我们不难发觉，儒家所倡导的修身求志隐逸观，通过儒家人生理想境界追求这一中介，与山水审美结下了不解之缘，并且进一步地关系到对隐居环境的要求和经营，从而对士人园林的发展产生影响，对此后文将详细论述。

2）道家隐逸

道家的老子和庄子都是隐士，但道家的隐逸思想，实际是庄子才系统提出的，老子对隐逸并无甚论述③。庄论隐逸一方面推崇伯夷、叔齐不污其身苟取富贵、避之以洁其行的气节：

（伯夷、叔齐）曰："……吾闻古之士，遭治世不避其任，遇乱世不为苟存。今天下暗，周德衰，其并乎周以涂吾身也，不

---

① 《孟子·万章下》解释"无可无不可为"为"可以处而处，可以仕而仕。……圣人时者也。""无可无不可"对魏晋产生极大影响，如嵇康等的隐居放言。
② 孔颖达《毛诗正义》中疏曰："既能明晓善恶，且又是非辨知，以此明哲，择安去危，而保全其身，不有祸败。"
③ 张立伟：《归去来兮——隐逸的文化透视》，25页，北京，生活·读书·新知三联书店，1995年。

如避之以絜吾行。"二子北至于首阳之山，遂饿而死焉。若伯夷、叔齐者，其于富贵也，苟可得已，则必不赖。高节戾行，独乐其志，不事于世，此二士之节也。（［战国］庄子：《庄子·让王》）

另一方面则与儒家积极的隐逸观相区别，强调消极避世的自由和冷漠。如《史记·庄子传》中记载，庄子拒绝楚威王延请为相时说：

我宁游戏污渎之中自快，无为有国者所羁，终身不仕，以快吾志焉。

从中可见，庄子的隐居是抱着卸除责任的"自快"之心的：

舜以天下让善卷，善卷曰："余立于宇宙之中，冬日衣皮毛，夏日衣葛絺；春耕种，形足以劳动；秋收敛，身足以休食；日出而作，日入而息，逍遥于天地之间而心意自得。吾何以天下为哉！悲夫，子之不知余也！"遂不受。于是去而入深山，莫知其处。（［战国］庄子·《庄子·让王》）

若夫不刻意而高，无仁义而修，无功名而治，无江海而闲，不道引而寿，无不忘也，无不有也，淡然无极而众美从之。此天地之道，圣人之德也。（［战国］庄子：《庄子·刻意》）

恬惔寂漠，虚无无为，此天地之平而道德之质也。故圣人休休焉则平易矣，平易则恬惔矣。平易恬惔，则忧患不能入，邪气不能袭，故其德全而神不亏。（［战国］庄子：《庄子·刻意》）

不思虑，不豫谋。……虚无恬惔，乃合天德。……故曰，悲乐者，德之邪；喜怒者，道之过；好恶者，心之失。故心不忧乐，德之至也；一而不变，静之至也；无所于忤，虚之至也；不与物交，惔之至也；无所于逆，粹之至也。（［战国］庄子

子：《庄子·刻意》）

庄子还主张冷漠而保身，不动心、不介入，远离祸福：

无入而藏，无出而阳，柴立其中央。（［战国］庄子：《庄子·达生》）

身若槁木之枝而心若死灰。若是者，祸亦不至，福亦不来。祸福无有，恶有人灾也！（［战国］庄子：《庄子·庚桑楚》）

庄子强调的精神自由和超越，是精神的无限扩大，要摈弃一切物态寄托，具有一定的虚幻性，并带有悲观情结。例如其心目中的得道之"至人"，就明显有神化色彩：

至人神矣！大泽焚而不能热，河汉沍而不能寒，疾雷破山而不能伤，飘风振海而不能惊。若然者，乘云气，骑日月，而游乎四海之外。死生无变于己，而况利害之端乎！（［战国］庄子：《庄子·齐物论》）

（2）儒、道隐逸在魏晋的进一步合流

汉武帝以降，士人得以凭借经术入仕，介入政事愈多，可能产生的矛盾也愈多，故此，士人借以排忧解怀的隐逸文化也日渐发达。当时的士人根据自身心性的需要，常对儒、道的隐逸思想兼而取之，例如东汉早期罢黜归乡的冯衍在《显志赋》中的表述：

处清静以养志兮，实吾心之所乐；山峨峨而造天兮，林冥冥而畅茂；鸢回翔索其群兮，鹿哀鸣而求其友；诵古今以散思兮，览圣贤以自镇；嘉孔丘之知命兮，大老聃之贵玄；德与道其孰宝兮，名与身其孰亲；陂山谷而闲处兮，守寂寞而存神；

夫庄周之钓鱼兮，辞卿相之显位。①

汉末到魏晋，社会陷入沧海横流的乱世，隐逸之风日炽。南朝宋范晔概括之为：

汉自中世以下，阉竖擅恣。故俗遂以遁身矫洁放言为高。（［南朝宋］范晔：《后汉书》卷六十二列传第五十二《荀韩钟陈》）

东汉末年仲长统所表述的隐居原因和理想中，不乏儒道合流的成分：

名不常存，人生易灭。优游偃仰，可以自娱。欲卜居清旷，以乐其志。（［南朝宋］范晔：《后汉书》卷四十九列传第三十九《仲长统传》）

在魏晋杂糅诸子、兼容儒道的整体社会文化潮流的影响下，魏晋的隐逸文化以儒道合流的趋势进一步发展起来②，魏晋玄学中"名教本于自然""越名教而任自然"等理论探讨，都曾被引申到对仕隐平衡问题的思考中。魏晋士人以儒家隐逸中修身求志的思想为根本，结合并修正庄论中的清净超脱和自由精神，将其落实到现实隐居生活中，探讨在精神层面上实现"仕隐平衡"。典型如魏晋著名的隐士嵇康，由于不满司马氏的统治，一面以儒家的隐居放言而坚守正道；一面发挥庄子的超越精神，强调内心生活的无拘不羁和舒放自由。他在《与山巨源绝交书》中说：

仲尼兼爱，不羞执鞭；……所谓达能兼善而不渝，穷则自得而无闷。以此观之，故尧舜之君世，许由之岩栖，子房之佐汉，

接舆之行歌，其揆一也。……故君子百行，殊途而同致，循性而动，各附所安。

又在《卜疑集》中说：

仕不期达。常以为忠信笃敬，直道而行之，可以居九夷，游八蛮，浮沧海，践河源……

西晋末年，玄学家郭象以玄释庄，提出"圣人虽在庙堂之上，然其心无异于山林之中"的著名论述，在理论上稀释了出处仕隐的对立性，强调无论在朝在野，只要保持心性自由，都能在赏山乐水中实现回归自然本性的精神超越。这一原则清晰地指明了着眼于现实存在的心性审美化超越，被后代士人奉为要旨，由此，大隐、小隐、中隐③等隐逸观念与践行相继出现。

东晋名隐陶渊明，就是致力于践行将隐居守道的人格追求和自由超越的精神境界相结合的典型范例，如其诗文所述：

或击壤以自欢，或大济于苍生，靡潜跃之非分，常傲然以称情。……奉上天之成命，师圣人之遗书。发忠孝于君亲，生信义于乡闾。……宁固穷以济意，不委曲而累己。既轩冕之非荣，岂缊袍之为耻。（［东晋］陶渊明：《感士不遇赋》）

在此，他以"傲然称情"打通击壤自欢与大济苍生之界限。又，陶渊明于《晋故征西大将军长史孟府君传》中，塑造了蕴含其本人人格理想的一代名士孟嘉的形象，他"冲默有远量""温雅平旷""行不苟合，言无夸矜，未尝有喜愠之容"；他不拘形迹，无论仕隐，都表现出一种"每

---

①冯衍对汉光武帝中兴汉室有功，但见怨受黜，最后被赦归故里，《显志赋》作于其归隐之时。
②张立伟：《归去来兮——隐逸的文化透视》，50页，北京，生活·读书·新知三联书店，1995。
③中隐指以外郡为隐。见张立伟《归去来兮——隐逸的文化透视》，195页，北京，生活·读书·新知三联书店，1995。

纵心独往""任怀得意，融然远寄，旁若无人"的风度。陶最后赞曰："君清蹈衡门，则令闻孔昭；振缨公朝，则德音允集"，典型体现了东晋士人融道家忘怀得失于儒家进德修业之中的人格理想。

前文提及东晋孙绰认为"出处同归"，他"居于会稽，游放山水十有余年"，且"时复托怀玄胜，远咏老庄，萧条高寄，不与时务经怀"，但后来又出任了管理刑狱之廷尉卿。可见其对调和儒道、兼征出处隐逸观的身体力行。

南朝宋范晔的《后汉书·逸民列传序》是反映魏晋南北朝隐逸观发展趋势的重要文献，其论及隐逸的原因时指出：

> 或隐居以求其志，或回避以全其道。……或垢俗以动其概。
> 或疵物以激其清，……或静己以镇其躁，或去危以图其安。

这正是分别讲儒家的"蓄养待时、洁身自好"和道家的"虚静无为、避世全身"。在文中，他双提并赞儒家的伯夷和道家的许由两位名隐；充分融会和发挥儒道两家隐逸观，体现出兼容儒道的魏晋南北朝隐逸文化特色。

由此可见，魏晋南北朝时期占社会主流的隐逸观，绝不是道家所推崇的以远害全身为目的、以"形同槁木，心如死灰"的冷漠态度面对社会以求心灵超脱的消极原则；而是充分强调孔孟儒家以"隐居求志"为旨归的积极的个人人格完善过程，是融会道家清净、超越精神于儒家修身求道践行中的隐逸理想。正因如此，作为物质环境依托的山水环境和隐逸文化才会在魏晋时期密切地结合起来，山水审美才在魏晋隐逸文化的发展过程中被深入挖掘和高扬，进而发展为士人对园居生活的空前追求。对此后文将展开全面论述。

7. 魏晋人物品藻的儒学渊源

人物品藻是魏晋南北朝时期重要的文化现象，包括有关人的德行和才能的评价、对人物仪容风度的品评以及对人物在道德理想的实现上所达到的境界的品评等，与士人理想人格追求和社会审美取向有着密切的关系。

作为一种社会风气和制度，人物品藻是从东汉开始的；然而，作为社会上一般意义的人物评论及其理论，《论语》中已经包含有许多有关"人物之察"的重要看法。东汉的人物品鉴，主要是配合举荐人才从政的"乡议察举"制，侧重"德"之共性。而魏晋的人物品藻则发展为对人的个性、风采、内在修养和外在风貌表里如一的综合品评，具有很强的审美倾向，这实际上在很大程度上是对孔孟儒学理想人格形象追求的承继和发展。

曹魏刘邵在其系统的人物鉴识论著

《人物志》①的序言中，就引孔子《论语》的事例，论其所包含的"人物之察"的重要理论：

> 是故仲尼不试，无所援升，犹序门人，以为四科②；泛论众材，以辨三等③。又叹中庸以殊圣人之德，尚德以劝庶几之论④，训六蔽以戒偏材之失⑤，思狂狷以通拘抗之材⑥。疾悾悾而无信，以明为似之难保，又曰察其所安，观其所由，以知居止之行。人物之察也，如此其详。

可见刘邵对孔子人格美品评标准的推崇和承继。

孔子不仅重视人的精神境界与修养，对人的容貌、服饰也十分重视。这种完美的人格与形象追求，对魏晋人物品藻产生了极大影响。《论语·述而》中"子之燕居，申申如也，夭夭如也"，即是用一种诗意的语言，描写了孔子家居时的安适之态。《乡党》则用了一章的篇幅，细致入微地描写孔子的装束、表情、言谈、举止以及起居等等。《礼记·冠义》云：

> 容体正，颜色齐，辞令顺，而后礼义备。

《大戴礼记·四代》说：

> 盖人有可知者焉，貌色声众有美焉，必有美质在其中者矣。

同时，孔子通过对自然生态环境的观察，发展了《诗经·秦风·小戎》"言念君子，温其如玉"等自然景物与人格互相比附的原始人格审美方式，提出"观器视才"的"表仪"之说，发后代人物品藻审美化之先声：

> 平原大薮，瞻其草之高丰茂者，必有怪鸟兽居之。且草可财也，如艾而夷之，其地必宜五谷。高山多林，必有怪虎豹蕃孕焉；深渊大川必有蛟龙焉。民亦如之，

---

① 《人物志》空前细致而系统地考察分析了人的内在智能、德行、情感、个性，在人的形体、气色、仪容、动作、言语上的种种表现，以及它们与社会需求的关系等。如推崇"英雄"和人的聪明智慧，《人物志·自序》中载"夫圣贤之所美，莫美于聪明。"分析人的各种品行表现，《人物志·材理第四》中载"若夫天地气化，盈虚损益，道之理也；法制正事，事之理也；礼教宜适，义之理也；人情枢机，情之理也。四理不同，其天才也，须明而章，明待质而行。是故质于理通，合而有明；明足见理，理足成家。是故质性平淡，思心玄微，能通自然，道理之家也；质性警彻，权略机捷，能理烦速，事理之家也；质性和平，能论礼教，辨其得失，义理之家也；质性机解，推情原意，能适其变，情理之家也。"

② "犹序门人，以为四科"，见于《论语·先进》："德行：颜渊，闵子骞，冉伯牛，仲弓。言语：宰我，子贡。政事：冉有，季路。文学：子游，子夏。"南朝宋刘义庆著《世说新语》即采取这种方法对人物进行记述评论。

③ "泛论众材，以辨三等"，见于《论语·季氏》："生而知之者，上也；学而知之者，次也；困而知之者，又其次也……"把人分成生知、学知、困知三等。

④ "叹中庸以殊圣人之德，尚德以劝庶几之论"，见于《论语·雍也》"中庸之为德也，其至矣乎"，和《先进》"回也其庶乎"，以中庸为道德的最高表现，劝人像颜回那样尽力接近圣人提出的道德的最高要求。

⑤ "训六蔽以戒偏材之失"，见于《论语·阳货》："好仁不好学，其蔽也愚；好知不好学，其蔽也荡；好信不好学，其蔽也贼；好直不好学，其蔽也绞；好勇不好学，其蔽也乱；好刚不好学，其蔽也狂。"这种对人物的长短、偏失的评论，是魏晋人物品评常常讨论的问题。

⑥ "思狂狷以通拘抗之材"，见于《论语·子路》："不得中行而与之，必也狂狷乎！狂者进取，狷者有所不为也。"这与魏晋在人物品评上的"唯才是举"和重视狂狷的风气很有关系。

君察之，可以见器见才矣。①

知者乐水，仁者乐山。②

孔子心目中内在美与外在美统一的理想人格形象，以及由生态伦理出发、将道德人格与自然相关联而引向人物品藻的追求，为魏晋人物品藻走向审美化的趋势奠定了基础。《世说新语》中大量相关记载可见其详：

公孙度目邴原："所谓云中白鹤，非燕雀之网所能罗也。"（[南朝宋]刘义庆：《世说新语·赏誉》）

王戎云："太尉神姿高彻，如瑶林琼树，自然是风尘外物。"（[南朝宋]刘义庆：《世说新语·赏誉》）

王公目太尉："岩岩清峙，壁立千仞。"（[南朝宋]刘义庆：《世说新语·赏誉》）

魏明帝使后弟毛曾与夏侯玄共坐，时人谓"蒹葭倚玉树"。（[南朝宋]刘义庆：《世说新语·容止》）

嵇康身长七尺八寸，风姿特秀。见者叹曰："萧萧肃肃，爽朗清举。"或云："肃肃如松下风，高而徐引。"山公曰："嵇叔夜之为人也，岩岩若孤松之独立；其醉也，傀俄若玉山之将崩"。（[南朝宋]刘义庆：《世说新语·容止》）

魏晋这种俊秀飘逸的风姿，是与精神的自由放达互为表里的，是与山水景物的自然之美相通的。可见，综合和发展孔孟儒学的生态伦理观、生态美学观、完美人格观等思想精华，在魏晋，随着对自然化理想人格和形象追求的日趋深化，以及人物品藻中对万物自然美的充分关注，自然山水本身的多样性和典型面貌被逐渐发掘，人们已认识到山水能"以形媚道而仁者乐"（[南朝宋]宗炳：《画山水序》），自然山水摆脱了以前艺术作品中只作为气氛比喻和背景衬托的地位，而成为独立的审美对象，纯粹的自然山水审美热潮被空前开掘。围绕山水美学的兴盛，文学、绘画、音乐、书法、园林等士人艺术获得了同步的发展。

8. 周孔即佛，佛即周孔：魏晋佛教对儒学的认同

魏晋时期的两教并行主要有儒道并行和儒佛并行。儒道关系已如前所述，在当时士人看来是殊途同归的，除了上文所举的例子，葛洪的《抱朴子》又是一个典型，其内篇讲道教，外篇讲儒教，二者并行不悖。

佛教在南朝的发展及其对儒学的认同，从另一个角度证明了儒学在魏晋南北朝时期的主流地位。《高僧传·慧远传》记载慧远曾为雷次宗和宗炳讲儒家《丧服经》，又在其《沙门不敬王者论》中提出，"常以为道法之与名教，如来之与尧、孔，

①《大戴礼记·四代》中，孔子通过对自然生态环境的观察，提出"观器视才"的"表仪"之说，发后代人物品藻之先声。参见刘彤彤：《中国古典园林的儒学基因及其影响下的清代皇家园林》，40页，天津大学博士论文，1999。
②《论语·雍也》所谓："知者乐水，仁者乐山"，即水以其无处不至和流动变幻而见智慧，山以其伟岸宽阔而见仁厚，用山水自然比拟人的品格和德性。

发致虽殊，潜相影响；出处诚异，终期则同"，于是"内外之道，可合而明"，佛儒可以互补；宗炳《明佛论》曰，"依周孔以养民，味佛法以养神"；谢灵运则主张"归心佛老，不废周孔"；刘勰、沈约等主张儒佛并行论，都要强调儒佛所要达到的目的的一致性，旨在保持儒区别于佛的独立性，本质上是以儒为主的。正如孙绰《喻道论》所说："周孔即佛，佛即周孔……其旨一也"，唐代六祖慧能在《坛经》中援儒释禅，与六朝时期儒佛并行、儒释合一的思想传统是一脉相承的[1]。

以上资料反映了佛教在中国化的过程中自觉吸收儒学精华，以迎合中国知识分子的思想传统与文化心理，从而使其得以在文人阶层迅速传播和广泛接受，也从一个侧面证实了这一时期儒学在思想深层无可动摇和移易的主体地位。

9.非老废庄：老庄的影响与结局

诚然，老庄道家思想确实对玄学的产生、发展起了不可忽视的作用，后文将对此作详细论述；但其影响是否如人们想象的那样巨大，老庄是否就代表了当时社会思想的主潮，却是很值得商榷的。这种错觉的形成，在相当程度上多是当时文人的夸张[2]；而文人的夸张，一方面是有如阮、嵇那样愤世嫉俗的心理使然，另一方面则

是许多正统儒者不满于"虚谈废务，浮文妨要"的社会现实而发的警示之言。

玄学建立之初，老庄思想就受到相当多的魏晋儒者的排斥。《三国志·管辂传》载管辂批评何晏说：

> 若欲差次老庄而参爻象，爱微辩而兴浮藻，可谓射侯之巧，非能破秋毫之妙也。
> 故说老庄则巧而多华。
> 文王损命，不以为忧；仲尼曳杖，不以为惧。

《魏书·崔浩传》载其"性不好庄老之书，每读不过数十行，辄弃之，曰：'此矫诬之说，不近人情，必非老子所作。'"

东晋以后，社会上出现了非老庄倾向。以干宝为代表的象数派易学，不满意以老庄玄学观点解易，《晋纪总论》曰："学者以老庄为宗而黜六经，谈者以虚薄为辩而贱名俭。""是以目三公以萧杌之称，标上议以虚谈之名。"孙盛作《老聃非大贤论》和《老子疑问反讯》，反对老庄的"弃圣绝知"，认为圣贤所追求的道，不能脱离形器的变化：

> 夫有仁圣，必有仁圣之德迹。……老氏既云绝圣，而每章辄称圣人。既称圣人，则迹焉能得绝？若所欲绝者，绝尧舜周孔之迹，则所称圣者，为是何圣之迹乎？

更具有讽刺意味的是，东晋王坦之专门作《废庄论》（［清］严可均：《全晋文》卷二十九），仿《庄子·胠箧》中的语句对庄子进行了猛烈抨击：

---

①慧能借《论语》中的"直道"来说明"行直何用修禅"，以倡导"恩则孝养父母，义则上下相怜"。实乃源于儒家孝道的"不离世间觉"；所谓"见性成佛""人皆为佛"，与孔子的"文王在兹""人皆可以为尧舜"并无二致。

②诸如《文心雕龙·论说》："聃周当路，与尼父争途；"《晋书·向秀传》："儒墨之迹见鄙，道家之言遂盛。"

然则天下之善人少，不善人多。庄子之利天下也少，害天下也多。……庄生作而风俗颓。[1]

认为《庄子》一书乃是"无感之作，义偏而用寡"。但尽管如此，由于庄子思想中蕴含的生命超越精神，与儒学的山水美学本质不谋而合，所以庄子对中国艺术的发展依然有相当深远的影响，待后文详述。

综上所述，魏晋社会的主流文化，并非如学界普遍认为的那样，是儒学的衰落。儒学的地位并未因王、何、郭等的"援道入儒"而受到动摇；在与道、佛思想的碰撞交融中，儒学反而显示出更鲜活的生命力。只有走出"庄老道家思想占主导地位"这一误区，抛弃一切成见，才有可能客观地评价魏晋哲学思潮的典型表征即玄学的本质，以及山水美学获得巨大发展的根本原因。

二、魏晋玄学

玄学是魏晋时期产生的重要哲学思潮，一般指魏晋时研究《老子》《庄子》《周易》这三本渊博深奥之书，探讨宇宙本源等玄远的本体论学术问题的社会思潮[2]。

如前文所述，东汉末年的政治动乱酿成了社会秩序的大解体，两汉官方"今文经学"思想体系被批判和摈弃，魏晋士人在思想上获得解放，个性得到自由的发展，为思想文化领域的活跃创造了条件；同时，继起的统治者也迫切希望产生一些适应时局的思想和道德理论，以修正两汉官方经学，达到稳定社会和民心、巩固政权的目的。这些特定的历史背景是魏晋玄学形成的社会原因。

但是，正如"玄"所指的"玄奥"和"玄妙"（即深远、深刻、精微和微妙）之意，玄学主要是一种意识形态领域的哲学思潮，代表着精妙而抽象的理性思维。它的产生和发展有着深厚的思想传承渊源；它的核心内容主要集中于本体论和方法论的探讨；它的本质，是"辩名析理"的抽象思辨。

（一）玄学的基本内容和发展阶段

1. 基本内容

魏晋玄学涉及的范围十分广泛，其基本内容如下。

（1）有、无之争

这是魏晋玄学讨论的中心问题[3]，是

---

[1]《庄子·胠箧》原文："天下之善人少，而不善人多，则圣人之利天下也少，而害天下也多。……圣人生而大盗起。掊击圣人，纵舍盗贼，而天下始治矣！"
[2] 汤一介先生认为，玄远之学即形而上学。见汤一介：《郭象与魏晋玄学》（增订本），9页，北京，北京大学出版社，2000。
[3] 汤一介：《郭象与魏晋玄学》（增订本），13页，北京，北京大学出版社，2000。

关于宇宙本体的追问，主要探究宇宙（天地万物）是以"无"或"有"为本体。这个问题的争论贯穿玄学发展的始终，经历了"贵无"—"崇有"的转变历程。

（2）辩名析理

这是玄学的主要思维方式。"名"就是名词、概念，"理"就是一个名词的内涵、一类事物的规定性[1]。辩名析理是指一种抽象的思维方式，通过抽象思辨来辨别和分析事物的是非和内在规律。

（3）言、意之辨

这是玄学关于方法论的探讨[2]。通过辨析"言"和"意"的关系，提出了"得意忘象""忘言忘象""寄言出意"等方法。这一方法论在解经、建构形上学、会通儒道二家之学、建构士人人生理想等方面，起到重要的指导性作用。

（4）自然与名教的关系

这是玄学对理想人格的讨论[3]。主要致力于弱化和消解名教与自然的对立，提出"名教本于自然"[4]"越名教而任自然"（［曹魏］嵇康：《释私论》）"圣人虽在庙堂之上，然其心无异于山林之中"（［西晋］郭象：《庄子·逍遥游注》）等理念。

2. 发展阶段

参考学术界各家所言，可将玄学划分为以下几个发展阶段[5]。

第一阶段：创立期。以曹魏正始年间（公元240—249年）的何晏、王弼为代表人物，建立"贵无"说，认为"名教本于自然"。主要通过注释《老子》一书，创立儒道互补的学说。

第二阶段：发展期。以西晋元康年间（公元291—300年）的嵇康、阮籍等人为代表，主张"越名教而任自然"，开掘《庄子》的任性逍遥特点，探索儒学济世与《庄子》逍遥的结合。

第三阶段：革新期。以西晋永嘉时期（公元307—313年）的裴頠、郭象为代表，提出"崇有""独化""圣人虽在庙堂之上，然其心无异于山林之中"说，实现理想与现实的接轨，在以儒学为主体的前提下儒道结合。

第四阶段：终结期。东晋以降，玄学

---

①冯友兰：《中国哲学史新编》（中），37章"通论玄学"，北京，人民出版社，2007。

②汤用彤：《魏晋玄学论稿》，上海，上海古籍出版社，2001。

③汤用彤：《魏晋玄学论稿》，上海，上海古籍出版社，2001。

④这是魏玄学家王弼的观点。参见章启群：《论魏晋自然观——中国艺术自觉的哲学考察》，12页，北京，北京大学出版社，2000。

⑤汤用彤：《魏晋玄学论稿》，10页，上海，上海古籍出版社，2001年。罗宏曾：《魏晋南北朝文化史》，140～142页，成都，四川人民出版社，1989。

逐渐丧失了独立性格，走上儒玄合流和佛玄合流的道路。

（二）玄学的特点及与两汉经学的传承关系

在抽象思维取代具体思维这种意义上说，玄学是对两汉经学的反动。但玄学与两汉学术思想又有着十分微妙的关系。这种关系主要表现在：继承并强化了汉代对诸子学术思想的兼收并蓄；延续了以《淮南子》为代表的抽象思维方式；继续汉儒"援老入易"的思想方法，以儒家思想尤其是易学改造道家学说，维护了老庄之学的存在价值。

1. 杂糅诸子，兼容儒道

杂是汉初学术的时代特点。在汉代，除了官方的"今文经学"主流之外，也出现了诸如"古文经学"以及对先秦诸子进行探讨等思潮，为玄学的产生奠定了思想方法的基础，成为玄学的萌芽和先声。

从《史记》的记载可以证明汉初曾对老子之学进行过大量研究[①]。据杨树达统计，两汉之世研习《老子》的有五十余家。汉初众多思想家引用黄老思想的目的，是为了更好地补充和修饰儒家思想，使儒家思想具有时代的适应性。在他们看来，黄老或老子思想的基本出发点，原本是和儒家一致的。到儒学定于一尊之后，儒学与黄老之学仍相互吸收融合，以致儒学本身发生了重大变化。扬雄是这一阶段的开端，其代表人物有王充、郑玄等。

例如，西汉陆贾在《新语·无为》中论述"道"的概念时，取《老子》"清静简朴"的一面，把庄子的"至德之世"加以改造，达到现行社会制度下政治上的清静无为，即"块然若无事，寂然若无声，官府若无吏，亭落若无民，闾里不讼于巷，老幼不愁于庭。……老者息于堂，丁壮者耕耘于田"[②]。很明显，陆贾的"至德之世"实质内容是《礼运》"小康之世"的再现，是实行儒家礼义之治的，其精神实质是儒家思想。

同样，多被认为作于汉初的《淮南子》也明显受到儒学影响。《淮南子》人性思想的基本观点是把人看成自然人，认为人与环境是统一的。《齐俗训》说"率性而行谓之道，得其天性谓之德"，明显打上了《孟子》和《中庸》的烙印；《修务训》还以儒家思想为武器，对"寂然无声，漠然不动"加以批判："或曰：'无为者，寂然无声，漠然不动，引之不来，推之不往，如此者，乃得道之像。'吾以为不然。"主张"教顺施续，而知能流通"，从而否定了老庄的"弃圣绝智"；还站在儒家立场，将"无为"重新解释为"循理而举事，因资而立权"，并提出"圣人之从事也，殊体而合于理，其所由异路而同归"，说

---

① [汉] 司马迁：《史记》卷八十列传第二十《乐毅》载："乐臣公学黄帝、老子。"
② [汉] 陆贾：《新语·至德第八》。

明儒家的事功教化，都体现着"循理而举事"的要求，是这些原则的体现。

西汉晚期，以刘向、刘歆父子为代表，一部分士人、官僚为了寻求解决社会、政治危机的方案，迫切要求改变学术思想界窒息、僵化的局面，开拓了改善儒学、向诸子百家学习的方向。刘向重新开始了对诸子百家著作的整理和研究工作。刘歆则尖锐抨击了当时以经学为代表的儒家烦琐章句的学风。他在《七略》中按照儒学"礼失而求诸野"的思路，以儒家为正统，以诸子为"愈于野"的"支与流裔"，把诸子百家和儒家并列为十家，指出它们可以互相补充：

> 其言虽殊，辟犹水火，相灭亦相生也。仁之与义，敬之与和，相反而皆相成也。①

又说：

> 《易》曰："天下同归而殊途，一致而百虑。"今异家者各推所长，穷知究虑，以明其指，虽有蔽短，合其要归，亦《六经》之支与流裔。
>
> 方今去圣久远，道术缺废，无所更索，彼九家者，不犹愈于野乎？若能修六艺之术，而观此九家之言，舍短取长，则可以通万方之略矣。

此后，班固、王充等继承了刘向、刘歆父子倡导的解放思想；东汉巨儒古文经学家如马融、郑玄等都是"才高博洽"的"通人"，后二人在玄学的产生中起了至关重要的作用。到了王弼、何晏，更是强化了对诸子百家的吸收和儒道的融合，开启了魏晋时代"援道入儒"的学术风气。经过儒家对道家思想的传播，在魏晋道家注疏中也加进了儒家的内容。

2. 援道入易

两汉时期易学被提到前所未有的高度。司马迁的《史记·儒林列传》的六经排序为：《诗》《书》《礼》《易》《春秋》，《易》还只是并列的六经之一。到刘歆的《三统历》则把《律》《历》《易》三者糅合在一起而作为天道的具体存在，始在其《七略》的《六艺略》中将《易》置于六艺之首，成为《诗》《书》《礼》《乐》《春秋》之源，为易学开辟了新说。班固删《七略》以为《汉书·艺文志》，便延续了刘歆的序列，遂为后来的经学家所传承不辍，将《易》尊为儒学群经之首。

汉代经学家大多数精通《周易》和其他众多儒家经典，许多学者就是以《易》名家。汉代经学分今文经学和古文经学，以费直为代表的古文《易》，西汉时并未受到官方承认②。费直解易不重象数而讲求发挥典籍中的微言大义，《汉书·儒林传》说他"徒以《彖》《象》《系辞》十篇《文言》解说上下经"。费直易学传至

①［汉］班固：《汉书》卷三十艺文志第十。
②今文《易》有施、孟、梁丘、京房等为代表，皆立于学官，称为象数之学。

东汉，经马融、郑玄等的弘扬而大兴[1]，对魏晋玄学产生了直接影响。

基于这种"《易》为五经之源"的观念，《周易》也被魏晋士人当作哲学，而首先成为立论的根本。《周易》与《老子》《庄子》并称三玄[2]，是玄学主要经典。而且，《周易》中之《易传》至少在宋代欧阳修以前，一直被认为系孔子所作，在魏晋也从未被怀疑过。阮籍《通易论》认为"至乎文王，故系其辞。……易之为书也，覆焘天地之道，囊括万物之情"。可见《易》在士人心目中的地位。

如前所述，孔子儒学具有极宽的包容性；先秦至汉初诸子百家又互有渗透和影响，因此同是战国时期形成的《易传》与《老子》，虽是对立的世界观，但就其世界的生成、辩证法 "援老入易"的鼻祖首推西汉末的大儒扬雄，他尊崇儒家正统思想，出于对神学化谶纬经学的不满，认为经莫大于《易》，传莫大于《论语》，故仿《论语》作《法言》，仿《易》而作《太玄》，如前所述正是源于《周易》，"玄"遂成为扬雄哲学的最高范畴。他又接受《老子》的某些思想，提出"虚形万物所以之谓道也"。魏晋玄学也正是采用"援道入易"的思想方法，并直接以"玄"命名。可见玄学最初并非特指老庄道家学说。

直到东汉末的儒学大师郑玄注《易纬·乾凿度》时，又系统引进老子的自生、自彰、自通、从无入有、以无为本的思想，引老注易，在经学内部实现儒道融合。曹魏时王肃继承了汉代费直至郑玄一派易学，重义理而略于象数，成为王弼以易学为代表的玄学理性主义的先导。

与扬雄和郑玄一样，王弼的"援道入易"也是以儒家易学为基础的。王弼解《易经》受《易传》的影响极大，其《周易略例》的字句许多取自《系辞传》文意，有的干脆直用其辞。很明显，王弼是本着先秦儒家《易传》来解释《易经》，强调了儒学心性、情感的一面。王弼曾说"《文言》备矣，解乾卦六爻皆从《文言》"（［曹魏］王弼：《周易注》），在他看来，孔子所作的《易传》尤其是其中的《文言》已经很完备，故而没有必要再为传作注。王弼引入老子的"虚无"本体，认为"形必有所分，声必有所属。故象而形者，非大象也；音而声者，非大音也"，只是为了强调"有生于无"。

同时，王弼还吸收庄学对易学的诠释方式而进行发挥，他的"言不尽意"论，正是借鉴了《庄子》理性思辨和理性直观的思维方法而"一致百虑，殊途同归"，即都重在彰明《易传》中孔子"言不尽意"的微言大义。

---

[1]关于费氏易的传承关系，《隋书·经籍志》综合《汉书·儒林传》和《后汉书·儒林传》之后提出："后汉陈元、郑众，皆传费氏之学。马融又为其传，以授郑玄。玄作《易注》，荀爽又作《易传》。魏代王肃、王弼，并为之注。自是费氏大兴。"
[2]［北齐］颜之推：《颜氏家训·勉学》："洎于梁世，兹风复阐，《庄》《老》《周易》，总谓三玄。"

3. 抽象思辨

对玄学"辩名析理"的理性思辨产生重要影响的一部著作是《淮南子》。

《淮南子》不仅提出"清静""无为""玄德"等概念（[汉]刘安等：《淮南子·原道训》）；提出"天道玄默"，指出"玄默无为"是天道的要求（[汉]刘安等：《淮南子·主术训》）；而且对事物的现象和本质作了系统阐述，为魏晋时期的言意之辨打下了基础。《说山训》指出："循迹者，非能生迹者也"，"圣人终身言治，所用者非其言也，用所以言也。"认识的最重要的任务，是掌握变化着的"迹"和"言"背后的"所以迹"，即支配现象的规律、本质和"言"所表达的根本精神，也就是"意"。

《淮南子》的辩证法思想，还表现在强调对立面的统一和统一中兼容并包的多样性，主张取长补短、各得其用：

圣人正在刚柔之间，乃得道之本。（[汉]《淮南子·氾论训》）

五行异气而皆适调，六艺异科而皆同道……六者，圣人兼用而财制之。（[汉]《淮南子·泰族训》）

故百家之言，指奏相反，其合道一体也。（[汉]《淮南子·齐俗训》）

《淮南子》的抽象思维水平不仅达到了时代的高峰，而且它和王弼玄学的思辨之风，在性质上十分接近。王弼的思想，虽其本质上是超越了汉代经验论思想模式，而达到了玄学的本体论，与《淮南子》经验论和宇宙生成论思想有着本质的区别；但是却与《淮南子》的思辨因素有着继承与发展的关系。魏晋玄学的本体之学，并不是突然产生的，它和两汉哲学如《淮南子》，及后来的《道德指归》《论衡》等存在着继承关系，是两汉哲学的自然论、反目的论、"崇本息末"思想、以"无"为本思想的进一步发展与提高。

除此之外，西汉严遵充分吸收和利用庄周思辨的思维方式，解释、发挥《老子》的思想，对"道""有生于无""绝言""体玄"等问题，作了思辨性较强的论述。他把他的哲学称之为"玄德""玄教"，对扬雄的"太玄"和魏晋玄学也都产生了一定影响[1]。

扬雄说"太玄"；东汉末蔡邕得王充《论衡》后，"诸儒觉其谈论更远"（[宋]李昉等：《太平御览》卷六百二文部十八引《抱朴子》）；班固以"玄圣"指代孔子，等等，都是对"玄"的抽象含义进行发挥，魏晋玄学的核心意义正在于这种抽象思辨的理性精神。

（三）玄学与清谈

玄学的时代表现之一，是与清谈论辩

---

[1]《汉书·王吉贡禹传》说严遵"闭肆下帘而授《老子》，博览无不通，依老子严（庄）周之旨，著书十余万言。扬雄少时从游学"。王弼、何晏的"凡有皆始于无"的"贵无论"，正是在严遵和《易纬》的思辨哲学基础上发展起来的。严遵关于"道""玄"的思辨哲学和《易纬》一起，唱出了魏晋玄学的先声，成为魏晋玄学的重要的思想渊源。

的充分结合。清谈的原型是东汉的"清议",东汉选拔人才、任用官吏是采用征辟、察举等制度,选拔的标准多根据地方乡里对此人的道德、才能品评,"清议"即指相关的品评行为。这种方式传到太学,发展为品评官僚和抨击时政之风,与政治斗争相结合。汉末的党锢之祸和魏晋曹氏、司马氏政权对激越士人的压制和迫害,使士人的"清议"逐渐由干预时政转向对玄远问题的探讨论辩,是为"清谈"①。

玄学理论作为一种哲学探讨,成为清谈的主要内容,富于哲学思辨的谈论行为,后来发展成为一种具有审美性质的文化娱乐活动,成为魏晋士人社会生活中不可缺少的一部分。他们通过各种形式的辩论、清谈会,广泛探讨人生、社会和宇宙哲学问题,促进了玄学思想的发展。

在"辩名析理"主导思想的影响下,清谈论辩只以玄理本身的逻辑力量为准绳,而不承认任何外在的权威。于是推动了思想的解放,进而产生了理性主义的思维方法和理性思辨,即运用形式逻辑方法,从客观事物本身出发去探索其中的真理。此间的许多文献资料中都体现了玄学的这一特色:

> 何晏为吏部尚书,有位望,时谈客盈坐。王弼未弱冠,往见之。晏闻弼名,因条向者胜理语弼曰:"此理仆以为极,可得复难不?"弼便作难,一坐人便以为屈。于是弼自为客主数番,皆一坐所不及。([南朝宋]刘义庆:《世说新语·文学》)

> 诸名士共至洛水戏,还,乐令问王夷甫曰:"今日戏,乐乎?"王曰:"裴仆射善谈名理,混混有雅致;张茂先论《史》《汉》,靡靡可听;我与王安丰说延陵、子房,亦超超玄著。"

> 殷中军为庾公长史,下都,王丞相为之集……丞相自起解帐带麈尾,语殷曰:"身今日当与君共谈析理。"既共清言,遂达三更。……丞相乃叹曰:"向来语,乃竟未知理源所归,至于辞喻不相负。正始之音,正当尔耳!"②

其中的"胜理""善谈名理,混混有雅致""超超玄箸""共谈析理"以及"理源所归"等,正是由正始至两晋期间玄学清谈中"辩名析理"的种种表现。

魏晋士人通过不同形式的清谈活动,不断发展、丰富、深化了玄学理论,并形成了不同的玄学流派。清谈的形式可以客主问答论辩的形式,也可以"自为客主",从反正两面分层次分方面地质疑和答辩,将义理谈论透彻,发挥到极致。那时常以"精通简畅""清辞简旨""清蔚简令""清易令达""通雅博畅""言约旨远"等来形容某人的善言玄理,要以简练动听的言辞表达精深的义理。这就要求辩者除了要有相当的玄学修养之外,还要进行理性逻辑思维训练和语言训练。

这种主客论辩的形式不仅运用于清谈,也运用于作文,许多理论文章都是用客主问答的形式写成的。嵇康的《声无哀乐论》是为典型,该文从行文方式到文章主旨,都体现出强烈的思辨性,以严密的

①陈寅恪:《陈寅恪魏晋南北朝史讲演录》,万绳楠整理,44~45页,合肥,黄山书社,1987。
②[南朝宋]刘义庆:《世说新语·文学》。

析理论证引出了对审美主客体关系的科学认识，成为中国古代美学史上的一次飞跃。讫后文详述。

清谈的实质是一种"辩名析理"的思维和表述方式。清谈之中重巧言，尚辩术，大量运用双关语[1]，从而促进了语义学的发展；因清谈论辩中对典故的运用而使对经典的精熟得到认同和赞扬，从而发展了古代的解释学；清谈中注重语言的技巧如比兴、联想、比喻、隐喻等，亦重语言概括能力的提高，追求言简意赅，言约旨远；还十分注意语言的形式美，这时期骈体文和五言诗的发展与成就即是例证；而这时大量出现的文论、文集如曹丕《典论》、刘勰《文心雕龙》、钟嵘《诗品》和昭明太子《文选》等，不仅是清谈重"言"和"辩名析理"的丰硕成果，而且为后来的文学发展打下了良好的基础。

随着清谈活动的不断发展，士人在对理论问题的探讨中，由正始时期的注重理之胜负，转向永嘉前后对主客双方清谈仪态和措辞华美的注意，并把它作为审美的对象而加以欣赏，直接与人物风神姿容的品评相联系而引向人物品藻。他们所崇尚的标准是叙致精丽、才藻奇拔、才峰秀逸、意气拟托以及萧然自得等等，从而使"辩名析理"的玄学论辩转向审美。

（四）"辩名析理"与魏晋科技文化成就

魏晋六朝时期是中国历史上科技文化发展的第一次高峰。这一时期在博物学、农学、应用技术、制图学，尤其是数学方面取得的极高成就，正是在儒学的一贯倡导之下，受了玄学抽象思维方式的极大影响而取得的，是"辩名析理"的产物。

思想上的活跃，必然带来学术上的繁荣。魏晋时期，出现了分类记载异境奇物及古代琐闻杂事的著作，以及记载地方风物、史地的书籍。如《博物志》《华阳国志》《洛阳伽蓝记》《水经注》《南州异物志》《荆州记》《湘州记》等。这时出现了我国最早的专门描述动植物的著作，著名的有《南方草木状》《竹谱》《毛诗草木鸟兽虫鱼疏》等等，开创了专题动植物谱志的先河。关于农业的重要著作如《齐民要术》，以及一些重要的算经、医经和丹书，亦在此期间问世。

此时数学上的辉煌成就尤其令人瞩目。在古代最著名的《算经十书》收录的十部算经中，魏晋时期的作品就占七部[2]，

---

[1]《世说新语》中有大量相关记载，略如：
"嵇中散语赵景真：'卿瞳子白黑分明，有白起之风，恨量小狭。'赵云：'尺表能审玑衡之度，寸管能测往复之气。何必在大，但问识如何耳。'"
"王武子、孙子荆各言其土地人物之美。王云：'其地坦而平，其水淡而清，其人廉且贞。'孙云：'其山崔巍以嵯峨，其水㳽漫而扬波，其人磊砢而英多。'"
[2]魏晋之前的两部《周髀算经》与《九章算术》分别由汉末至三国时期的赵爽和三国魏的刘徽为其作注。其后只有唐代王孝通的《辑古算经》。

分别是：刘徽的《海岛算经》《孙子算经》《夏侯阳算经》，祖冲之的《缀术》，甄鸾的《五曹算经》《五经算术》《数术记遗》。再加上此前赵爽的《周髀算经注》和刘徽的《九章算术注》，如此丰硕的数学成果堪称蔚为大观，在中国历史上是空前的，除了文化极盛的宋代，没有任何一个朝代能比。其中，赵爽把《九章算术》中的分数运算方法上升到理论高度，创始"齐同术"；又在《周髀算经注》中提出"勾股圆方图注"，用几何方法严格证明了"勾股定理"。刘徽的割圆术最早把极限思想用之于解决数学问题。祖冲之的《缀术》内容深奥，时人称其精妙，可惜已经逸失不传，但他的圆周率却在世界数学史上留下了灿烂的一笔。他的儿子祖暅首次求得计算球体积的公式，世称"祖暅定理"。

魏晋南北朝应用技术的进步也是十分显著的。《裴注三国志》记载了曹魏马钧的许多机械发明，如新式绫机、连发石车、司南车、水转翻车和水转百戏等。《南齐书·祖冲之传》载述祖冲之曾制造"日行百余里"的"千里船"和水碓磨。一方面，这些科学技术成果广泛地运用于生产生活中，发展了农业和经济[1]；另一方面，一些机巧发明被引入园林，促进了园林艺术创作手法的多样化，例如喷泉、水转百戏等水景在魏晋南北朝园林中的出现，与马钧、祖冲之等人的各种机巧开发不无关系。

此外西晋地理学家裴秀创"制图六法"[2]，系统总结前人绘图经验，是世界上最早的地图学纲要，奠定了科学的计量制图学基础。出于儒学尊经的传统，他还将这一计量制图方法运用到《尚书·禹贡》的具体诠释中，编绘了我国古代地理沿革图《禹贡地域图》十八幅，是当时最详备的历史地图集。此外，他绘制的《地形方丈图》《区宇图》，被唐代著名画史画论家张彦远在《历代名画记》卷三中，以"述古之秘画珍品"收列。这说明了裴秀将古地图中对山水环境的概括性认识和表述手法，运用到景观地理图的绘制中，为后来山水画的进步打下了基础[3]。

值得注意的是，魏晋南北朝之所以会爆发科技文化发展高潮，从科学方法层面看，是由于此期"辩名析理"思维方法的空前发展；从意识形态层面看，则是儒学"知者创物"思想的贯彻和发扬。

---

① 北魏洛阳城郭内一些庄园和园林利用水体，架设水力机械配合生产，如北魏宣武帝元恪敕建的景明寺，园内"碾硙舂簸，皆用水功"。参见［北魏］杨衒之：《洛阳伽蓝记·城南》。
② "制图六法"即分率（比例）、准望（方位）、道里（距离）、高下（地形）、方邪（角度）、迂直（曲直）。
③ 根据王其亨先生在《风水画论与风水过从管窥——兼析山水画缘起》一文中所剖析的，中国古代地图分两种，一为以符号标示绘制的行政地域图牒；二为象形写意山川景观的景观地理图。其中的景观地理图，例如《山海经图》等，已经具有审美移情价值，是后世山水画的前身。详见王其亨：《风水理论研究》206～210页，天津，天津大学出版社，1992。在学术界公认的中国风水画滥觞期魏晋南北朝，许多著名画家都绘制了景观地理图，如：［魏］曹髦《黄河流势图》，［南朝宋］戴勃《九州名山图》《朝阳谷神风水图》，［南朝宋］宗炳《永嘉屋邑图》，［南朝宋］陆探微《禹贡图（二卷）》，［梁］张僧繇《梁北郊图》、摹《山海经图》。

1. "辩名析理"精神

前文谈到，汉代孕育的抽象思维已经为玄学的理性思辨奠定了基础，魏晋六朝取得的数学成就正是玄学"辩名析理"思想方法的典型产物。

赵爽认为《周髀算经》"其旨约而远，其言曲而中"，还主张"累思"：

累，重也。若诚能重累思之，则达至微之理。

"博访前故，远稽昔典"的祖冲之也十分注重思辨。《宋书·律历志》说他"搜练古今，博采沈奥。唐篇夏典，莫不揆量。周正汉朔，咸加该验。罄策筹之思，究疏密之辨"。刘徽更是以逻辑推理能力见长。他针对当时一些"学者踵古，习其谬失""莫肯精核"和"拙于精理"的弊端，提出"析理以辞，解体用图"，可以说将"辩名析理"的抽象思维运用到纯熟的境地，在逻辑方面达到很高水平。

不仅如此，"辩名析理"的思维方法还影响渗透到了绘画等美学领域。南朝宋画家陆探微被谢赫《古画品录》评为第一品第一人，正是因为他"穷理尽性，事绝言象"。这种对绘画的品评，与整个魏晋时期"辩名析理"的学术氛围是分不开的。

2. "知者创物"的济世思想

在儒学传统观念中，创造出各种技术授予人民的人才是圣人。正如《周礼·考工记》所云：

知者创物，巧者述之，守之世，谓之工。

孔子曾称赞子贡经商有道；又曾任鲁国的委吏和乘田；《孟子·万章下》说"孔子尝为委吏矣，曰：'会计当而已矣'"。因此毛礼锐的《中国当代教育史》曾断言孔子是懂得数学的，并向弟子传授数学。

《周礼》中又有关于六艺的论述：

保氏掌谏王恶，而养国子以道，乃教之六艺：一曰五礼，二曰六乐，三曰五射，四曰五驭，五曰六书，六曰九数。

艺者，技艺，把数学当作一种技艺来传授，是中国古代非常独特的教育观念，掌握有关的技能是国家选官的要求，也是教育的内容。由于《周礼》"冬官司空，掌营造"部分的内容亡佚，汉儒以战国时齐国的工技之书《考工记》补之，其中关于宫室建筑则涉及图形比例等计算问题。故而后来《考工记》就成为儒家经典《周礼》的重要组成部分。

《易》和《乐》同为儒家经典，也是儒家六艺之一，与数学的关系十分密切。学《易》的同时要学习数学；乐理也离不开数学，故"汉魏名儒明经术者多兼通之"[1]。

魏晋时期，官学时兴时废，在很大程度上依赖私学，私学多以儒家经典为主要课程；而在环境相对稳定时继续开办官学，主要教授的仍然是经学，并且注家蜂起。儒家的这一传统于是在魏晋深入人心，

---

①钱宝琮：《钱宝琮科学史论文选集》，317页，北京，科学出版社，1983。

发扬光大。

《周髀算经》是以周公向商高请教数学开篇的，赵爽注《周髀算经》说：周公旦"位居冢宰，德则至圣，尚卑己以自牧，下学而上达，况其凡乎？"因此他注《周髀算经》以使"博物君子[1]，时迥思焉"，立志像周公那样虚心学习，做到博识多知。

刘徽更是把《九章算术》推源到"周公制礼"，明确了数学与儒学的渊源关系。其《九章算术注序》中说：

昔在包牺氏始画八卦，以通神明之德，以类万物之情，作九九之术，以合六爻之变。……按周公制礼而有九数，九数之流，则《九章》是矣。……且算在六艺，古者以宾兴贤能，教习国子。……博物君子，详而览焉。

颜之推在其《颜氏家训·杂艺第二十九》也这样叮嘱自己的子孙：

算术亦是六艺要事。自古儒士论天道、定律历者，皆学通之。

北周的甄鸾曾作《五经算术》，对《尚书》《周易》《论语》《周礼》和《礼记》等古代经典中的一些与数学有关的问题加以研究注释，实质正是沿着"周公制礼"的认识传统，以数学的方法研究五经。赵爽和刘徽甚至直接以孔子所倡导的思想和教育方法与数学方法紧密联系起来：

引而伸之，触类而长之，天下之能事毕矣，故谓之知道也。

凡教之道，不愤不启，不悱不发；愤之悱之，然后启发……举一隅，使反之以

三也。（〔三国〕赵爽：《周髀算经注》）

所谓告往而知来，举一隅而三隅反者也。（〔魏晋〕刘徽：《九章算术·粟米章注》）

由此可见，数学、科技方面所体现的魏晋时代特色，绝不是老庄主张的"弃圣绝智"和虚无之"道"；恰恰相反，魏晋取得的数学成就，无论是研究的出发点，还是研究的方法或主张，都是以儒学之"道"——周孔之道作为立论基础的。

（五）玄学对魏晋美学发展的贡献

魏晋南北朝意识形态领域的成就，促进了美学和艺术的发展。宗白华先生对这一时代文化特征给予了高度重视，他指出：

（魏晋南北朝）是精神史上极自由、极解放，最富于智慧、最浓于热情的一个时代。……因此也就是最富有艺术精神的一个时代。[2]

纵观魏晋南北朝的美学特征可见，其审美主体精神是哲理智慧和诗性精神的结合，故此其美学风格倾向于简约、自然和活泼空灵，与两汉神性化和极度铺陈的美学主流风格构成了鲜明的对比[3]。在魏晋南北朝，美学和艺术摆脱了经学附庸的地位，从理论到实践上都发生了自觉，这些突破性发展，在很大程度上得益于玄学思维方式的渗透和推动。

---

① "博物君子"最早见于《左传·昭公元年》，晋侯称赞子产为"博物君子"，而孔子对子产是大加赞赏的。
② 宗白华：《美学散步·论〈世说新语〉和晋人的美》，208页，上海，上海人民出版社，1981。
③ 盛源，袁济喜：《华夏审美风尚史（第四卷）·六朝清音》，7页，郑州，河南人民出版社，2000。

1. 审美心灵的洞开

如前文所述，玄学将宇宙万物都在抽象化的"自然本性"高度上统一了起来，认为包括人在内的世界万物的自然本性是宇宙的最高法则，而且将人的自然本性作为道德修养和人格完善的终极目标。

进一步，玄学"名教本于自然""名教即自然""圣人有情"等主张，为魏晋士人树立了发掘自然情感、修养自然心性的人格理想，引发了魏晋"人的自觉"。魏晋士人为实现人格理想，就要努力去发现和回归自然本性，事实上，人的心性达及非功利的自然境界，就是美学的境界，人对此的体认就是审美；并且，由于万物的本性都是自然的、互通的，所以可以通过发现外物的自然本性来体认人性的自然。

可见，在玄学理论的启发下，宇宙观和人生观的转变，使魏晋人注重以审美的心灵观照自身和观照万物，由此促进了魏晋美学的发展和艺术的全面自觉。

2. 由贵无而崇有——回归感性形象

由前文论述可知，玄学关于宇宙本体论的探讨经历了由贵无到崇有的转变。

早在《易·系辞传》中，"无"的概念已经出现："《易》无思也，无为也，寂然不动，感而遂通天下之故。非天下之至神，其孰能与于此。"

《晋书·王衍传》记载：

魏正始中，何晏、王弼等祖述《老》《庄》，立论以为，"天地万物皆以无为本。无也者，开物成务，无往而不存者也。阴阳恃以化生，万物恃以成形。贤者恃以成德，不肖恃以免身。故无之为用，无爵而贵矣。"

王、何把老子哲学中以自然为基础的"有无相生"原理，转变为道先于自然而存在的"有生于无"的原理。王弼所谓道的本体是"无"的含义，绝不是"虚无"或"零"，也不是"抽象"。"无"的主要含义应是"无形""无名"，它包含有整体、大全、本质、规律，存在的根据和始原以及自然等多种含义。也就是说，它仍然是"有"——存在，只不过是"有"的另一种相反的形式，有如数中的"虚数"，或与感性直观相反的存在形式。

玄学作为一种本体论，它所关心的主要是"本末""有无""动静""体用""名教与自然"等问题，因而在思维表现上是极度的理性主义。由"贵无"发展而来的"得意忘象"论，旨在打破"言"与"象"的有限性，肯定美的主观感受，但同时却强化了无形、无名之"道"——无限这一本体，在实现精神超越的同时，却使形象本身不被重视。对抽象思辨的过分注重，对整体和本质过分追求，很容易脱离现实事物而走向虚无主义的极端。玄学的另一矛盾，就是在积极提倡"易简"学风的同时，却又以烦琐的语言文字去解释和发挥典籍中的微言大义，反映在语言上就是以玄言思辨为主的清谈；在文学上，就是空洞说理的玄言诗泛滥。玄学正是因此而备受后代非议。檀道鸾曾议论说：

正始中，王弼、何晏好《庄》《老》玄胜之谈，而世遂贵焉。至过江，佛理尤盛。故郭璞五言始会合道家之言而韵之。询及太原孙绰，转相祖尚，又加以三世之辞，而《诗》《骚》之体尽矣。询、绰并为一时文宗，自此作者悉体之。至义熙中，谢混始改。（《世说新语·文学》注引《续晋阳秋》）

梁刘勰在《文心雕龙》中对玄言诗向山水诗的转化作了如下评述：

江左篇制，溺乎玄风，嗤笑徇务之志，崇盛亡机之谈……宋初文咏，体有因革，庄老告退，而山水方滋……情必极貌以写物，辞必穷力而追新：此近世之所竞也。（［南朝梁］刘勰：《文心雕龙·明诗》）

"庄老告退"在很大程度上指以玄言诗为代表的玄学唯心主义和虚无主义的消退。文学的根本规律是以形象反映社会生活，即运用形象思维把握世界。山水精神是外在的"形"与内在的"道"的完美结合；而受"贵无论"影响的玄言诗创作恰恰背离了这一规律。这也就是庄老影响下的玄言诗为何流于虚无、为何玄言诗衰退山水诗才得以繁荣的原因。也就是阮籍、嵇康对庄学的继承，也因袭了庄子本身的矛盾，即生命的超越与事物的感性形象之间的矛盾。因此嵇、阮也陷入有情与无情的矛盾，才有了种种矛盾的行为表现。庄子对阮籍、嵇康的影响，主要体现在他们更追求超越形色声音之外的精神之美，这显然是与王弼"贵无"论和庄子注重精神的超越本体分不开的。

郭象哲学不仅是对庄学的再发现，而且更是对庄子创造性的误读，对"山水方

滋"起了极其重要的作用。郭象"崇有"论指出"有""无"都不能成为万物之本源，"无也，则胡能造物哉？有也，则不足以物众形"（［晋］郭象：《庄子·齐物论注》）；认为万物"块然而自生""故造物者无主而物各自造"（［晋］郭象：《庄子·齐物论注》）：

夫庄老之所以屡称无者，何哉？明生物者无物，而物自生耳。（［晋］郭象：《庄子·在宥注》）

夫无有，何能所建？建之以常无有，则明有物之自建也。自天地以及群物，皆各自得而已。（［晋］郭象：《庄子·天下注》）

因此美籍华人学者傅伟勋在《中国哲学中的儒道释》中说：

郭象哲学可以规定之为"彻底的自然主义"，他破除整个道家的（超）形上学，将一切还原之为万事万物的自然独化过程。

在郭象看来，万物是自生、自造的，十分重视自然的生命特点。郭象又在审美观照中采用《庄子·田子方》中孔子所谓"目击道存"的认识方式，认为事物存在即合理。"无"与"有"的关系，是如《易》所说的 "形而上与形而下"的关系。

在此思想指导下，郭象借庄子的"自然"概念，提出"名教即自然""圣人虽在庙堂之上，然其心无异于山林之中"（［晋］郭象：《庄子·逍遥游注》），于是圣人在形体上可以作为现实社会的最高统治者，执行礼义制度而使"神全形具"，同时在内心精神上却因顺自然，从而达到超然的境界。实际上，郭象在内心方面强化了庄子的超越精神，并使其与社会现实

结合，以调和儒、庄的方式，巧妙解决了庄子"逍遥尘外"与"移情山水"的矛盾。

玄学宇宙本体论由"贵无"向"崇有"的转变，构成山水审美兴盛的哲学基础，正是这一转变使人充分重视事物的感性形态——形式美，使魏晋诗歌从注重玄理阐释转向对山水自然等感性形象的观察和审美表述。

3. 言、象、意之辨 ——审美观照方式的开拓

古代哲学中的"言、象、意之辨"，在魏晋由哲学进入了美学领域，开拓了审美观照方式，促使"言有尽而意无穷"这一美学命题得以形成，并贯穿于整个中国古典美学的审美和创作发展历程。

（1）先秦哲学中的言、象、意之辨

在中国古代哲学中，"言"指言辞、概念；"象"指象形、抽象符号；"意"指思想内涵，它们之间的关系问题，早在先秦就受到普遍关注。《墨子·经说上》云："执所言而意得见，心之辩也。"认为通过一定的"言"可以了解和把握一定的"意"，亦即肯定"言"可以达"意"。

道家庄子对"言"能否达"意"持怀疑态度。《庄子·天道篇》云："语之所贵者意也，意有所随。意之所随者，不可以言传也。"认为"意之所随"的"道"不可以言传；换言之，"言"不可能将本源于"道"的"意"传达出来。《庄子·外物篇》又云："言者所以在意，得意而忘言。"庄子的这段话，虽然并不否定"言"的达"意"作用，但强调的重点是"得意"。如同"得鱼而忘筌""得兔而忘蹄"那样，"言"只是"得意"的手段而并非"意"本身，一旦"得意"，便无须执着于"言"了。

《易传·系辞上》则云："子曰'书不尽言，言不尽意'。然则圣人之意，其不可见乎？子曰：'圣人立象以尽意，设卦以尽情伪，系辞焉以尽其言。'"在《易传》作者看来，虽然"言不尽意"，然而"圣人立象以尽意"。换言之，"象"可以"尽意"。

（2）言、象、意的辩证统一 ——超越性的审美观照

言意关系问题在魏晋是由名理学重新提出的，用于人物识鉴，而后过渡到玄学。玄学的"言""意"之辨，实际上包含着对表象与本体的分辨，开始是讨论注释前人经典的方法[1]，进而发展为玄学的方法论[2]。在玄学"辩名析理"主旨下，"名"

---

[1]魏晋玄学家通过重新注释先秦经典来建构新的政治理论，如何能通过先哲文献的"言"而正确把握其本"意"，即魏晋玄学"言意之辨"的讨论源起。

[2]汤用彤：《魏晋玄学论稿》，24页，上海，上海古籍出版社，2001。

与"言"通，"理"与"意"通。如汤用彤先生在《魏晋玄学论稿》中的评论所言：

夫具体之迹象，可道者也，有言有名者也。抽象之本体，无名绝言而以意会者也。迹象本体之分，由于言意之辨。依言意之辨，普遍推之，而使之为一切论理之准量，则实为玄学家所发现之新眼光新方法。王弼首倡得意忘言，虽以解《易》，然实则无论天道人事之任何方面，悉以之权衡，故能建树有系统之玄学。……则玄学统系之建立，有赖于言意之辨。

何劭的《荀粲传》曾载：

粲诸兄并以儒术论议，而粲独好言道，常以为子贡称夫子之言性与天道，不可得闻，然则六籍虽存，固圣人之糠秕。

荀粲所言之道，并非老庄之道，而是孔子的"性与天道"。所谓"六籍虽存，固圣人之糠秕"，意即"书"与"言"都不足以全面、准确地表达圣人的微妙意旨，在圣人之书、圣人之言、圣人之意三者中，圣人之意是最重要的，一旦领会了圣人学说的微言大义即精神实质，就可以不拘泥于圣人留下的语言文字。即孟子所言"尽信书不如无书""以意逆志"（［战国］孟子：《孟子·万章上》）。

玄学家王弼对"言""象""意"的辩证统一关系作出了深刻的论述，为其由最初的哲学本体论引申到艺术的规律性讨论打下了理论基础。他作《周易略例·明象》，论述"言""象""意"的相互关系，并引申发挥孔子"言不尽意"论，改造庄子"得意忘言"为"得象而忘言""得意而忘象"，阐述了对言、象、意的把握方法：

夫象者，出意者也。言者，明象者也。尽意莫若象，尽象莫若言。言生于象，故可寻言以观象；象生于意，故可寻象以观意。意以象尽，象以言著。故言者所以明象，得象而忘言；象者，所以存意，得意而忘象。（［曹魏］王弼：《周易略例·明象》）

叶朗先生认为，王弼的这一理论具有三点积极影响：第一，在《易传》基础上对"意""象"关系作了深层探讨，推动了"象"向"意象"范畴的转化；第二，启发后人把握审美观照的特点，即审美观照可以超越有限的物象和概念；第三，启发人们认识艺术形式美和艺术整体形象之间的辩证关系[1]。

（3）寄言出意——审美接受中的再创造

魏晋"言意之辨"对"言不尽意"的强调，深刻地影响了人们对文本的理解方式，继之，郭象在《庄子·山木》注中提出了"寄言出意"的方法。

"寄言出意"即：寄旨于言，而在出意。与王弼"得意忘象"比较，王氏重"得意"的理解领悟；而郭氏强调"出意"，带有创造性的含义。在郭象看来，理解应当侧重于主旨，了解其根本大要，而无须拘泥于细微末节；而最重要的是，可以按自己的思想进行文本解释，力求得出自己的新意，这一观点与孟子"以意逆志"（［战

[1]叶朗：《中国美学史大纲》，192~193页，上海，上海人民出版社，1985。

国〕孟子：《孟子·万章上》）的主张有着很大的相通之处。

正是通过力倡"寄言出意"的解释方式，郭象一扫名辨以来的穷理之风，旗帜鲜明地树立起读者在理解解释中的主体地位，帮助人们发现自身在解释活动中的创造作用，鼓励人们创造性地发表自己的见解。事实上，他的根本目的，就是将阐释其他作者的作品视作自己出新意的方式，其本质上就是将解释作为一种再创造。

"寄言出意"说向人们揭示了文化艺术作品的开放性和可变化性，指出其为人们的自由阐释留下的广阔空间，为后来人们对"文外"不尽之意的追求作出了关键的铺垫。

（4）言有尽而意无穷——重"意"的艺术创作观

从艺术创作的角度看，作者往往感觉"言不尽意"，难以通过艺术作品把自己的思想感情表露无遗。然而按照当代解释学，正是作品意义的"不确定性"召唤、促使读者去寻找作品的意义，从而赋予他参与作品意义的权利。因此，"言不尽意"对于读者来说，正给他留下了广阔的再创造空间。魏晋人通过"言意之辨"认识到这一点，于是反其道而行之，转向言外去构筑无限美妙的艺术世界。巧妙地利用"言不尽意"带来的积极审美效果，有意识地使艺术语言含蓄有致，尽量增加言外之"意"的信息量，为欣赏者的情感、想象和联想等心理机制的积极活动提供发

挥空间。这就是南朝梁钟嵘所说的，作者在创作时须"言有尽而意无穷"，由此形成了中国古代独特的艺术审美和创作观。

魏至西晋，除注经外，对言外之意的重视还体现在士人文化生活的各个方面。例如，在人物品藻和玄学清谈中注重比兴、隐喻、联想、双关等语言技巧，提倡含蓄委婉的表达；在文学中，用典日臻普遍、重视语言概括能力的提高和对整体形式美的追求，所谓"清蔚简令""言约旨远"。这些都表现出魏晋人力使"言""象"更趋于精微，以求在有限的言辞中蕴含丰富的信息量，从而达到"意"的无穷。这种审美观和表达方式至东晋被全面贯彻到艺术领域中，引发了中国文艺创作风格的重大变革。

总体上看来，在魏晋玄学"辩名析理"精神指导下对"言""象""意"关系的探讨，导致魏晋时期"言""象""意"均得到相当的重视。例如在清谈之中，对语言的形式和技巧日益重视，使得"言""谈""论"更精细入微，同时也更感性化，而感性正是"象"的典型表征。魏晋时代重视将"意""象"寓情于"言"中，通过"言"的形式来表现形体、形貌和意蕴，从而使"言""象"的双重符号系统都得到空前发展。南北朝文学上出现的用典高峰以及建筑和园林题名"名目要有其义"（〔北齐〕魏收：《魏书》卷十九列传第七《景穆十二王》）的追求，都表现了对言、象、意三者紧密关系的充分重视。重"言"、重"象"的结果，使人们对宇宙、自然的认识和感知方式成为自觉，为

山水审美的产生做好了心理准备；而直探山水表"象"背后的深"意"，从而形成普遍存在的重"意"的浪漫生活方式，这正是《论语》中"曾点气象"的余韵，也正是庄子所强调的精神超越。可以说，魏晋的"言意之辨"，为山水美学在魏晋的高度发展打下了理论基础，推动了山水审美风尚的兴盛，使在浪迹江湖、逍遥山林的山水之游与园林之乐中，寄托与自然万物同其节奏的精神超越和天地境界，成为魏晋士人的普遍追求。

4. 气、情、神、气韵 —— 由哲学通向美学

玄学在哲学本体、宇宙本源及其规律的探索过程中，大量地使用抽象名词以表述一些抽象的概念，例如"道""自然""气""情""神""意""象"等，均是玄学论述或玄谈中频繁出现的名词。值得重视的是，这些抽象的名词后来都进入了美学和艺术领域，成为人物品藻、文论、画论中指代美学层次和境界的词汇，略如：

器朗神俊（［南朝宋］刘义庆：《世说新语·赏誉》）

文以气为主（［曹魏］曹丕：《典论·论文》）

诗缘情而绮靡（［西晋］陆机：《文赋》）

传神写照（［南朝宋］刘义庆：《世说新语·巧艺》）

澄怀味像、澄怀观道、畅神、山水以形媚道而仁者乐（［南朝宋］宗炳：《画山水序》）

气韵生动（［梁］谢赫：《古画品录》序中提出绘画六法，"气韵生动"为六法之首）

意象、隐秀、风骨、神思、情采（［梁］刘勰：《文心雕龙》）

这些抽象名词和概念从哲学向美学领域的渗透，表明了玄学"辩名析理"的抽象思辨方法影响到整个文化领域，推动了艺术本体论探讨的深入开展，从而为魏晋审美观和艺术创作方法的发展提供了"富于智慧""深入玄境"[1]的美学高度上的理论指导。

在人物品鉴方面，如前文曾谈及的，魏刘邵的《人物志》就空前细致而系统地考察分析了人的内在智能、德行、情感、个性，在人的外在形体、气色、仪容、动作、言语上的种种表现。从《世说新语》关于魏晋士人的相关记载中，更可见时人对外在形象和内在精神风貌同等关注。略如：

王戎云："太尉神姿高彻，如瑶林琼树，自然是风尘外物。"（［南朝宋］刘义庆：《世说新语·赏誉》）

嵇康身长七尺八寸，风姿特秀。见者叹曰："萧萧肃肃，爽朗清举。"或云："肃肃如松下风，高而徐引。"山公曰："嵇叔夜之为人也，岩岩若孤松之独立；其醉也，傀俄若玉山之将崩。"（［南朝宋］刘义庆：《世说新语·容止》）

①宗白华：《美学散步·论〈世说新语〉和晋人的美》，208页，213页，上海，上海人民出版社，1981。

人物俊秀飘逸的风姿与风流放达的精神互为表里的关系，在魏晋被高度重视，并由此影响了时人在文学、绘画等艺术领域的审美观和创作理念。

在文学领域，曹丕在《典论·论文》中提出"文以气为主，气之清浊有体，不可力强而致"的著名观点①，不再把伦理教化功能作为文艺的根本点，而是将人的生命气质、个性才情视为文艺的核心，强调艺术创造是个体的才情气质的自然表现。由此引发了魏晋"文学的自觉"（鲁迅：《魏晋风度及文章与药及酒之关系》）以至艺术的自觉。曹丕又提出了"诗赋欲丽"的见解：

夫文本同而末异，盖奏议宜雅，书论宜理，铭诔尚实，诗赋欲丽。（［曹魏］：曹丕：《典论·论文》）

开始注意到文学自身的特点及各种文体的差别。与之相承，西晋陆机《文赋》②提出：

诗缘情而绮靡，赋体物而浏亮，碑披文以相质。

对文体的分类研究更加细化。与曹丕的"诗赋欲丽"相比，陆机不仅愈加肯定诗赋形式的清绮优美，而且还直窥诗赋艺术的审美特质——诗因缘情而呈现绮靡的美感，赋因体物而以浏亮为美学特征。

在绘画领域，东晋画家顾恺之提出"传神写照"（［南朝宋］刘义庆：《世说新语·巧艺》）：

四体妍蚩，本无关于妙处。传神写照，正在阿堵中。

"神"指精神，人的内在气质和特征。"照"则指形相③。顾氏又在《魏晋胜流画赞》中专门谈到传神的问题，否定"以形写神"，追求形、神统一，用黑格尔的话说，就是使外表形象成为"心灵的表现"④。

南朝宋画家宗炳在《画山水序》中提出"澄怀味像"，概括了主客体之间的审美关系；又提出"应目会心""澄怀观道"（［南朝梁］沈约：《宋书》卷九十三列传第五十二《隐逸》）的命题，进一步探讨审美愉悦的生理——心理内容；另外他的"畅神""山水质有而趣灵""山水以形媚道而仁者乐"（［南朝宋］宗炳：《画山水序》）等等，都是绘画、园林审美中的重要命题，讫后文详述。

南朝画家谢赫在《古画品录》序中提出绘画六法⑤，"气韵生动"为六法之首。

---

① "气"是中国古代思想文化中用来标识基元性物质存在的一个范畴。对人来说，"气"也是构成人的生命的原始基质和根本，并与人的特定才情、精神、气质、个性有内在关系。《孟子·公孙丑》："夫志，气之帅也；气，体之充也。"王充《论衡·率性》："人之善恶，共一元气。气有多少，故性有贤愚。"参见仪平策：《中国审美文化史·秦汉魏晋南北朝卷》，267～268页，济南，山东画报出版社，2000。

②《文赋》是古代美学史上第一篇全面系统地论述文学审美特征的文章。参见仪平策：《中国审美文化史·秦汉魏晋南北朝卷》，274页，济南，山东画报出版社，2000。

③徐复观：《中国艺术精神》，94页，上海，华东师范大学出版社，2001。

④［德］黑格尔：《美学》，第一卷，201页，北京，商务印书馆，2011。

⑤《古画品录》中的绘画六法：一曰气韵生动，二曰骨法用笔，三曰应物象形，四曰随类赋彩，五曰经营位置，六曰传移模写。

对"气韵"的高度重视,表明了谢赫已经自觉地将对超形相的内在精神、特征的把握视为绘画至境。例如,他认为陆探微的画"穷理尽性,事绝言象",即超越了对象的外在形貌,准确抓住了其内在的性格和神韵,所以列为一品;又说卫协的画"虽不备该形似,颇得壮气",故亦列为一品。这种推崇超越形貌、表现内在神韵的艺术追求,对后世美学意境说和艺术创作表现中写意风格的形成,产生了深远影响。

此外,刘勰的《文心雕龙》更是一部"笼罩群言""体大而虑周"的文学美学巨著([清]章学诚:《文史通义·诗话》),对审美意象、艺术想象和审美鉴赏都作了系统分析;还以"心"为审美主体,提出了"意象""隐秀""风骨""神思""情采""物色""知音"等等一系列美学范畴,集中体现了魏晋美学的时代特色。

(六)玄学评述

由以上对玄学概念含义、思想方法及形成和发展过程的分析可见,魏晋玄学本质上不是"玄虚",不是"虚无",更不等同于老庄道家学说。玄学的历史使命,即重建一种不同于两汉经学的新本体论的哲学体系和人格理想。

玄学是以易学为中心的儒学反思,理性精神是其核心。通过兼收并蓄的反思与更新,儒学在魏晋以玄学的形式保持延续,并始终处于社会文化的主流地位。玄学中的老庄,是被儒学改造后的老庄。玄学对先秦儒学的更新,为大量纯哲学、纯美学

范畴的产生和发展完善作出了极大贡献。

玄学"辩名析理"的抽象思维方式,不仅在于深化了哲学本体论研究,注重对事物本质规律的探讨,而且训练了主体的逻辑思辨和理性思维能力,尤其是对艺术所作的本体论探究、对审美理想的追求和对审美特征的把握等,都将一些玄学概念和要义从哲学领域引向美学,有力推动了魏晋美学的蓬勃发展。

三、魏晋南北朝佛教

两汉之际传入中国的佛教,在魏晋南北朝时期与儒、玄、道等汉地文化密切结合,于义理上相互融通阐发。其"般若学"和"涅槃学"将神秘的精神实体作为修为的最高境界,提出直觉顿悟的修行方法。这些思想理论,与审美的超越性和直觉性特征契合,在一定程度上促进了魏晋南北朝美学方法论的发展,并与同期带入的佛教文学、艺术等文化形态一起,推动了园林审美和园林创作手法的创新。

1. 佛教的初传和立足中土

印度佛教虽有其自身的思想体系,但自两汉之际传入中国起,其本身的教义就一直依附于中国强大的文化力量下,按中国社会的解释和需要来传播。

汉代的佛教在中国被当成道术的一种而流传在社会下层,此时"佛法未兴,不见其记传"([南朝梁]释慧皎:《高

僧传》卷第十三）。时至魏晋，社会时局动荡引发了精神寄托需求和思想理论探讨的高潮，僧侣们在翻译佛经和传播佛学理论时，采用了利于中土人士理解的"格义"①之法，将佛学与儒、玄、道等汉地文化紧密结合，逐渐引起了名士和帝王等社会上层阶级的关注。东晋南北朝时期，随佛经的大量传译、中土人士对佛学的深入了解、中外僧侣佛学论著纷纷问世，出现了"六家七宗"等佛学流派，加上民间信仰的日益普及，汇成了中国佛教的第一个高潮时代。

在魏晋南北朝时期，佛教教理与中国本土文化思想相互渗透，佛学本身发达的思辨性与魏晋兴盛的玄学思辨互为补充，相互阐发，大大促进了汉地文化的创新和发展。

2. 佛学与中土传统儒道文化的契合

中国文化从先秦的诸子百家争鸣，到儒、道二家的脱颖而出，形成了一个包容性极强的文化结构。佛学进入中土并逐步立足，进而成为汉地佛教，与中土文化对外来文化的强大包容和融合能力密切相关。

印度大乘佛学与中土传统文化思想观念有着暗合之处，这种互通性构成了中土理解和接受佛学的思想基础，同时也是佛学传入的深层原因。在人性论、道德论、本体论、认识论、方法论方面，中国传统的儒、道文化与佛学均有相合之处。例如，在心性论和理想人格追求方面，佛学认为"人本有佛性"，以"佛陀"为理想人格；儒家认为"人皆可为尧舜"，以"圣人"为理想人格。二者都将对理想人格的追求落到可以践行的实处，值得指出的是，这与道家"神人"的虚无化理想人格追求存在较大不同。又如在认识论方面，佛学强调"澄怀观道"，儒家认为"尽性知天"，道家坚持"涤除玄鉴"，三者均十分重视通过内心修养而实现物我沟通的认知方式。另外，儒、道、释在本质上同归于无神论，都注重对人生的关怀，其出发点和归宿点都是人，没有凌驾于人之上的神性权威。正是这种人本理性精神的共鸣，加快了佛学渐入中土和汉化的步伐。

3. 佛学对玄学的融会及超越

佛学大乘思想初传入中土时，恰值玄学炽盛的魏晋时期，此期佛学与玄学义理上的融通，难以明确区分彼此和因果。如前文所述及的，佛学初传入中土时，通过主动地与中国文化融合来达到传播自身的目的，佛徒们看到了般若学与周易、老庄的相通之处，借玄学以"格义"，借此加

①格义是指佛经翻译过程中用中国文化中固有的概念、思想来比附并传译佛教经籍的认知和诠释方法，以便于中土人士接受和理解佛法，如"以老庄解佛"或"以周易解佛"。汤用彤先生指出："格，量也。盖经中国思想比拟配合，以使人易于了解佛书之方法也。"参见汤用彤：《汉魏两晋南北朝佛教史》，167页，北京，北京大学出版社，1997。

速佛学在中土的传播进程和影响力。他们在佛教义理阐述中融会玄学思想精华，并针对其不足之处，在佛理探研中提出修正和发展性学说。东晋以降，在玄学理论建树逐渐衰微时，佛学却在对玄学的融会和超越过程中逐渐形成日显精微的汉化佛学体系，对社会哲学、美学领域产生了重大影响。

王弼"以无为本"的"贵无"之学与"六家七宗"之一的"本无宗"就有相通之处。本无宗的高僧主要有释道安、竺道潜、竺法汰以及道安的弟子慧远、法汰的弟子道生等。"'本无'者乃'真如'之古译。佛家因以之名本体。"[1]道安对"本无"的解释是：

> 无在元化之先，空为众形之始，故称本无。非谓虚豁之中，能生万有也。（[南朝梁]宝唱：《名僧传抄》）

道安从无名无形之本体去理解"本无"。认为"本无"之体，绝言超象，而又为言象所资。言象之域，属于因缘。本性空寂，故称本无。

高僧慧远亦释"本无"义曰：

> 因缘之所有者，本无之所无。本无之所无者，谓之本无。本无与法性，同实而异名也。（[唐]释元康：《肇论疏》）

由二者之言论，可知"本无宗"之"本无"义实与王弼"贵无"之旨相若。

再如，向郭之学与"六家七宗"之一的"即色宗"则颇为神似。"即色宗"的

代表人物为支道林，他在"妙观章"一文中说：

> 夫色之性也，不自有色。色不自有，虽色而空。故曰"色即为空，色复异空"。（[南朝宋]刘义庆：《世说新语·文学》注引《支遁集·妙观章》）

"空"不是游离于"色"之外的孤独存在，这与"任自然"可以不离"名教"的向郭之学是一致的。

佛学除了在义理方面表现出上述"玄佛交融"的特色之外，还表现为对玄学的发展和超越。僧肇的"不真空"论便是对玄学"贵无"论与"崇有"论的超越。汤用彤先生认为，此玄学二论虽超越了汉儒旧学和老庄原义，但仍似有"偏执"之嫌：

> 学如崇有，则沉沦于耳目声色之万象，而所明者常在有物之流动。学如贵无，则留连于玄冥超绝之境，而所见者偏于本真之静一。于是一多殊途，动静分说，于真各有所见，而未尝见于全真。[2]

而僧肇之学则契神于有无之间，游心于动静之极，不谈真而逆俗，亦不顺俗而违真，达到了体用一如、色空不二的圆融境界。他在《不真空论》中说：

> 夫至虚无生者，盖是般若玄鉴之妙趣，有物之宗极者也。
>
> 如此非无物也，物非真物。物非物，故于何而可物。

般若实相本为无相，非言象之所可得，故物非有；这种本体之"空"（体）并不排斥现象之"有"（用），故物非无。非有曰空，非无而假（不真）。空故不真，

---

①汤用彤：《魏晋玄学论稿》，46页，上海，上海古籍出版社，2001。
②汤用彤：《魏晋玄学论稿》，53页，上海，上海古籍出版社，2001。

空假相即，这种"非有非无""即体即用"的中观之义即是"不真空"义。显然，僧肇的"不真空论"是对王弼"贵无"论和向郭"崇有"论的综合和超越。

随着以僧肇为代表的大乘佛学义理探究的不断发展深化，在南北朝时期玄学和庄老逐渐淡出历史舞台时，社会思想文化领域呈现出儒释交融的主旋律，成为影响社会文化的重要思想基础。

4. 佛学在魏晋南北朝社会文化现象中的投影

作为魏晋南北朝时期思想理论体系的重要组成部分，佛学的思维方式、宗教特征等，对社会文化生活产生了深远的影响，在魏晋南北朝美学、文学、音乐、绘画、园林等文化艺术门类的发展轨迹中，都留下了不容忽视的印记。

（1）佛学对魏晋南北朝美学的溉泽

佛学和美学的联结点在于追求和确立精神的本体性。一般宗教产生于对超自然力的崇拜，通过心理机制的解脱，获得心灵的抚慰平衡和替代性转移与寄托。宗教情绪始终伴随着精神升华的意味，它是人类把握世界的一种独特方式。审美同样是一种精神升华，是一种超越现实功利的理想追求。因此，佛学这一宗教文化与美学存在着内在的契合点，容易和美的境界

相融会。

魏晋南北朝的佛学主要有两支，即"般若学"和"涅槃学"。这二者在本身义理的发展过程中，在思想方法层面上，对魏晋美学的审美观照方式和艺术表达风格产生了重大的影响。

"般若学"主要讨论佛教的本体论问题，认为现实世界的一切都是空幻的，以超越现实的精神本体为万事万物的宗统和修为的最高境界，而体悟和返归精神本体的智力即为"般若"。魏晋早期的般若学与玄学交融，产生"六家七宗"，在佛学本体论的探讨上存在着各执一词的矛盾状况。直至前文所述的僧肇，消除了"有"与"无"、"色"与"空"的对立，提出了中观的"不真空"义。认为对于般若智慧来说，要有两个认知层面，一是"虚其心"的层面，即否定世俗认识，体悟"性空"本体，看到世界"至虚无生"的寂灭相；一是"实其照"的层面，即"从寂灭中出，住六情中"，会通万物，感应诸法，看到世界生趣鲜活的本真相。将这两个层面统一起来，就是最高的般若智慧，因此，要达到理想境界，就要舍弃现实的一切，使心灵净化空寂，进而返本归真。僧肇概括其为：

是以圣人虚其心而实其照，终日知而未尝知也。（［东晋］僧肇：《般若无知论》）

般若智慧实际就是处理主与客、心与物关系的一种思维方式，是"物我俱一"（［东晋］僧肇：《维摩诘所说经注·问

疾品》）的追求。

"涅槃学"传入中土较晚[①]。"涅槃"在大乘佛学中是成佛的标志，是具有"常、乐、我、净"四德得永生长乐之身。一般的涅槃学认为，众生皆有佛性，但需要经过累世修习，摆脱生死轮回的苦海，才能达到涅槃成佛。涅槃学偏重宣扬佛性和成佛，有较大的世俗性。东晋末年的僧人竺道生集《般若》《毗昙》《涅槃》三学之大成，在涅槃佛性论的基础上提出了"顿悟成佛"说。他指出，既然佛像为众生本有，所以人人只要见性，就能成佛。而见性不能靠渐修，只能一次得到，就是所谓的"顿悟"。这种把神秘的"直觉顿悟"作为大彻大悟、妙合佛性的门径的佛学观点，为达摩禅及后世的慧能禅打下了思想基础。

般若学的强调精神本体和涅槃学的强调整体直观，援用到审美理论领域，正暗合审美的超越性和直觉性的特征，从而溉泽了晋人的审美观念，并与魏晋玄学言意论结合，促进中国美学形成了超越现实形态的抽象、整体性审美观照方式和写意、侧重意境会晤的艺术表达风格。

魏晋佛教对审美的理论溉泽，通过一些兼通玄佛的名僧和名士的阐发和实践，在包括园林在内的山水审美艺术领域结出了累累硕果，由他们创作的诸多著名的山水诗、山水画、山水园林以及撰著的山水画论、文论等，即为明证。例如，东晋兼通玄佛的名僧支遁、慧远和名士谢灵运的山水诗，妙含佛理玄机，引领一时诗文风气之先；居士刘勰的《文心雕龙》，"笼罩群言""体大而虑周"，这一集魏晋文学艺术理论之大成的巨著，提出了许多审美和鉴赏标准，其中对以"心"观照的推崇，以及"神思""物色"等概念的提法都透射着佛学智慧。

最值得重视的是宗炳的山水审美观照方式和山水画法理论。宗炳身处晋宋之交，是一个兼通玄佛的居士，他认为"孔、老、如来虽三训殊路，而习善共辙也"（［南朝宋］：宗炳：《明佛论》）。他融会佛玄，提出了"山水以形媚道而仁者乐"和"澄怀味像"的山水审美体认和观照方式。

从"山水以形媚道而仁者乐"的观点来看，宗炳将对神秘的自然之"道"的体认落实到了真实的山水实物上。认为美好的山水形象就是"道"的体现，同时，他还强调人"乐"的体悟行为的一致性。这样，山水（审美对象）一人（审美主体、仁者）一审美超越（道）三者的体认关系由此被清晰地建立和表述出来，这无疑是美学领域的一大贡献。更进一步，宗炳阐发了"澄怀"的审美观照方式，即以空、虚、静的心灵状态，去观察山水形象，达及物我无间的审美境界，体悟万物之美和自然之道。

宗炳在山水美学思想上的突出建树，与其具有一定的佛学修养密切相关。宗炳

[①]"肇公（僧肇）以后，《涅槃》巨典，恰来中国。"见汤用彤：《汉魏两晋南北朝佛教史》，482页，北京，北京大学出版社，1997。

与东晋名僧慧远交好，精研佛理。慧远晚年深谙般若学，受鸠摩罗什"法无定相，相由感生"的法性论影响，以"非有非无"来说明法性，认为法性虽无形无名，但化生万物又超乎万物，显迹于各种有形有名的事物之中并无所不在，所谓"神道无方，触像而寄"，这样，万物也就是佛道的体现。这一理论无疑是宗炳"山水以形媚道"论述的重要来源。同时，如前文所述，在般若学的核心义理中，要达到理想境界，就要舍弃现实的一切，使心灵净化空寂，进而返本归真。宗炳的"澄怀"和"味像"与僧肇的"虚其心"和"实其照"，显然有明显的承继关系。

这种"澄怀"的观照方式，最终发展为中国艺术家强调以虚静心灵为本体，以静参默照的体悟为认识过程，以物我合一的高峰体验为最高境界的艺术审美特征。在园林领域中，则物化为亭、榭等空灵的建筑原型形式，成为审美心灵的替代物，来实现与环境的博纳交融。与此，佛学对魏晋美学和园林艺术发展的贡献可见一斑。

（2）高僧的名士风范

如前文所述，传入中土的佛学在魏晋南北朝时期经历了一个从依附玄学、与玄学融合到超越玄学的过程。在佛学与玄学的融会期中，许多名僧精修玄学，积极与上层士人沟通，甚至直接与士人为伍，在游弋山水和清谈论辩中流布佛学。如汤用彤先生所言：

> 西晋阮庾与孝龙（支孝龙）为友，而东晋名士崇奉林（支道林）公……此其故不在当时佛法兴隆，实则当代名僧，既理趣符老庄，风神类谈客。……故名士乐与往还也。①

其时，结交名士，跻身清流，成为佛门时尚。名僧效仿名士，手执麈尾，口诵"三玄"，企慕清谈。如《世说新语》中载：

> （康法畅）常执麈尾行。每值名宾，辄清谈尽日。

东晋孙绰（320 — 377）曾著《道贤论》，将两晋于法兰、竺法护、支遁等七僧比作与阮籍、山巨源、向秀等竹林七贤相比拟；又作《名德沙门题目》品题名僧，他明确地用名士的标准评论名僧，可见当时高僧与名士的同化程度之深②。精研玄理，兼通内外，成为名僧们清谈论道的必备功夫。《高僧传》中这样的例子不胜枚举，如支愍度"研几极玄"；于道邃"内外该览"；支孝龙"抱一以逍遥，唯寂以致诚"；竺法雅"少善外学，长通佛理"；竺法深"优游讲席，三十余载，或畅方等，或释老庄，投身北面者，莫不内外兼洽"。连慧远这样持戒深严、德行至淳的高僧大德，三十年不出庐山③，却也不拒绝与名士殷浩、陶渊明往来。

①汤用彤：《汉魏两晋南北朝佛教史》（增订本），103 页，北京，北京大学出版社，2011。
②杜继文：《佛教史》，174 页，北京，中国社会科学出版社，1991。
③［南朝梁］释慧皎：《高僧传》卷六载："自远卜居庐阜三十余年，影不出山，迹不入俗。每送客游履，常以虎溪为界焉。"

在名士化的佛僧中，最典型的当数支遁。与他结交的人，多为清谈名士。《高僧传》载：

（支遁与）王洽、刘恢、殷浩、许询、郗超、孙绰、桓彦表、王敬仁、何次道、王文度、谢长遐、袁彦伯等，并一代名流，皆著尘外之狎。（［南朝梁］释慧皎：《高僧传》卷四《晋剡沃洲山支遁》）

在这种"尘外之狎"的清谈活动中，支遁始终是其中的佼佼者和重要的活跃分子。《支遁别传》称他"神心警悟，清识玄远"。王濛也称赞他探求精妙玄理的造诣，不下王弼（［南朝宋］刘义庆：《世说新语·赏誉》）。

在日常生活行为中，这位佛僧的名士风度就更为明显了。他或与当时名流谢安、孙绰、王羲之、许询等人渔弋山水，言咏属文（［南朝宋］刘义庆：《世说新语·雅量》）；甚至打算"买山而隐"，寻找一片精神乐土（［南朝宋］刘义庆：《世说新语·排调》，以及《高僧传》卷四《晋剡东仰山竺法潜》），"崆山放鹤"[①]的典故反映了支遁在理解仙鹤求飞的愿望中，体悟到了生命和精神自由的意义。这种对生活艺术的把玩，不仅超越了耽于清言的玄学家，也超越了一般清心寡欲的佛僧，可称为是披上袈裟的名士。

（3）名士的佛学情怀

佛学与玄学在学说内容、生活方式上的交流都是相互的。佛僧向玄学靠拢以求获得更大的生存空间，而玄学名士也以佛学为他山之石，为清谈增添了几分思辨的深度和新意。南北朝佛教经典和艺术作品中频频出现的居士维摩诘，就被塑造为一个佛玄双通的士人形象，而最常用的题材"文殊与维摩诘论辩"则明显与其时兴盛的清谈之风有密切关系。（图1-9，1-10）

在佛僧化的名士中，殷浩是一个不得不说的人物。他在清谈玄理、研习佛经方面心驰神往、孜孜以求，不仅对康僧渊这样过江后身处窘境的佛僧给予大力支持，而且身体力行，对佛经的研究浑然已入忘我之境。《世说新语·文学》载：

殷中军被废东阳，始看佛经。初视《维摩诘》，疑《般若波罗密》太多，后见《小品》，恨此语少。

同篇又载他被废东阳时大读佛经，皆获精解，最终成为对佛经有较深造诣和独到见解的学术权威[②]。

除殷浩之外，当时涉猎佛学，精于佛理并与名僧同流的名士还有很多。比较著名的有王导、谢安、桓玄、周颐、庾亮、谢鲲、颜延之、孙绰、许询、王羲之、谢灵运、王坦之、陶渊明、宗炳等。其中尤

[①]［南朝宋］刘义庆：《世说新语·言语》："支公好鹤，住剡东崆山。有人遗其双鹤，少时翅长欲飞，支意惜之，乃锡其翮。鹤轩翥，不复能飞，乃反顾翅垂头，视之如有懊丧意。林曰：'既有凌霄之姿，何肯为人作耳目近玩！'养令翮成，置使飞去。"

[②]《世说新语·文学》载："殷中军读小品，下二百签，皆是精微，世之幽滞。尝欲与支道林辩之，竟不得。今小品犹存。"

图 1-9 ［北魏］维摩诘像 山西大同云冈石窟第 1 窟（引自《中国美术全集·云冈石窟》）

图 1-10 释迦、维摩诘、文殊像 山西大同云冈石窟第 6 窟（引自《中国美术全集·云冈石窟》）

引人注目的是以庐山东林寺高僧慧远为首的白莲社。（图 1-11）

慧远（334 — 416）本姓贾，雁门楼烦人，是东晋末年佛学的代表人物，也是开辟山水园林化佛寺之先的高僧①。白莲社是以高僧慧远为核心的，集僧、俗、玄、佛为一体的隐士集团。其中有名士"彭城刘遗民、豫章雷次宗、雁门周续之、新蔡毕颖之、南阳宗炳、张季硕等，并弃世遗荣，依远游止"（［南朝梁］释慧皎：《高僧传》卷六）。

谢灵运曾称赞当时"白莲结社"的盛况：

尔乃怀仁山林，隐居求志。于是众僧云集，勤修净行，同法餐风，栖迟道门。

白莲社成员刘遗民也曾著文曰：

法师释慧远，贞感幽奥，宿怀特发。乃延命同志息心贞信之士，百有二十三人，集于庐山之阴，般若台精舍阿弥陀像前，率以香华敬荐而誓焉。唯斯一会之众。夫缘化之理既明，则三世之传显矣。迁感之数既符，则善恶之报必矣。推交臂之潜沦，悟无常之期切；审三报之相催，知险趣之难拔。此其同志诸贤，所以夕惕宵勤，仰思攸济者也。盖神者可以感涉，而不可迹求，必感之有物，则幽路咫尺；苟求之无主，则渺茫河津。今幸以不谋而金心西境，叩篇开信，亮情天发，乃机象通于寝梦，欣欢百于子来。…… 整衿法堂，等施一心，亭怀幽极。誓兹同人，俱游绝域。其有惊出绝伦，首登神界，则无独善于云峤，忘兼全于幽谷。先进之与后升，勉思策征之道。然复妙观太仪，启心贞照，识以悟新，形由化革。藉芙蓉于中流，荫琼柯以咏言，飘云衣于八极，泛香风以穷年。体

①慧远出生于世族大家，从小受到良好的文化熏陶，加上天资聪慧，顾而博综六经，兼通儒、道，尤擅老、庄。在他 21 岁那年准备投于范宣子门下过隐居生活，却因为战乱，南北交攻，行道不便而未得遂。于是慧远投到正在太行山、恒山（今河北省阜平北）一带弘扬佛法的名僧道安门下。24 岁开始讲经生涯，并采用了不废俗书的"格义"方法，即用老、庄一类的理论来解释佛经，效果甚佳。据说谢灵运入庐山见到慧远之后，深为大师的风范所折服，故专门为他在东林寺开凿了东西两个池子，池里种满白莲，所以后来慧远念佛结社时就名之为白莲社。

图1-11　[南宋]张激《白莲社图》辽宁博物馆藏（引自《中国美术全集·两宋绘画》）

忘安而弥穆，心超乐以自怡。临三涂而缅谢，傲天宫而长辞。绍众灵以继轨，指太息以为期。究兹道也，岂不弘哉。（[南朝梁]释慧皎：《高僧传》卷六）

从这段文字知，由123名佛僧、名士组成的白莲社，是隐逸玄风与佛法证道的结合，共司的佛教精神追求使白莲社首先表现为一个民间化的宗教性组织。然而，由于其影响力的扩展，人员构成的广泛性，集体文化素养的高层次性，白莲社已远远超出了宗教组织的作用，而扩展成了一个特殊的文化圈子。它对当时的名僧名士起到了示范性的作用，构成了一种引导时代的文化精神。这种文化精神甚至对园林审美以及山水诗、山水画的发展都产生了极其重要的影响。另外还能看出，当时这些名士以慧远作为核心人物和效法对象，标志着名士的佛僧化，也标志着玄学的佛学化。

玄、佛的融合，高僧、名士的交互影响，在客观上帮助佛学在中土找到了最具文化先进性和代表性的士大夫阶层，从而找到了与中国主体文化心理沟通的突破口，并由此率先走进了中国文化的哲学、美学领域。在与儒家庄玄思想的对话性融合渗透中，佛学在文化上经过了一个中国化的嬗变过程，从而在旨趣上异于印度佛学的纯思辨性；同样也正是在这种文化交融中，佛学逐渐反客为主，融含了玄学，与儒家思想相互调和、相互补充地发展，成为中国传统思想文化体系中的重要组成部分。

（4）佛教与文学、艺术、自然科学

佛教高僧为弘扬佛教，把深奥难懂的佛经变得畅晓玄通，不仅需要有丰富的五经、四史和诸子百家的知识，还要具备较高的文学和艺术修养。如东晋名僧支道林，兼通玄佛，文采飞扬，他写的《八关斋会诗序》《阿弥陀佛像赞》等诗文，文理清晰、音韵回旋，为名士所叹服，这些名僧为魏晋南北朝文学的发展作出了巨大贡献。同时，笃信佛教的谢灵运、沈约、江淹等著名文人，在其诗文中则经常融会佛教义理和审美精神，并流露出浓郁的宗教情感，大大丰富了传统诗文的思想内涵和精神气质。沈约等人还参考佛教颂经音韵，修正汉语音韵声律成平上去入四声，并结合晋宋以来已在发展的排偶、对仗等写作手法，创造出讲究声律对偶的新体诗，时称"永明体"，对我国格律诗的形成作出了不可磨灭的贡献。而著名文论《文心雕龙》的作者刘勰更是"为文长于佛理，京师寺塔及名僧碑志，必请勰制文"（［唐］姚思廉等：《梁书》卷五十列传第四十四文学下《刘勰》）。刘勰最终出家为僧。

在艺术方面，这一时期的绘画、雕塑和建筑、音乐，都深受佛教艺术影响。例如，我国著名艺术宝库敦煌莫高窟、大同云冈石窟、洛阳龙门石窟以及其他许多雕像壁画等，都浸透着佛教思想精神，融会着西域佛教艺术手法。知名画家戴逵、张僧繇等，均是佛教徒，善画佛像，精于佛像雕塑，并将西域绘画和雕塑技法融会入中国传统人物、山水画和雕塑中。建筑方面，佛塔、石窟寺等佛教建筑形态的出现，丰富了中国传统建筑的类型和建造技术。音乐上，佛僧的念经、唱呗以及宗教仪式中渲染气氛的钟鼓管弦，都涉及佛教音乐。天竺、西域的音律与中土有较大差别，"梵音重复，汉语单奇"（［南朝梁］释慧皎：《高僧传》），为便于佛经传颂，僧人们结合中国音律改编佛曲，"天竺方

俗，凡是歌咏法言，皆称为呗。至于此土，咏经则称为转读，歌赞则号为梵音。昔诸天赞呗，皆以韵入管弦"（［南朝梁］释慧皎：《高僧传》）。前文已述，改进佛教的音韵进一步启发了文人对中土音律的改良。东晋南朝时，佛教音乐弘扬，南朝齐竟陵王萧子良，就曾"招致名僧，讲论佛法，造经呗新声"（［南朝梁］萧子显：《南齐书》卷四十）。精通音律的梁武帝萧衍，更亲自创作了《善哉》《天道》《仙道》等10篇"名为正乐，皆述佛法"的梵呗新腔。东晋南朝受佛教影响的音乐特色，对后来江南地区的音乐产生了直接的影响。（图1-12）

在自然科学方面，佛教初传中国时，曾以方术、行医等手段吸引信众，佛僧所带来的外域数学、天文和医药等知识，对中土文化作出了巨大贡献。

（5）帝王崇佛

魏晋初期，帝王少有崇佛者。至东晋十六国，随着印度、西域僧人的大批东来，佛经的翻译和佛寺的兴建出现了一个高潮。封建帝王也开始崇奉佛教，如东晋时期的明帝司马绍、哀帝司马丕、简文帝司马昱、孝武帝司马曜以及恭帝司马德文等，都在不同程度上信仰佛法。北方十六国的各统治者，诸如后赵的石勒、石虎，前秦的苻坚，后秦的姚兴、姚苌等，也莫不对僧人表示崇敬。至南北朝时期，封建帝王深刻地认识到佛教对于维护封建统治所起的重大作用。南朝的宋文帝刘义隆、

[西魏]天宫伎乐 敦煌288窟
（引自《中国美术全集·敦煌壁画》）

[北凉]交脚弥勒菩萨 敦煌285窟
（引自《中国美术全集·敦煌雕塑》）

[北魏]飞天 云冈石窟第5窟（引自《中国美术全集·云冈石窟》）

[北魏]山西大同云冈石窟西区外景
（引自《中国美术全集·云冈石窟》）

图1-12 魏晋南北朝佛教艺术

齐文宣王萧子良、梁武帝萧衍和陈武帝霸先、宣帝顼、后主叔宝等，均佞佛尤甚。北朝崇佛的帝王有北魏道武帝拓跋珪、明元帝拓跋嗣、文成帝拓跋濬、献文帝拓跋弘、孝文帝元宏、宣武帝元恪，北齐文宣帝高洋、武成帝高湛、后主高纬，北周文帝宇文泰、孝闵帝宇文觉、明帝宇文毓等[1]。

南北朝之前的帝王崇佛，或将其当作一种祈福的手段，或作为一种争取人才的途径。例如，后赵石虎下书谓："佛是戎神，正所应奉。"前秦苻坚357年继位后，征集各地高僧。379年攻破襄阳，以"贤哲者国之大宝"，俘名僧道安回长安，集"僧众数千，大弘法化"[2]。

南北朝始，帝王自觉地将佛教当成维护自身统治的工具。宋文帝刘义隆曾盛赞颜延之《释达性论》、宗炳《明佛论》等佛学论述，赞其"明佛法汪汪，尤为名理，并足开奖人意"。他接着说：

> 若使率土之滨，皆纯此化，则吾坐致太平，夫复何事！（［南朝梁］释慧皎：《高僧传》卷七）

这段话的意思是，佛法是引导人们向善的至理名言，如若全国百姓都崇信佛事，那么，我就可以坐享太平日子了。可见帝王对佛教政治教化作用的重视。

梁武帝萧衍崇佛尤甚。他大力推行政教结合，不但领导编译注解大量佛典，调和王者与沙门的关系，还在天监十八年（公元519年）根据他躬亲编撰的《在家出家受菩萨戒法》，从慧约国师受菩萨戒，成为"皇帝菩萨"[3]。同时，梁武帝还兴建了众多的梵宫琳宇，如大爱敬寺（［唐］道宣：《续高僧传·梁杨都庄严寺沙门释宝唱传》）、大智度寺（［唐］道宣：《续高僧传·梁杨都庄严寺沙门释宝唱传》），以及皇基寺、光宅寺、法王寺、开善寺等著名大寺，其中尤以毗邻宫城建造的同泰寺最为弘丽。梁武帝常在该寺躬亲讲经弘法，甚至四次在寺中舍身侍佛。

在北方，北魏初年，道武帝拓跋珪在高僧法果的辅佐下创立了"皇帝即如来观"的政教结合政策[4]。而后，昙曜等人进一步地将"皇帝即如来观"具象化于云冈、龙门等石窟中巨大的"帝王如来身"大石佛的塑造上。对最高统治者帝王来说，政教结合已成为治国方略中不可或缺的要素。（图1-13）

帝王对佛法的尊崇，在一定程度上巩固了佛学在中土的地位，加快了佛教的传播。

---

①罗宏曾：《魏晋南北朝文化史》，220～249页，成都，四川人民出版社，1989。
②杜继文：《佛教史》，160页，北京，中国社会科学出版社，1991。
③《魏书·萧衍传》记载梁武帝臣下奏表上书中称萧衍为"皇帝菩萨"。
④"皇帝即如来观"理念起源于太祖道武帝拓跋珪平定河北，礼聘释法果为道人统，助其推展政教事务之时。《魏书·释老志》云："初，法果每言，太祖明叡好道，即是当今如来，沙门宜应尽礼，遂常致拜。谓人曰：'能弘道者人主也，我非拜天子，乃是礼佛耳。'"

［北魏］传为表征北魏帝王的塑像　山西大同云冈石窟20窟主佛（引自《中国美术全集·云冈石窟》）

［北魏］帝王礼佛图　河南巩县天龙山石窟第1窟（引自《中国美术全集·巩县、天龙山、响堂山石窟》）

图1-13　帝王崇佛

四、多元文化交融

政治局势动荡的魏晋南北朝，各民族大规模迁徙融合，南朝与北朝、中土与外域的积极交流，促使社会风习、建筑式样、家具装饰、艺术风格等都出现了胡汉兼容的新发展，社会文化呈现出多元交织、融会发展的繁荣景象，从而对建筑和园林的审美意象、艺术手法、类型和内容等产生了巨大影响。

在服饰方面，汉晋以来中原贵族的褒衣博带，曾被少数民族政权的上层人士效仿和推行于社会，典型如北魏孝文帝汉化改革中，就将改胡服为汉服作为一项重要任务。由龙门、云冈等石窟寺造像、雕刻人物形象中，可见北魏改制前后服饰由胡式向汉式的转变。同时，少数民族所着轻便简捷的袴褶（短衣长裤），则被中原平民吸收为日常主要便装，从出土的南北朝画像砖中可见，平民基本着袴褶短装，可见其在社会的普及程度。（图1-14）

在建筑方面，南北交流也十分频繁。魏孝文帝建洛阳时，曾派蒋少游到南齐都城建康偷艺，画下建康城市格局和相关建筑式样，以便依样修造。而北方的建筑也有自身的特色，大量开凿的石窟寺以及兴造的佛寺、佛塔等，大大丰富了中土建筑类型。另外，中土的绘画和雕塑艺术也吸收了大量外域手法。（图1-15）

在家具方面，少数民族的高坐胡床（类似马扎的坐具）传入汉地，受到青睐，汉人由席地而坐逐渐转为垂足高坐，这种起居形式的改变成为促发传统建筑由低矮向高敞发展的因素之一，在中国古代建筑发展史上可谓意义深远。

在乐舞技艺方面，南北民族也进行了积极交流。首先是承继了汉晋传统的《清商乐》在南方兴起，后传入北方风靡全国。而后是各少数民族音乐因其生动易学，被汉地接受和改造后盛行于世，如来自漠北、龟兹的《西凉乐》《龟兹乐》等。乐器方面，则增加了一大批全新的品种，如琵琶、筚篥、腰鼓、方响等，增强了汉地音乐的表现力。此期的舞蹈，也呈现出南北体系交相辉映的特色，如著名的《巾舞》《拂舞》《杯盘舞》《城舞》等。今人可从南北朝石窟寺和墓室壁画、雕刻中看到当时中土外域乐舞交流融合的大量形象资料。另外，魏晋南北朝时期从外域也传入了新形式的法术、幻术等杂技，如《晋书·佛图澄传》载其能在"钵中生青莲花，光色耀目"，另有汉代由西域传入中土的"鱼龙蔓延"杂记，成为皇家园林中供观赏娱乐的演艺项目之一，容后文详述。（图1-16）

上述诸文化新现象，多对园林产生直接或间接的影响，首先，多元交织的文化显现出生动活泼、充满生命力的特征，必然大大促进园林审美的发展和文化内涵的丰富。同时，佛塔、禅窟等佛教建筑，成为园林新景观；内容新颖的乐舞杂技，使园林活动更加丰富多彩；胡床、帐篷等少数民族家具和建筑，也为园林增添了新鲜的建筑和装饰内容。

［北魏］建明二年（公元531年）造像碑 释迦、多宝
说法 宁夏彭阳县新集村出土（人物着装汉化，褒衣
博带，并似垂足高坐）
（引自《中国美术全集·魏晋南北朝雕塑》）

［北魏］造像塔 经变故事 甘肃圣庄浪县
出土（人物着短装）
（引自《中国美术全集·魏晋南北朝雕塑》）

［南朝］贵妇出游画像砖 河南省邓县出土（衣装褒衣博带）（引自《中国美术全集·魏晋南北朝雕塑》）

图1-14 南北朝人物衣着形象

[北魏]须摩提女缘品 北朝建筑形象 敦煌第 257 窟
（引自《中国美术全集·敦煌壁画》）

[北魏]佛塔形象 云冈第 5 窟
（引自《中国美术全集·云冈石窟》）

[南齐]武帝 萧赜景安陵麒麟（今江苏丹阳县建
山乡艾庙）
（引自《中国美术全集·魏晋南北朝雕塑》）

[北魏]佛塔形象 云冈第 11 窟
（引自《中国美术全集·云冈石窟》）

图 1-15 南北艺术交流

[北魏]伎乐天 麦积山石窟第127窟
（引自《中国美术全集·麦积山石窟雕塑》）

[南朝]乐俑（摄于南京市博物馆）

高句丽 进食图（公元4世纪）吉林省吉安市舞俑墓（引自《中国美术全集·墓室壁画》）

图1-16 魏晋南北朝民族音乐技艺融会（1）

[北凉]乐伎与百戏　甘肃酒泉市丁家闸五号墓

图1-16　魏晋南北朝民族音乐技艺融会（2）

[北周] 安伽墓围屏石榻 园林宴饮娱乐图
（引自《西安发现的北周安伽墓》，载《文物》2001（1））

图1-16　魏晋南北朝民族音乐技艺融会（3）

第二章

魏晋南北朝山水美学与园林审美意趣

中国园林是以山水为审美对象的自然风景式园林，周维权先生对园林作了如下界定[1]：

在一定的地段范围内，利用、改造天然山水地貌，或者人为地开辟山水地貌，结合植物栽培、建筑布置，辅以禽鸟养畜，从而构成一个以追求视觉景观之美为主的赏心悦目、畅情舒怀的游憩、居住的环境。

可见，在园林中，既有纯自然状态的"山水"，又有人化的自然，还可以是建立在山水自然基础上的"意境"，甚至可以是与山水景物有关的碑文、楹联、匾额乃至诗文绘画，山水审美无疑是园林经营意匠中的重要部分。

中国古人对山水美感的赏爱，至迟在《诗经》中就已现端倪；先秦时期，孔子首先提出了明确的山水审美命题，经秦汉循序发展，至魏晋南北朝，在社会环境和人文气氛的影响下，山水审美意识进一步自觉和成熟，其文化内涵不断扩展，传统的山水审美文化进入了飞跃性发展期。魏晋南北朝以山水诗肇端的山水美学的空前发展，对包括园林在内的中国古典艺术领域，产生了具有划时代意义的深远影响。

第一节　魏晋之前的山水观

一、早期山水观

在生产力较为低下的时期，人类对自然山水通常怀着原始的敬畏和神性崇拜心理；伴随生产力的不断进步，对山水的体认逐渐发展和完善。至迟到周代，华夏民族先民的山水观已超越了原始的神性崇拜，具备以下特点。

其一，重视自然山水的物质功能。在先民眼中，山水是季节循环的调节者，是滋生植被、花果之处，是生存的依赖。因此，《诗经》中有了这样的歌咏：

山有榛，隰有苓。（［先秦］佚名：《诗经·邶风·简兮》）

终南何有？有条有梅。（［先秦］佚名：《诗经·秦风·终南》）

敝笱在梁，其鱼鲂鳏。（［先秦］佚名：《诗经·齐风·敝笱》）

其二，赋予山水以道德色彩和人性特征。周武王代殷时，宣扬"皇天无亲，唯德是辅"，将山水之惠与君王之德和民富国强紧密联系起来。将山水自然的神性转而落实到社会道德人伦上，对民众意识产生了重大影响，如《诗经》所言：

泰山岩岩，鲁邦所詹。（［先秦］佚名：《诗经·鲁颂·閟宫》）

[1] 周维权：《中国古典园林史》，2版，3页，北京，清华大学出版社，1999。

崧高维岳，骏极于天。（［先秦］佚名：《诗经·大雅·崧高》）

其三，产生了对山水美感的赏爱意识。《诗经》中的一些作品也已经透露出当时人们的山水审美情结，例如一些描写登山临水以慰心敞怀的章句：

淇水悠悠，桧楫松舟，驾言出游，以写我忧。（［先秦］佚名：《诗经·卫风·竹竿》）

人们借山岳的崇高与江河的奔泻，获得了精神的慰藉。同时，人们对山水景物的色彩、仪态也有了一定的鉴赏意识，如：

瞻彼淇奥，绿竹猗猗。（［先秦］佚名：《诗经·卫风·淇奥》）

荟兮蔚兮，南山朝隮。（［先秦］佚名：《诗经·曹风·候人》）

扬之水，白石凿凿。（［先秦］佚名：《诗经·唐风·扬之水》）

这里，淇水湾一丛丛青郁的绿竹，彩云簇拥的南山，清水激扬、白石闪烁的河谷，显然引起了观看者的审美心理。

二、以孔子为代表的儒家山水观

春秋时期，山水审美有了进一步的发展，以孔子为代表的儒家先哲提出了"比德"与"比道"两种层次的山水审美命题：比德以"知者乐水，仁者乐山。知者动，仁者静（［先秦］孔子等：《论语·雍也》）"为代表，比道则有"子在川上曰""曾点言志"等典例。

山水比德应该说是一种境界比较高的山水审美活动，它是《诗经》中"比兴"思维方式的继承和发展。朱光潜先生指出：

（比兴）是用物态比拟人的情感思想和活动。它们是形象思维的一种方式，在《诗经》中最常用，在后来的山水诗中也是一种主要的手法。[1]

朱子《论语集注》[2]对孔子的"乐山乐水"说这样解释道：

知者达于事理而周流无滞，有似于水，故乐水；仁者安于义理而厚重不迁，有似于山，故乐山。

由此可见，孔子的命题，是在充分观察山和水的感性形象并总结其典型特征后，与仁和智的人类品性特征作出的比拟。这种对山水的体认方式，显然超越了《诗经》等作品中简单的物态比拟和联想，是一种充分沟通审美主体和客体的自觉性的审美活动。

山水比道则是指透过自然山水的四时变化和万物运作，直视天地间生生不息、无所不在的"道"的超越精神，是关于山水具体形态以外的宇宙及生命本体性的哲学思考。典型命题如：

子在川上曰：逝者如斯夫！不舍昼夜。（［先秦］孔子等：《论语·子罕》）

话语间流露的不仅是对眼前流水一往无前的感怀，也有对人生短暂、时光流

---

①朱光潜：《山水诗与自然美》，载于武蕴甫主编，《山水与美学》，203页，上海，上海文艺出版社，1985。《诗经·关雎》中的比兴运用：关关雎鸠，在河之洲。窈窕淑女，君子好逑。
②［宋］朱熹：《论语集注》，57页，济南，齐鲁书社，1992。

逝的慨叹，更有"直道而行"、在有限中向无限发展的人生追求。孔子从眼前河水的流逝中体会到了时事运迈的无穷，这是一种现世的、充满人情意味的宇宙意识，场面和话虽然简单，但字里行间已经流露出一种诗情画意。这种由山水而来的审美体验就是比道的境界。

《论语·阳货》还提出另一重要审美命题：

> 天何言哉？四时行焉，百物生焉，天何言哉？

此处指出，"天"并非道德命令，而只是运行不息、生生不已之自然规律本身。孔子透过自然界的四时变化和万物运作，直视天地间生生不息的"道"，这是一种精神的超越和升华。

《论语·先进》篇中孔子倍加赞赏的、与学生曾点的共同志趣，更明确表达出了孔门儒学对自然万物的审美超越情怀：

> 莫春者，春服既成。冠者五六人，童子六七人，浴乎沂，风乎舞雩，咏而归。

在宋代，"曾点言志"被普遍视为天人凑泊、生机流行的最高审美境界。对此朱熹解释得十分透彻：

> 曾点见得事事物物上皆是天理流行。良辰美景，与几个好朋友行乐，他看那几个说底功名事业，都不是了。他看见日用之间，莫非天理，在在处处，莫非可乐。

在孔门儒学看来，自然规律存在于天地万物之中，既平凡又深刻，生命就在这天地之间循环往复，生生不息。面对这样的景象，欣赏者所感受到的就不仅是山水和鱼鸟草木所带来的感官之乐，而且更升华到了与天地万物寄其同情的审美境界。

三、老、庄山水观

《老子》第二十五章有"人法地，地法天，天法道，道法自然"之语，许多人将其理解为自然界之义，进而与山水审美等相联系，认为中国古代的山水审美之风起自老子。这实际是一个重大的误区，张岱年《中国哲学大纲》中指出：

> 前人多解自然为一名词，谓道取法于自然，此大误。自然二字，《老子》书中曾数用之，……皆系自己如尔之意，非一专名，此处当亦同，不得视为一名词。其意谓道更无所取法，道之法是其自己如此。

可见，道家的崇尚"自然"，与中国古代对自然山水美的推崇不能直接等同。并且，道家宗师老子明确排斥审美、排斥人工艺术。他指出：

> 天下皆知美之为美，斯恶已；皆知善之为善，斯不善已。故有无相生，难易相成……是以圣人处无为之事，行不言之教。万物作焉而不辞，生而不有，为而不恃，功成而弗居。夫唯弗居，是以不去。[1]
>
> 五色令人目盲；五音令人耳聋；五味令人口爽；驰骋畋猎，令人心发狂；难得之货，令人行妨。是以圣人为腹不为目，故去彼取此。[2]

由此可知，老子对山水审美实无关注之意。

---

[1]王云五：《万有文库》，《老子·二章》，陈柱，选注，2页，上海，商务印书馆，1929。
[2]王云五：《万有文库》，《老子·十二章》，陈柱，选注，12页，上海，商务印书馆，1929。

庄子的思想言论，对中国古代美学发展有着一定的推动意义。但是，必须厘清的是，庄子强调的精神超越，并非起自感性世界的审美境界，而是带有神话色彩和消极无奈的虚幻境界。直至魏晋，在玄学家儒道互补的再阐释中，才将庄子的超越引向了现实的审美。

庄子认为人生的最高境界是对"道"的追求，但这个缥缈甚至虚幻的"道"是非常神秘的：

道，物之极，言默不足以载。非言非默，议有所极。

庄子推崇的得"道"者，其一是具有神话色彩的"神人""至人"，类似无所不能的神仙：

至人神矣，大泽焚而不能热；河汉冱而不能寒，疾雷破山风振海而不能惊。若然者，乘云气，骑日月，而游乎四海之外，死生无变于己，而况利害之端乎？（［战国］庄子：《庄子·齐物论》）

至人潜行不窒，蹈火不热，行乎万物之上而不栗。（［战国］庄子：《庄子·达生》）

其二是泯灭知性、消极无为的混沌之人：

堕肢体，黜聪明，离形去知，同于大通。（［战国］庄子：《庄子·太宗师》）

而另一种"寓道于技"者，如庖丁，却不是最高的得"道"之人。庄子主张在世俗中"难得糊涂"："方生方死，方死方生"（［战国］庄子：《庄子·齐物论》），"以死生为一条，以可不可为一贯"（［战国］庄子：《庄子·德充符》）。这种泯灭物我、齐一生死的人生，是消极出世的，明

显体现出庄子所追求的生命本体和个体身心的绝对自由，流入了虚无的状态，否定感性生命和感性形象，否定流连物态。因此，他并不关注真实世界的美与丑，所谓

举莛与楹，历与西施，恢诡憰怪，道通为一。（［战国］庄子：《庄子·齐物论》）

而对山水的陶冶性情作用，庄子也是持轻视态度的，由于他常对孔子及其弟子的山水审美活动与话语展开论述和批判，以至常有人断章取义地将孔门儒家的山水美学理想误以为是庄子所出，没有辨清庄子轻视和批判山水审美的真正观点。典型如庄子在《知北游》中，先载述了孔子对山水怡情作用所持的肯定态度：

颜渊问乎仲尼曰："回尝闻诸夫子曰：'无有所将，无有所迎。'回敢问其游。"仲尼曰："古之人，外化而内不化；今之人，内化而外不化。与物化者，一不化者也。安化安不化？安与之相靡？必与之莫多。狶韦氏之囿，黄帝之圃，有虞氏之宫，汤武之室。君子之人，若儒墨者师，故以是非相整也，而况今之人乎！圣人处物不伤物。不伤物者，物亦不能伤也。唯无所伤者，为能与人相将迎。山林与！皋壤与！使我欣欣然而乐与！（［战国］庄子：《庄子·知北游》）

紧接着则表述了自己对孔子山水审美观的批判态度，并表现出无法排遣忧虑和安顿心灵的悲观情绪：

乐未毕也，哀又继之。哀乐之来，吾不能御；其去，弗能止。悲夫！世人直为物逆旅耳！夫知遇而不知所不遇，知能能而不能所不能，无知无能者，固人之所不免也。夫务免乎人之所不免者，岂不亦悲

哉！至言去言，至为去为。齐知之所知，则浅矣！（［战国］庄子：《庄子·知北游》）

从这里我们可以看到，一般人认为的山水和园林审美与庄子的逍遥隐逸观直接相关，是存在一定误区的。庄子实际上认为山水不能解决世人内心的苦痛，所谓"乐未毕也，哀又继之"。他主张以"形同槁木、心如死灰"的冷漠态度，消极地逃避现实社会，"至言去言，至为去为"才能解脱。他的隐逸生活实际是"处穷闾厄巷，困窘织屦，槁项黄馘"（［战国］庄子：《庄子·列御寇》）的无奈，这种简陋的生活和消极的心态，与文学作品中士人在自然山水美景中畅情求志的心态、与士人园林优美的景象和活泼的精神相比，反差是何等之大！

可见，庄子所推崇的是精神的无限扩大，而摈弃一切物态寄托；庄子思想中出现的一些对后世美学有重大启迪的"虚、静"等精神境界，在其自身理论中并不是审美范畴；庄子的人生态度，与士人的人生理想存在极大差别；庄子的精神超越，连自身形骸都要忘却，更何况山水园林，当然也一并不可执着。因此，庄子思想与士人园林的产生实际没有直接的因果关系。值得注意的是，将庄子思想与美学沟通的中介，其实正是魏晋玄学，在玄学家对庄子思想的再阐释之后，"庄老告退，而山水方滋"（［南朝梁］刘勰：《文心

雕龙·明诗》），掀起了山水审美和兴建士人园林的热潮，容后文详述。

另外，战国《楚辞》中流露的山水赏爱意识也十分强烈，如屈原《九歌》中就有许多相关表述：

秋兰兮麋芜，罗生兮堂下。（［战国］屈原：《九歌·少司命》）

绿叶兮素枝，芳菲菲兮袭予。（［战国］屈原：《九歌·少司命》）

登昆仑兮四望，心飞扬兮浩荡。（［战国］屈原：《九歌·河伯》）

吾将荡志而愉乐兮，遵江夏以娱忧。（［战国］屈原：《九章·思美人》）

四、秦汉山水观

秦汉时期，大一统的集权国家建立，强调"天人感应"的官方经学体系影响着社会文化思维。汲取先秦的理性精神，秦汉时期主体的自觉意识达到了一个顶峰，其重要表现之一，是对自然山水展开了积极的体认[①]。《史记》载"皇帝东游，巡登之罘""皇帝春游，览省远方"，已明显带有游览自然山水的色彩。

秦汉山水观念的主流，是关注自然山水"视之无端，察之无涯"的充盈磅礴，并将"体象天地"的摹仿行为作为山水审美的艺术表达方式。如"引渭水以象天汉"，其空前绝后的气魄至今仍令人叹为观止。《西都赋》描写昆明池："左牵牛而右织

---

①此外，"人工美"的明确提出也是主体意识自觉的重要表现。《淮南子·说林训》中的"清醯之美，始于耒耜，黼黻之美，在于杼轴"充分表现了对人工美的重视。

女,似云汉之无涯。"司马相如《上林赋》称上林苑的山水景观特点是"视之无端,察之无涯",植物景观的特点是"视之无端,究之亡穷",建筑景观的特点是"离宫别馆,弥山跨谷"。另外,秦汉的山水观虽仍受楚文化浪漫主义色彩的影响,羼杂着对仙界的幻想意味,但更侧重于寄托人间生活的享乐情怀,体现出明显的愉快、乐观、积极、开朗的现世情调。(图 2-1)

在汉代,随着对自然山水观察和审美的深入,自然的美感特征被逐渐融合到人工景观的经营中,推动了人工艺术创作的发展,如《淮南子·本经训》所言:

> 凿污池之深。肆畛崖之远。来溪谷之流。饰曲岸之际。积牒旋石。以纯修碕。抑减怒濑。以扬激波。①

这里细致地阐述了如何利用叠石的方法使池岸曲折多姿,并使水势具有抑扬的变化,水流的动态、声响成为了独立的审美对象。

第二节 魏晋南北朝山水审美的突破性发展

魏晋南北朝以山水诗肇端的山水美学和山水艺术的繁荣,在中国古代美学史上具有划时代的意义。梁刘勰在《文心雕龙》中言简意赅地概括了魏晋南北朝山水诗的成因:

> 江左篇制,溺乎玄风,嗤笑徇务之志,崇盛亡机之谈。……宋初文咏,体有因革。庄老告退,而山水方滋。……情必

图 2-1 汉代自然景观的艺术化图案 汉代错金银车饰展开图(引自《艺用古文字图案》)

---

① 高诱:《诸子集成第 7 册淮南子》,121 页,北京,中华书局,1954。

极貌以写物，辞必穷力而追新：此近世之所竟也。①

所谓"庄老告退"，即指庄老思想中虚无主义和超形上思维影响的式微；而细致观照现实性自然美的山水诗"极貌以写物"，可见对山水感性形象的高度重视。因此，"山水"的"滋"，是以玄风中"虚无"成分的衰退为前提的，这一论断明确地指出了山水美学兴盛与感性思维回归的密切关系。

根据当代的美学和艺术理论可知，艺术的本质，是面向感性形态的形象思维，文学的根本规律是以形象反映社会生活，即运用形象思维把握世界②。由此可见，魏晋诗由玄言而山水的转变，正是诗人摈弃庄老玄理等超形上思维影响，而回归诗之感性文学本质的结果。

如本书第一章所阐述的，魏晋南北朝对山水感性形态的关注和把握，是以玄学宇宙本体论由"贵无"向"崇有"的转变为理论前提的，得益于对孔门儒学山水观和人格理想的发展和深化，也得益于玄学家郭象对庄子超越精神的创造性解读。

一、魏晋山水审美兴盛的哲学基础

由前文关于玄学的论述可知，玄学宇宙本体论经历了"贵无"到"崇有"的转变，实现了关注事物的感性形象与精神超越之间的统一。

郭象"崇有"论指出，"有""无"都不能成为万物之本源，万物是"块然而自生"的（［晋］郭象：《庄子·齐物论注》），十分重视自然的生命特点。他在审美观照中采用《庄子·田子方》中孔子所谓"目击道存"的认识方式，认为事物存在即合理，即是天道自然的反映。这种"崇有"的本体论构成了山水审美兴盛的哲学基础，它使人充分重视事物的感性形态——形式美，使魏晋诗歌从注重玄理阐释转向对山水自然等感性形象的观察和审美表述。《世说新语》记载了东晋士人对自然山水之美的细致观察和审美体验：

顾长康从会稽还，人问山川之美，顾云："千岩竞秀，万壑争流，草木蒙笼其上，若云兴霞蔚。"③

---

① ［南朝梁］刘勰：《文心雕龙·明诗》，黄叔琳，注释，沈子英，标点，31~32页，梁溪图书馆，1924。
② 《新华字典》对"艺术"的解释是：用形象来反映现实但比现实更有典型性的社会意识形态。
《辞海》对"艺术"的定义是：人类以情感和想象为特性的把握和反映世界的一种特殊方式，即透过审美创造活动再现现实和表现情理想，在想象中实现审美主体和审美客体的互相对象化。艺术思维即形象思维。
关于"形象思维"则是这样解释的：文学艺术创作者从观察生活、吸取创作材料到塑造艺术形象这整个创作过程中所进行的主要的思维活动和思维方式。……形象思维在艺术创作和欣赏的整个过程中是以审美感知为起点的，经过联想、想象和幻想，形成审美意象，并从中获得审美愉悦。它遵循艺术的一般规律，即通过实践由感性阶段发展到理性阶段，达到对事物本质的认识和把握。但形象思维又有其特殊规律：即须通过特殊的个体去显现它的一般意蕴，因此形象思维不能脱离具体的形象，不能抛弃事物的现象形态。
③ ［南朝宋］刘义庆：《世说新语·言语》。见［南朝宋］刘义庆，撰，［南朝梁］刘孝标，注，朱碧莲，详解：《世说新语详解》，89页，上海，上海古籍出版社，2013。

昏旦变气候，山水含清晖。清晖能娱人，游子憺忘归。（［南朝宋］谢灵运：《白石壁精舍还湖中作》）

清泉吐翠流，渌醽漂素濑。悠想盼长川，清澜渺如带。（［南朝宋］庾阐：《三月三日》）

郭象还强调"圣人虽在庙堂之上，然其心无异于山林之中"（［晋］郭象：《庄子·逍遥游注》），指圣人在形体上可以作为现实社会的最高统治者，在内心精神上却因顺自然，达到超然的境界。在此，郭象将庄子沦于虚无的心性超越和逍遥情结与现实生活体验在审美心境的层面上统一了起来，解决了魏晋士人承自庄学的、关于关注事物感性形象与精神超越之间的矛盾情结，从而将深受魏晋士人推崇的庄学心性逍遥引向了审美境界，这是"庄老告退，山水方滋"的另一层含义。

在此基础上，东晋以降，随着儒玄、玄佛义理互融的日益深入，士人们充分阐发了孔门儒学的山水审美观，推动了时代山水审美之风的全面兴盛。（图 2-2）

二、对孔子儒学山水观的发展

由以孔子为代表的儒家先哲提出的"知者乐水，仁者乐山""子在川上曰""曾点言志"等"比德"与"比道"的山水审美命题，已经体现了将山水感性形象美感和审美主体理性精神超越相结合的山水审美精神。魏晋南北朝士人承继了孔子儒家诗教与山水审美观，并进行了深入开掘和

图 2-2　［北魏］山水人物石刻线画　河南孝昌宁懋石室（引自《中国美术全集·石刻线画》）

积极实践。

1. 人物品藻中的山水审美——对山水比德的发展

孔子"知者乐水，仁者乐山"等比德说，使山水花卉鸟兽草木等摆脱了原始巫术和宗教神话，经过理性的中介实现了情感的建构和塑造，成为情感抒发的发端和寄托。在比德中，美是作为道德的象征，自然景物是作为道德、品格的符号寄托，从而实现与人的道德比拟。山水比德在魏晋被传承下来，仁智之乐一直是魏晋士人津津乐道的话题。

仁以山悦，水为智欢。（［晋］王济：《平吴后三月三日华林园诗》）

取欢仁智乐，寄畅山水阴。（［晋］王羲之：《答许椽》）

山以仁静，水以智流。（［北魏］郭祚：《陪孝文帝游华林园》）

魏晋时期人物品藻中大量的人与自然的比拟，承继了孔子比德说中的感性思想和审美情怀，同时，又较其有了突破性的发展。人物品藻中的比拟已是人格风貌与自然景物的直接相联的感受和想象，在这想象中表达着赞赏性的肯定情感，无需以抽象性的伦理概念为中介，从而具有某种多义性、不确定性的特色[1]。魏晋人物品藻之风的兴盛流行，促使人们对自然山水投入了充分的关注，山水景物本身的美学价值得以深入开掘，它们作为自由想象和情感表现的对象，日渐在审美领域中凸显出来，成为了独立的审美对象。

《世说新语》中载录了许多将自然美景与人物风貌、气质和品行相联想和比拟的内容，由其中可见，魏晋时期对山水等自然景物形态和特征的审美观察及认识，已经达到了比较深入的程度；并且，将其作为与人相对等的审美对象，加以同等表述和比拟：

王武子、孙子荆各言其土地人物之美。王云："其地坦而平，其水淡而清，其人廉且贞。"孙云："其山嶵巍以嵯峨，其水㳍渫而扬波，其人磊砢而英多。"[2]

嵇康身长七尺八寸，风姿特秀。见者叹曰："萧萧肃肃，爽朗清举。"或云："肃肃如松下风，高而徐引。"山公曰："嵇叔夜之为人也，岩岩若孤松之独立；其醉也，傀俄若玉山之将崩。"[3]

有人叹王恭形茂者，云："濯濯如春月柳。"[4]

---

[1]李泽厚：《华夏美学》，载《美学三书》，362页，合肥，安徽文艺出版社，1999。

[2]［南朝宋］刘义庆：《世说新语·言语》。见［南朝宋］刘义庆，撰，［南朝梁］刘孝标，注，朱碧莲，详解：《世说新语详解》，50页，上海，上海古籍出版社，2013。

[3]［南朝宋］刘义庆：《世说新语·容止》。见［南朝宋］刘义庆，撰，［南朝梁］刘孝标，注，朱碧莲，详解：《世说新语详解》，402页，上海，上海古籍出版社，2013。

[4]［南朝宋］刘义庆：《世说新语·容止》。见［南朝宋］刘义庆，撰，［南朝梁］刘孝标，注，朱碧莲，详解：《世说新语详解》，416页，上海，上海古籍出版社，2013。

2. 山水以形媚道而仁者乐——对山水比道的发展

儒家的山水比道则被高度关注本体论的魏晋士人进行了更充分的诠释。典型如宗炳《画山水序》提出："仁者所乐何也？在于山水之形与其所媚之道也。"[①] 山水比道意即山水形态与自然之道的紧密契合，人面对优美的自然山水时，体会到的不仅是山水的形态、自然的生机、时光的流逝，还有人与自然万物的和谐，这正是儒家追求的"参天地赞化育"（［战国］子思：《中庸》）和"鸢飞鱼跃"[②]的天地审美境界。

山水精神是外在的"形"与内在的"道"的完美结合，晋宋山水审美的发展和山水诗等山水艺术的兴盛，实质是晋人以感性直观的心灵去体认和开掘上述山水精神的结果，山水的感性形态与审美心灵的超越在魏晋达到了融合。如宗白华先生所概括的：

晋人向外发现了自然，向内发现了自己的深情。山水虚灵化了，也情致化了。[③]

故此，魏晋士人普遍由"以玄对山水"转向"以情对山水"：

羲之既去官，与东土人士，尽山水之游，弋钓为娱。……穷诸名山，泛沧海，叹曰："我卒当以乐死"。[④]

王子敬云："从山阴道上行，山川自相映发，使人应接不暇。若秋冬之际，尤难为怀。"[⑤]（图 2-3）

望秋云，神飞扬。临春风，思浩荡。（［南朝宋］王微：《叙画》）

登山则情满于山，观海则意溢于海。（［南朝梁］刘勰：《文心雕龙·神思》）

（许询）好泉石，清风朗月，举酒永怀。……乃策杖披裘，隐于永兴西山，凭树构堂，萧然自致。……既而移皋屯之岩，常与沙门支遁及谢安石、王羲之等同游往来。[⑥]

……（孙绰）居于会稽，游放山水，十有余年。[⑦]

虽说晋代以降山水美学兴盛的哲学基础是玄学宇宙本体论由"贵无"到"贵有"的转变，但究其渊源，我们却可以发现魏晋山水审美的基础和主流是孔子儒学山水观影响的厚积薄发，是两汉以来儒家思想意识潜移默化影响的集中体现。

三、山水审美与士人人生

在魏晋南北朝士人的审美主体精神结构中，山水审美意识占有重要的地位。

---

①《中国美学史》释"媚"为亲顺、亲和、爱悦之意。"形"即山水的感性形态，生命乃自然之道，山水的外在形态是自然之道的体现，是生命意识的体现。

②《中庸·第十二章》载："诗云：'鸢飞戾天，鱼跃于渊'。言其上下察（著）也"。

③宗白华：《美学散步·论〈世说新语〉和晋人的美》，215 页，上海，上海人民出版社，1981。

④［唐］房玄龄：《晋书·王羲之传》，黄公渚，选注，203 页，上海，商务印书馆，1934。

⑤［南朝宋］刘义庆：《世说新语·容止》。见［南朝宋］刘义庆，撰，［南朝梁］刘孝标，注，朱碧莲，详解：《世说新语详解》，91 页，上海，上海古籍出版社，2013。

⑥《建康实录·许询传》，许嵩，撰，张忱石，点校，卷 8，216~217 页，北京，中华书局，1986。

⑦［唐］房玄龄：《晋书·孙绰传》，黄公渚，选注，上海，商务印书馆，1934。

图2-3 ［明］吴彬 《山阴道上图卷》（一）、（二） 上海博物馆藏（取意东晋王子敬"从山阴道上行，山川自相映发，使人应接不暇。若秋冬之际，尤难为怀"之语）（引自《中国美术全集·明代绘画》）

对其时的文人士大夫来说，山水环境是他们安顿心灵的精神家园。在这座精神家园里，他们或者登山临水，游览赏玩；或者结庐而居，隐逸终老；可以吟咏性情，谈玄斗禅；甚至聚生徒传道授业，或生病养懒。无论形式有何不同，人文意蕴和精神内涵都一脉贯注——就是归趋于大自然，在与自然山水的亲和过程中获得审美享受，以使精神得到解脱超越，人格得到康复和升华。

1. 山水审美与理想人格追求

将山水审美与士人的个体人格完善紧密联系起来，要归功于孔孟儒学所作的贡献。

孔子认为，理想的人生应是"立于礼，成于乐"（［先秦］孔子等：《论语·泰伯》）。亦即用"礼"——社会制度和秩序来规范人的外在行为，用"乐"——集诗歌、音乐、舞蹈为一体的艺术来教化、陶冶人的情操。这就将理想人生的主题引向了审美，以审美作为了个人人格发展的最高境界。值得注意的是，孔子推崇的审美最高境界是物我相融、与宇宙万物生命寄其同情的超越境界，他高度评价山水自然反映出的天理和谐之美，认为忘我地投入与自然的交融中就能回归人的美好本性，实现人格超越。如前文反复论述的，孔孟儒学所提出的乐山乐水[1]、川上意象[2]、曾点气象[3]、"上下与天地同流"（[战国]孟子：《孟子·尽心上》）等命题，都体现了理想人格与山水之美的内在联系，这样，对山水的审美就和士人的个体人格完善追求紧密地结合了起来。

本书第一章曾阐述了魏晋玄学在儒学基础上，对士人的理想人格进行了发挥，"圣人有情""有主于中，以内乐外""圣人虽在庙堂之上，然其心无异于山林之中"等魏晋士人的人格理想，体现了魏晋士人兼顾"得道"与"治世"的人生追求，这显然是孔子儒学"礼乐复合"人生观的承继和发展。与之相应，魏晋士人对在山水审美中实现人格超升的理想人格追求方式也加以完善和发挥，并展开了积极的践行。

同时，魏晋战乱的时局和残酷的政治倾轧，更推动着士人积极思索和找寻平衡现状与理想的方法，增添其对追求理想人生的渴望。沉重的心理压力促使士人向往走向远离尘嚣的山水自然，借畅情山水来暂避纷嚣，在审美体验中排遣苦忧、涤荡性情，从而获得精神的愉悦，实现人格超升。故此，登临山水、游弋林泽、山林闲居等置身山水自然间的行为，成为了魏晋南北朝士人生活的重要组成部分，古籍中对其时士人热爱山水自然的记载不胜枚举。略如：

（阮籍）或闭户视书，累月不出，或登临山水，经日忘归。[4]

祜乐山水，每风景必造岘山，置酒言咏，终日不倦。[5]

（郭文）少爱山水，尚嘉遁。年十三，每游山林，弥旬忘返。[6]

士人们更在游弋山水中言咏属文，表达自己借优游山水来感知自然生命气象、在审美过程中与自然山水沟通互融、实现精神超越的人生追求。枚举数例说明：

散怀山水，萧然忘羁。秀薄粲颖，疏松笼崖。游羽扇霄，鳞跃清池。归目寄欢，心冥二奇。（[东晋]王徽之：《兰亭诗》）

情因所习而迁移，物触所遇而兴感。……为复于暧昧之中，思萦拂之道，屡借山水以化其郁结，永一日之足，当百年之溢。[7]

由此，山水审美作为士人的生命体验和人格理想追求方式，在魏晋南北朝被空前开掘和发展，延及后世，成为中国古代社会审美文化体系中最具代表性的组成部分。

---

①《论语·雍也》指出："仁者乐山，智者乐水"，即山以其伟岸宽阔而见仁厚，水以其无处不至和流动变幻而见智慧，用山水自然比拟人的品格和德性。

②《论语·子罕》："子在川上曰：'逝者如斯夫！不舍昼夜。'"是以观水比道，即透过自然界的四时变化和万物运作，直视天地和人生生生不息的"道"——生命的超越精神。

③《论语·先进》提到的孔子与曾点的共同志趣："莫春者，春服既成。冠者五六人，童子六七人，浴乎沂，风乎舞雩，咏而归。"这是儒家追求的畅情山水，实现个体与天地自然和谐统一的美的最高境界。

④［唐］房玄龄：《晋书·阮籍传》（晋书四十九·列传第十九），四部丛刊本，晋书11列传，1页。

⑤［唐］房玄龄：《晋书·羊祜传》，黄公渚，选注，87页，上海，商务印书馆，1934。

⑥唐太宗文皇帝御撰：《百衲本·二十四书》《晋书·郭文传》（晋书九十四·列传第六十四），四部丛刊本，晋书19列传，80页。

⑦［东晋］孙绰：《三月三日兰亭序》。

2. 嘉会欣时游——游弋山水和士人雅集

文人士大夫们优游行乐于自然山水之中的习尚，较早开始于汉末建安时期邺下文人集团的游宴生活，他们的游览地主要在贵族林苑和京畿近郊。游宴的内容有畅游林泽、聚友宴餐、游戏娱乐、吟诗作赋、论道谈艺等。魏文帝曹丕曾在《与朝歌令吴质书》中详细描述了建安十六年（公元211年）举行的文人集团"南皮之游"：

> 每念昔日南皮之游，诚不可忘。既妙思六经，逍遥百氏；弹棋间设，终以六博，高谈娱心，哀筝顺耳。驰骋北场，旅食南馆，……同乘并载，以游后园，……景风扇物，天气和暖，众果具繁，时驾而游。北遵河曲，从者鸣笳以启路，文学托乘于后车。

西晋时，文人的游宴活动也较兴盛。晋武帝泰始二年（公元266年）的华林宴集以及太康元年（公元280年）三月三日的华林宴集，为西晋贵族文人的两次盛况空前的聚会，上至晋武帝，下至群臣百官以及众多文人都参加了，并且留下了大量的诗文。《宋书·谢灵运传论》所云："降及元康，潘、陆特秀……缀平台之遗响，采南皮之高韵。遗风余烈，事极江左。"正指此而言。元康六年（公元296年）的金谷园宴集，是西晋贵游们的又一次盛大游宴活动。参加这次金谷宴集者有三十人，

他们尽情地游宴，旖旎的自然风光，丰盛的美宴音乐，无不娱目欢心，由此金谷园也成了一代名园。石崇的《金谷诗序》对此作了具体的描述：

> 余以元康六年，从太仆卿出为使持节监青、徐诸军事、征虏将军。有别庐在河南县界金谷涧中，或高或下，有清泉茂林，众果、竹、柏、药草之属莫不毕备。又有水碓、鱼池、土窟，其为娱目欢心之物备矣。时征西大将军祭酒王诩当还长安，余与众贤共送往涧中，昼夜游宴，屡迁其坐。或登高临下，或列坐水滨。时琴瑟笙筑，合载车中，道路并作。及往，令与鼓吹递奏，遂各赋诗，以叙中怀。或不能者，罚酒三斗。感性命之不永，惧凋落之无期。

晋室渡江之后，以江南秀美的自然山水为依托，南渡的文人名士们更加热衷于纵情游弋山水。如孙统"家于会稽，性好山水，乃求为鄞令，转在吴宁。居职不留心碎务，纵意游肆，名山胜川，靡不穷究"[1]。又如谢安，"与王羲之及高阳许询、桑门支遁游处，出则渔弋山水，入则言咏属文"[2]。还有王羲之，"与东土人士尽山水之游"[3]。他们以追怀玄远的心境，逍遥自适于自然山水之间，对游览山水这一时代风气起着推动作用，致使文人士大夫的这种嗜好一时蔚然成风，成为许多文人名士生活中主要的审美追求之一。

东晋最典型的文人雅聚就是兰亭集会。即永和九年（公元353年）三月三日，王羲之、谢安、孙绰等四十二位文人演绎

---

① [唐] 房玄龄：《晋书·孙统》，上海，商务印书馆，1934。
② [唐] 房玄龄：《晋书·谢安》，上海，商务印书馆，1934。
③ [唐] 房玄龄：《晋书·王羲之》，上海，商务印书馆，1934。

传统祓禊风习，在会稽山阴（今浙江绍兴市）的兰亭娱游宴饮、赋诗行文的一次著名文人聚会。王羲之的《兰亭集序》留下了为历代士人所神往的千古绝唱：

> 永和九年，岁在癸丑，暮春之初，会于会稽山阴之兰亭，修禊事也。群贤毕至，少长咸集。此地有崇山峻岭，茂林修竹，又有清流激湍，映带左右。引以为流觞曲水，列坐其次。虽无丝竹管弦之盛，一觞一咏，亦足以畅叙幽情。是日也，天朗气清，惠风和畅。仰观宇宙之大，俯察品类之盛，所以游目骋怀，足以极视听之娱，信可乐也。

人们从古老的祓禊习俗中既能感受思古之幽情，更能体会"曾点言志"那种生机流行、天人相谐的闲适和舒畅。兰亭集聚不仅以其风流绝代的文人气息，为后人不断追慕、仿效，而且促使"禊赏"的审美意义被深入开掘，"曲水流觞"的禊赏形式衍化为流杯渠、禊赏亭等后世典型的园林景观。

魏晋文人雅士们游弋山水的热潮，以及集游览山水美景、人物品赏、即兴赋诗、宴饮娱乐为一体的文人聚会活动，使文学艺术与士人的心性追求，在青山秀水间紧密地融合了。正东晋王肃之所言："嘉会欣时游，豁尔畅心神。"（［晋］王肃之：《兰亭诗》）（图2-4）

3. 得意在丘中——审美化的山水隐逸

（1）隐逸与山水环境及山水审美的关系

自古以来，隐逸就与山水环境有着千丝万缕的联系。出于与现状社会的矛盾，士人必须选择有别于主流社会的环境以排忧解怀，继续坚持个人的理想人格完善，并以此标示自己不群于世的立场。如果把人类社会环境看作主流社会，那么与之相对的自然环境就成为隐士们的最佳去处，这就是为何无论何种隐逸，都与山林、岩壑、江海等自然环境密不可分的根本原因。

将隐逸与山水审美紧密地联系起来，是孔孟儒家隐逸观的重大贡献。

前文已论，孔孟强调在隐逸过程中士人的主要任务就是保持相对独立的意志和人格节操、奉行"立于礼，成于乐"（［先秦］孔子等：《论语·泰伯》）的个人完善原则，隐逸生活实际也是对儒家士人理想生活的践行。而儒家强调的个人修养最高境界就是达到"乐"的审美升华，是物我相融、与宇宙万物生命寄其同情的超越境界。这种于生活中无处不在的审美体悟和超越，大大促进了隐士对山水等现实事物的关注，并将其引向审美境界。由此我们不难发觉，儒家所倡导的修身求志隐逸观，通过儒家人生理想境界追求这一中介，与山水审美结下了不解之缘，并且进一步地关联到对隐居生活环境的要求和经营。

虽然隐逸与山水审美的关系在先秦

［明］沈周　《仿戴进谢太傅游东山图》　翁万戈
先生藏（引自《中国美术全集·明代绘画》）

［清］华岩　《金谷园图轴》　上海博物馆藏
（引自《中国美术全集·清代绘画》）

［明］永乐　《兰亭修禊图》（引自《中国美术全集·石刻线画》）

图 2-4　反映东晋士人山水审美风尚的历代绘画

儒家已被强调，但由于社会条件和生产力水平限制，早期的隐士生活是岩居穴处、困顿潦倒的。从《诗经》中描写的"衡门疗饥"，到伯夷、叔齐采薇而食，可见其一斑，而淮南小山《招隐士》更极言山泽淹留之苦。在这种恶劣的物质条件下，隐士虽身居山林，却处于饥馁风寒之际，很难有悦山乐水的审美情怀。可见，隐士只有解决了衣食之忧，才可能以审美的心态热情地投入身处的山林自然。

汉武帝以降，士人得以凭借经术入仕，深入参与政治和标持人格节操的双重压力，使士人倍加向往以优游山林的方式来寻求心灵的平静；同时，社会地位的攀升也为士人的山林生活提供了物质条件的保证。汉初以来，以招隐、归田、遂初为主题的诗文层出不穷，从诗文内容可见，山水环境对士人来说，不只是在物质上提供一个远离俗世的庇护所，更在于其盎然的生机以及和美的形态对士人情操的陶冶和心灵的慰藉，山水审美在士人的隐逸情怀中被日渐开掘。如冯衍《显志赋》所述：

处清静以养志兮，实吾心之所乐；山峨峨而造天兮，林冥冥而畅茂；鸾回翔索其群兮，鹿哀鸣而求其友；……陂山谷而闲处兮，守寂寞而存神。

东汉张衡也在《归田赋》中表达了自己对隐逸生活的憧憬：

游都邑以永久，无明略以佐时。……谅天道之微昧，追渔父以同嬉。超埃尘以遐逝，与世事乎长辞。于是仲春令月，时和气清，原隰郁茂，百草滋荣。王雎鼓翼，

鸧鹒哀鸣。交颈颉颃，关关嘤嘤。于焉逍遥，聊以娱情。尔乃龙吟方泽，虎啸山丘。仰飞纤缴，俯钓长流……极般游之至乐，虽日夕而忘劬。"[1]

到东汉末年的仲长统，更强调："名不常存，人生易灭。优游偃仰，可以自娱。欲卜居清旷以乐其志。"（[南朝宋]范晔：《后汉书》卷四十九列传第三十九《仲长统》）他已不满足于偶尔地到自然山水中去畅游解忧，而是认为将山水与居住紧密结合，才是理想的隐逸生活，他提出："使居者有良田广宅，背山临流，沟池环匝，竹木周布，场圃筑前，果园树后。"（[南朝宋]范晔：《后汉书》卷四十九列传第三十九《仲长统》）这种颇具风物之美的、合居住、游赏、农业经营等多功用为一体的隐居环境，实际就是当时勃兴的士族庄园场景。

（2）魏晋南北朝隐逸文化与山水审美

魏晋南北朝对先秦儒、道两家隐逸观的承继、融合和发展，前文已作详细阐述。魏晋"出处同归"的儒道合流隐逸观，是充分强调孔孟儒家以"隐居求志"为旨归的积极的个人人格完善过程，是融会道家清净、超越精神于儒家修身求道践行中的隐逸理想。正因魏晋士人对蕴含着山水审美情结的孔子隐逸观的积极完善和开掘，山水之美和隐逸文化才日益紧密地结合，山水审美才在魏晋隐逸文化的迅速

[1] [南朝梁]萧统，等：《归田赋》，《昭明文选》卷十五，206~207页，郑州，中州古籍出版社，1990。

发展过程中被深入挖掘和高扬。

魏晋时期，时局动荡、政权频繁更替，士人在生活上受到了强大的冲击，苦苦挣扎于朝堂权力倾轧的周旋与坚持个体理想人格的矛盾中，迫切需要调节和安抚心性的生活方式，对隐逸的向往和践行在这种特殊的社会环境下迅速发展起来。如《晋书·阮籍传》所载述的：

属魏晋之际，天下多故，名士少有全者，籍由是不与世事，遂酣饮为常。

"竹林七贤"是魏晋鼎革之际隐逸文化的代表。（图 2-5）七贤们希望在游赏园林山水中逍遥无碍，俯仰自得，借此摆脱险恶政治的阴影。宋人李昉在《太平御览》卷四百九十引《向秀别传》中记载他们：

率尔相携，观原野，极游浪之势，亦不计远近，或经日乃归。

但是，由于尚未实现"出处仕隐"的平衡，尚未解决现实生活与精神超越的结合问题，他们的言行常常充满着无法排解的矛盾情结：

（阮籍）率意独驾，不由径路，车迹所穷，辄恸哭而返。[1]

（刘伶）使人荷锸而随之，谓曰"死便埋我"。[2]

如前文所述，魏晋士人一直致力于实现"出"与"处"、"仕"与"隐"的平衡。至西晋末年，玄学家郭象提出"圣人虽在庙堂之上，然其心无异于山林之中"，清晰地指明了着眼于现实存在的心性审美化超越，由此推动了大隐、小隐、朝隐、中隐等具体的隐逸观念与践行的相继出现。晋人王康琚《反招隐诗》有"小隐隐陵薮，大隐隐朝市"之句，是继东方朔的朝隐思想[3]萌芽之后，定义了小隐和大隐并以大隐为高的理论；士大夫在经过正始的玄学探索、竹林肆情傲物的激越、西晋兼征出处的尝试后，终于在东晋形成了"出处同归"[4]的隐逸原则；而南朝齐的著名山水诗人谢朓则在诗文中显露出被后世定名为"中隐"的隐逸思想[5]。

既然解决了出处仕隐的矛盾，魏晋士人们就可以自如地兼顾庙堂之志与山林之乐了：在朝权臣抱着隐逸之心，借山水品赏以忘忧娱心，滋养情志；在野士人则居处山林，在优游林泉中陶冶情操，标举风神。魏晋士人阶层的隐逸情结及行为，与山水审美活动全面接轨，有力地促进了彼时山水审美热潮的高扬。同时，魏晋门阀士族社会地位的显赫和经济实力的雄厚更为士人的山水品赏之风提供了物质条件。

---

①《世说新语·栖逸》注引《魏氏春秋》。见［南朝宋］刘义庆，撰，［南朝梁］刘孝标，注，朱碧莲，详解：《世说新语详解》，433 页，上海，上海古籍出版社，2013。

②［唐］房玄龄：《晋书·刘伶》，上海，商务印书馆，1934。

③《史记·滑稽列传》载："朔曰：'如朔等，所谓避世于朝廷间者是也。'"

④《世说新语·文学》注引孙绰言"体玄识远者，出处同归"。见［南朝宋］刘义庆，撰，［南朝梁］刘孝标，注，朱碧莲，详解：《世说新语详解》，170 页，上海，上海古籍出版社，2013。

⑤中隐指以外郡为隐，唐白居易定其名。谢朓《之宣城郡出新林浦向板桥》诗有句："既欢怀禄情，复协沧州趣。嚣尘自兹隔，赏心于此遇。虽无玄豹姿，终隐南山雾。"表达了诗人的隐逸之思，而兼顾廊庙"怀禄情"与山林"沧州趣"的隐逸理念，可以说是中隐理论之滥觞。参见张立伟：《归去来兮——隐逸的文化透视》，194～195 页，北京，生活·读书·新知三联书店，1995。

史籍中有许多关于名士们在自己庄园的山泽林薮中荡志怡情的记载。例如,西晋张华、石崇、潘岳、陆机、陆云等名士,一方面志在轩冕,萦于纷华而无力自拔,另一方面又不断写着《招隐诗》《归田赋》《逸民赋》以寄寓自己志在枕石漱流的隐逸情怀。略如:

　　来去捐时俗,超然辞世伪。得意在丘中,安事愚与智。([西晋]张载:《招隐诗》)

君子有逸志,栖迟与一丘。仰荫高林茂,俯临渌水流。恬淡养玄虚,沉精研圣猷。([西晋]张华:《赠挚仲洽诗》)

登城隅兮临长江,极望无涯兮思填胸。……惟金石兮幽且清,林郁茂兮芳卉盈。玄泉流兮萦丘阜,阁馆萧寥兮阴丛柳。吹长笛兮弹五弦,高歌凌云兮乐余年。舒篇卷兮与圣谈,释冕投绂兮希彭聃。超逍遥兮绝尘埃,福亦不至兮祸不来。[1]

东晋士人的隐逸更与优游山水紧密结合,如前文所述,如谢安,"初辟司徒

图2-5　南朝砖画　竹林七贤与荣启期　南京博物馆藏　南京西善桥南朝大墓出土
(引自《中国美术全集·原始社会至魏晋南北朝绘画》)

---

[1] [西晋]石崇:《思归叹》。载[唐]欧阳询,撰,汪绍楹,校,《艺文类聚》,卷二十八,508页,北京,中华书局,1965。

府，除佐著作郎，并以疾辞。寓居会稽，与王羲之及高阳许询、桑门支遁游处，出则渔弋山水，入则言咏属文，无处世意"[1]。还有王羲之，"既去官，与东土人士尽山水之游，弋钓为娱"[2]。这种逍遥超然的隐逸情结，进一步渗透进了以山水审美为主题的园林经营中，园林成为从山林到廊庙的理想中介。

（3）隐逸与山水园居

1）隐士园居

前文提及，以庄园经济的发展为物质基础，东汉士人已提出了山水园居的隐逸生活理想，魏晋以降，随着隐逸文化的发展完善，山水园居与隐逸情结的结合更加紧密化，从名士们对自己隐居场所的构想和描述中可见一斑。

归郊郭之旧里，托言静以闲居。育草木之蔼蔚，因地势之丘墟，丰蔬果之林错，茂桑麻之纷敷。……扬素波以濯足，溯清澜以荡思。低徊住留，栖迟菴蔼。存神忽微，游精域外。（[西晋]张华：《归田赋》）

遵黄川以葺宇，被苍林而卜居。（[西晋]陆机：《怀土赋》，载《陆机集》卷二）

年五十，以事去官。晚节更乐放逸，笃好林薮，遂肥遁于河阳别业。其制宅也，却阻长堤，前临清渠。柏木几于万株，流水周于舍下。有观阁池沼，多养鱼鸟。家素习技，颇有秦赵之声。出则以游目弋钓为事，入则有琴书之娱。（[西晋]石崇：

《思归引序》，载《文选》卷二十八）

东晋衣冠南渡，士人的山林隐逸之风日炽，园居生活的环境和方式也日渐丰富。（图2-6）辞官而隐的普通士人，过着恬淡的田园生活，如陶渊明的《归去来辞》所述：

归去来兮，请息交以绝游。世与我而相违，复驾言兮焉求！悦亲戚之情话，乐琴书以消忧。农人告余以春及，将有事于西畴。或命巾车，或棹孤舟。既窈窕以寻壑，亦崎岖而经丘。木欣欣以向荣，泉涓涓而始流。善万物之得时，感吾生之行休。……怀良辰以孤往，或植杖而耘耔。登东皋以舒啸，临清流而赋诗。聊乘化以归尽，乐乎天命复奚疑！

他在《归田园诗》和《饮酒》诗中大略描述了自己结合自然山水营建的隐居之所：

开荒南野际，守拙归园田。方宅十余亩，草屋八九间。榆柳荫后檐，桃李罗堂前。暧暧远人村，依依墟里烟。狗吠深巷中，鸡鸣桑树颠。户庭无尘杂，虚室有余闲。

……采菊东篱下，悠然见南山。山气日夕佳，飞鸟相与还。此中有真意，欲辩已忘言。

南渡的士族高门则地位显赫，他们不但热衷于游赏江南秀美的山光水色，还纷纷抢占各地的山水佳处，兴建山居别业，有的沉湎于优游富足的畅情享乐，有的践行修身养性的隐逸理想。典型如谢灵运，是东晋名将谢玄之孙，曾任永嘉太守。《宋书·谢灵运传》载："郡有名山水，灵运素所爱好，……遂肆意游遨，遍历诸县，

---

①[唐]房玄龄：《晋书·谢安》，上海，商务印书馆，1934。
②[唐]房玄龄：《晋书·王羲之》，上海，商务印书馆，1934。

［明］马轼《归去来兮图》（一） 问征夫以前路 辽宁省博物馆藏（引自《中国美术全集·明代绘画》）

［明］李在《归去来兮图》（三） 云无心以出岫 鸟倦飞而知还 辽宁省博物馆藏（引自《中国美术全集·明代绘画》）

［明］夏芷《归去来兮图》（四） 或棹孤舟 辽宁省博物馆藏（引自《中国美术全集·明代绘画》）

图 2-6 陶渊明隐居生活图

动逾旬朔，民间听讼，不复关怀，所至辄为诗咏，以致其意焉"。他辞去永嘉太守一职后，归隐祖父谢玄在会稽始宁县故居，兴建了著名的始宁别业，别业"傍山带水，尽幽居之美"（［南朝梁］沈约：《宋书》卷六十七列传第二十七《谢灵运》）。从谢灵运所作《山居赋》的描述，可见其胜景：

非龟非筮，择良选奇。剪榛开径，寻石觅崖。四山周回，双流逶迤。陵名山而屡止，过岩室而披情。虽未偕于至道，且缅绝于世缨。若乃南北两居，水通陆阻。观风瞻云，方知厥所。九泉别涧，五谷异巘。抗北顶以葺馆，瞰南峰以启轩。罗层崖于户里，镜清澜于窗前。修竹葳蕤以翳荟，灌木森丛以蒙茂。萝茑蔓延以攀接，香花芬薰而媚秀。日月投光于柯间，风露披清于磴岫。夏凉寒燠，随时取适，此焉卜寝，玩水弄石。

谢灵运在《游名山志序》中"衣食，生之所资；山水，性之所适"的观点，体现了东晋及南朝宋时期士人对山水审美的深刻认识，高度概括了隐逸条件对山水审美的促进作用。他认为，性好山水的精神世界和衣食居止的世俗生活本非二事，精神超越和文化创造不可能脱离现实的社会条件。上古憔悴岩穴，枯寂以终的隐士生活，实难得与山水怡情相关；只有那些执着生命、流连生活，文化根底深厚，且具有相应的物质生活条件保障的人，才有可能理解山水的"适性"本质，摆脱某种伦理樊笼，直接进入对山水的审美化观照。

2）园林中的隐逸情结

时至南北朝，山水园居俨然成为了士人涤荡性灵和实现兼征出处人格追求的理

想生活方式，无论是在朝或是在野，士人的园居理想和园林经营中都蕴含着不同程度的隐逸情结。略如，南朝宋士人刘勔，托意隐逸，在建康建园宅名"东山"。史料载述道：

初，勔高尚其意，托造园宅，名为"东山"，颇忽时务。（［南朝梁］萧子显：《南齐书》卷一本纪第一《高帝上》）

经始钟岭之南，以为栖息，聚石蓄水，仿佛丘中，朝士雅素者往游之。（［唐］李延寿：《南史》卷三十九列传第二十九《刘勔》）

梁徐勉在阐述园宅营建意匠时指出：

营小园者，非在播艺，以要利入。正欲穿池种树，少寄情赏。……为培塿之山，聚石移果，杂以花卉，以娱休沐，用托性灵。（［南朝梁］徐勉：《为书诫子崧》，转引自《梁书》卷二十五列传第十九《徐勉》）

梁沈约则在《宋书·隐逸传论》中对隐逸生活有更直接的论述：

岩壑闲远，水石清华。虽复崇门八袭，高城万雉，莫不蓄壤开泉，仿佛林泽。（［南朝梁］沈约：《宋书》卷九十三列传第五十三《隐逸》）

北魏司农卿张伦宅"园林山池之美，诸王莫及。……造景阳山，有若自然"，而其园居的目的则为"卜居动静之间，不以山水为忘。庭起半丘半壑，听以目达心想。进不入声荣，退不为隐放。"（［北魏］杨衒之：《洛阳伽蓝记·城东》）

北周萧大圜更是心安闲放，史书记载了他安顿身心的园居理想：

尝言之曰："……面修原而带流水，

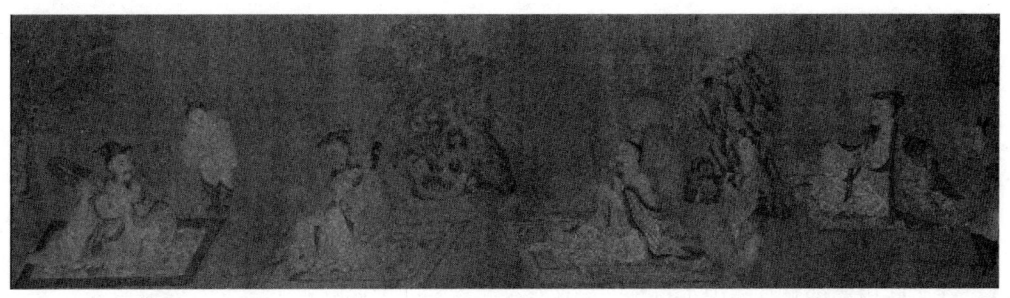

图2-7 ［唐］孙位《七贤图》上海博物馆藏（引自《中国美术全集·隋唐绘画》）

倚郊甸而枕平皋，筑蜗舍于丛林，构环堵于幽薄。近瞻烟雾，远睇风云……果园在后，开窗以临花卉；蔬圃居前，坐檐而看灌畦。二顷以供馆粥，十亩以给丝麻。侍儿五三，可充纴织；家僮数四，足代耕耘。沽酪牧羊，协潘生之志；畜鸡种黍，应庄叟之言。……烹羔豚而介春酒，迎伏腊而候岁时。"（［唐］令狐德棻：《周书》卷四十二列传第三十四《萧大圜》）

魏晋南北朝士人园林中的隐逸情结和与此相关的超逸化审美境界，还深深地影响到了帝王的审美观。例如，南朝宋元嘉名士戴颙所居之山"有竹林经舍，林涧甚美"，宋文帝筑景阳山于华林园，山成时戴颙已死，文帝叹曰："恨不得使戴颙观之。"（［南朝梁］沈约：《宋书》卷九十三列传第五十三《隐逸》）南朝齐衡阳王萧钧在游览名士孔珪宅园时的答对，更体现出王室成员受士风熏染之深，史载云：

（南齐会稽孔珪宅）盛营山水，（园中）列植桐柳，多构山泉，殆穷真趣。钧往游之，圭曰："殿下处朱门，游紫闼，讵得与山人交耶？"答曰："身处朱门，而情游江海，形入紫闼，而意在青云。"（［唐］李延寿：《南史》卷四十一列传第三十一《齐宗室·衡阳王》）

甚至有朝廷官府或世族名流在名山胜水为隐士们建造馆台楼阁。例如，《晋书·郭文传》中记载："（郭）文少爱山水，尚嘉遁。……王导闻其名遣人迎之，文不肯就船车，荷担徒行。既至，导置之西园。……因以居文焉。"《宋书·隐逸列传》载曰，南朝宋初期苏州名士们曾集资在苏州"聚石引水，植林开涧"，为隐士戴颙建造园林"少时繁密，有若自然"；宋文帝特意在南京钟山西侧为隐士雷次宗建"招隐馆"，让他为皇太子及其他诸王讲授《丧服》经。又如《南齐书》载褚伯玉开始隐居于会稽剡县的瀑布山，当时的许多官僚和新登基的齐武帝萧道成多次召请不出，于是武帝便下令在剡县的白石山建造了一座"太平馆"让其居住。由这些史料可见，在魏晋南北朝，园林不仅是隐居的环境，甚至成了招隐的手段。

四、山水艺术的空前繁荣

魏晋南北朝山水审美的蓬勃发展，促进了山水文学、山水画、山水园林等山水艺术的空前繁荣。

1. 山水文学

由刘勰"宋初文咏，体有因革，庄老告退，而山水方滋"的论述可知，虽然自《诗经》起历代都有吟咏山水自然的诗文，但山水文学的真正兴盛是在晋宋之际。山水文学作品以将山水自然景观作为独立审美对象为特征，魏晋南北朝时擅长山水诗文的文人众多，其中以陶渊明、谢灵运、谢朓等最为著名。

陶渊明的诗文多以田园生活为题材，风格清新自然。他在辞去彭泽令、选择归隐终老后，写下了《归田园诗》共 5 首，是田园诗歌的代表作，略如：

开荒南野际，守拙归园田。方宅十余亩，草屋八九间。榆柳荫后檐，桃李罗堂前。暧暧远人村，依依墟里烟。狗吠深巷中，鸡鸣桑树颠。户庭无尘杂，虚室有余闲。

另有《饮酒》诗 20 首，也是自然景观描写的典范之作，如第 5 首写道：

采菊东篱下，悠然见南山。山气日夕佳，飞鸟相与还。此中有真意，欲辨已忘言。

在其名赋《归去来辞》中，也有吟咏山水的佳句：

既窈窕以寻壑，亦崎岖而经丘。木欣欣以向荣，泉涓涓而始流。……登东皋以舒啸，临清流而赋诗。

谢灵运被称为"以山水诗开南朝宋一代新诗风者"[①]，他是第一个大量创作山水诗的诗人。谢灵运山水诗的艺术特点是对自然景物观察细致入微，能于诗中再现山水胜景，形象鲜明，意境清幽，他的《登池上楼》《石壁精舍还湖中作》《登江中孤屿》等名作广受赞誉。略如：

乱流趋正绝，孤屿媚中川。云日相辉映，空水共澄鲜。（［南朝宋］谢灵运：《登江中孤屿》）

昏旦变气候，山水含清晖。清晖能娱人，游子憺忘归。出谷日尚早，入舟阳已微。林壑敛暝色，云霞收夕霏。芰荷迭映蔚，蒲稗相因依。（［南朝宋］谢灵运：《石壁精舍还湖中作》）

池塘生春草，园柳变鸣禽。（［南朝宋］谢灵运：《登池上楼》）

白云抱幽石，绿筱媚清涟。（［南朝宋］谢灵运：《过始宁墅》）

在谢灵运山水诗的推动下，齐梁诗人谢朓、沈约等步趋其后，掀起了山水诗文创作热潮，并使山水题材成为后世诗歌创作的主流。

谢朓是谢灵运的族子，齐梁诗人。他的山水诗完全摆脱了玄言诗的影响，形成了一种清新流畅、秀丽飘逸的风格，以致被梁简文帝誉为"文章之冠冕，述作之楷模"，梁武帝更有"三日不读谢诗，便觉口臭"之言。略如：

天际识归舟，云中辨江树。旅思倦摇摇，孤游昔已屡。（［南齐］谢朓：《之宣城郡出新林浦向板桥》）

余霞散成绮，澄江静如练。喧鸟覆春洲，杂英满芳甸。（［南齐］谢朓：《晚登三山还望京邑》）

---

① 仪平策：《中国审美文化史·秦汉魏晋南北朝卷》，360 页，济南，山东画报出版社，2000。

山水诗文传达了魏晋南北朝人的山水审美体验，自然山水的审美价值得到空前的开发，同时期的山水画和山水园林创作，也在山水审美的时代文化意蕴影响下发展起来。

2. 山水画

魏晋南北朝时期，绘画题材走出两汉帝王将相、忠臣烈女、孝子顺孙的伦理教化樊笼，呈现出多样化、自然化的发展倾向。人物画转而注重对现实人物的写照，山水画也随着江南的开发、山水审美的发展和山水诗的流行而出现。（图2-8）

汉末至西晋的著名画家有曹不兴、卫协等；东晋时期，绘画的层次境界大大发展，人物山水、花鸟众体皆备，绘画理论也日趋成熟，知名画家有戴逵、顾恺之等。戴逵的山水画如《吴中溪山邑居图》《南都赋图》，被唐张彦远《历代名画记》誉为"山水极妙"的画作。顾恺之工画人物、肖像，兼善山水、禽兽。他的传世画论有《论画》《魏晋胜流画赞》《画云台山记》，提出了以"传神写照"为核心的绘画理论，把中国绘画中的形神观发展到了新的高度。从现存顾恺之《洛神赋图》《女史箴图卷》唐、宋摹本可见，作为背景的山水，其画法尽管尚不成熟，但通过层次描绘山峦变化，利用俯视表现纵横交错的山水空间，这些都成为后世山水画表现技法的重要手段。（图2-9）由《历代名画记》中载录的《画云台山记》内容可见，顾恺之所绘的云台山图，已是一幅纯粹的山水画，惜未传世。兹录其文如下：

山有面，则背向有影。可令庆云西而吐于东方清天中。凡天及水色尽用空青，竟素上下以映。日西去山，别详其远近。发迹东基，转上未半，作紫石如坚云者五六枚。夹冈乘其间而上，使势蜿蜒如龙，因抱峰直顿而上，下作积冈，使望之蓬蓬然凝而上。次复一峰是石，东邻向者峭峰，西遵西向之丹崖，下据绝涧。画丹崖临涧上，当使赫巘隆崇，画险绝之势。……中段东面，丹砂绝崿及荫，当使嵯峨高骊，孤松植其上。对天师所壁以成涧，涧可甚相近，相近者，欲令双壁之内，凄怆澄清，神明之居，必有与立焉。可于次峰头作一紫石亭立，以象左阙之夹高骊绝崿，西通云台以表路。路左阙峰以岩为根，根下空绝，并诸石重势，岩相战以合临东涧。其西，石泉又见，乃因绝际作通冈，伏流潜降。小复东出，下涧为右濑，沧没于渊。所以一西一东而下者，欲使自然为图。云台西北可一图冈绕之。上为双碣石，象左右阙。石上作狐游生凤，当婆娑体仪，羽秀而详，轩尾翼以眺绝涧。后一段：赤坼，当使释弁如裂电。对云台西凤所临壁以成涧，涧下有清流，其侧壁外面作一白虎，葡石饮水，后为降势而绝。凡三段山，画之虽长，当使画甚促，不尔不称。鸟兽中，时有用之者，可定其仪而用之。下为涧，物景皆倒。作清气带山下。三分倨一以上，使耿然成二重。[1]

南北朝时期对山水画有重大贡献的画家有宗炳、王微、萧贲等。宗炳是南朝宋画家，著有《画山水序》，是我国最早的山水画论之一。该文提出"山水以形媚

---

[1]马采：《顾恺之〈画云台山记〉校释》，载《中山大学学报》，1979（3）：105~112页。

四川成都西门外万佛寺遗址出土（为研究中国早期山水画风貌提供了依据）
（引自《中国美术全集·魏晋南北朝雕塑》）

图 2-8　南朝经变故事浮雕山水景象

［东晋］顾恺之《女史箴卷图》（唐摹本，节选）
英国不列颠博物馆藏
（引自《中国美术全集·魏晋南北朝绘画》）

［东晋］顾恺之《洛神赋图》（宋摹本，节选）
故宫博物院藏
（引自《中国美术全集·魏晋南北朝绘画》）

图 2-9　顾恺之画作

道而仁者乐"的观点,清晰地建立和表述出山水(审美对象)—人(审美主体、仁者)—审美超越(道)三者的体认关系,是美学领域的一大进步。更进一步,宗炳阐发了"澄怀"的审美观照方式,即以空、虚、静的心灵状态,去观察山水形象,达及物我无间的审美境界,体悟万物之美和自然之道。这种"澄怀"的观照方式,最终发展为中国艺术家强调以虚静心灵为本体,以静观默照的体悟为认识过程,以物我合一的高峰体验为最高境界的艺术审美特征。同时,文中还提出了"诚由去之稍阔,则其见弥小,今张绡素以远映,则昆阆之形,可围于方寸之内,竖划三寸,当千仞之高;横墨数尺,体百里之迥"等绘画透视原理以及以大观小等全景山水画法。这些审美观照方式、绘画原则和方法,均被后世传承发展为中国山水画的重要特征。兹选录其文如下:

> 圣人含道映物,贤者澄怀味像。至于山水,质有而趣灵。……夫圣人以神法道而贤者通。山水以形媚道,而仁者乐。不亦几乎!……于是画象布色,构兹云岭,夫理绝于中古之上者,可意求于千载之下,旨微于言象之外者,可心取于书策之内,况乎身所盘桓,目所绸缪,以形写形,以色貌色也。且夫昆仑山之大,瞳子之小,迫目以寸,则其形莫睹,迥以数里,则可围于寸眸,诚由去之稍阔,则其见弥小,今张绡素以远映,则昆、阆之形,可围于方寸之内。竖划三寸,当千仞之高;横墨

数尺,体百里之迥。是以观画图者,徒患类之不巧,不以制小而累其似,此自然之势,如是则嵩华之秀,玄牝之灵,皆可得之于一图矣。夫以应目会心为理者,类之成巧,则目亦同应,心亦俱会。应会感神,神超理得,虽复虚求幽岩,何以加焉?……圣贤映于绝代,万趣融其神思,余复何为哉?畅神而已。神之所畅,孰有先焉。[①]

王微也是南朝宋画家,他著有《画论》,提出山水画不是仅如地图般记录山水的位置,而是发挥画家的主观能动性,描绘和表现山水之美感与神韵,表达自己的审美情结。如其文所言:

> 且古人之作画也,非以案城域,辨方州,标镇阜,划浸流。本乎形者融灵,而动者变心……岂独运诸指掌,亦以明神降之。此画之情也。

萧贲是萧梁皇室成员,从史书记载他"能书善画,于扇上图山水,咫尺之内,便觉万里为遥"[②]的绘画成就看,当时的山水画已经有了一定的发展和普及。

通过上述对山水文学和绘画成就的简单梳理可见,在魏晋南北朝,自然山水摆脱了以前艺术作品中只作为气氛营造和背景衬托的地位,而成为独立的审美对象。围绕山水审美情绪的产生,文学、绘画、园林等士人艺术彼此互相影响、同步发展。魏晋南北朝时期文学、绘画领域的美学成就,直接或间接地作用于园林,使其在保持园林传统功能特点的基础上,更突出强化了对人精神和情感的愉悦、净化和寄托

---

①[南朝宋]宗炳:《画山水序》,转引自[唐]张彦远:《历代名画记》,周晓薇,校点,59~60页,沈阳,辽宁教育出版社,2001。
②[唐]李延寿:《南史》卷四十四列传第三十四《齐武帝诸子传·昭胄子贲》,1106页,北京,中华书局,1975。

作用，突出了园林作为精神居住的本质特点。此期的许多山水诗人和画家都是造园名家，例如戴颙、谢灵运等，他们的山水诗、画等艺术成就和理念，必然同样贯注到山水园林的营造中去。文论和画论的繁荣，在提高诗文、绘画技巧和品位的同时，也促进了造园手法、景观构成和意境创造的日益成熟，使魏晋南北朝园林有了飞跃性的发展。魏晋山水园林的成就，待后文详述。

五、魏晋风水理论与山水审美

风水理论在魏晋的系统化，从另一侧面反映出此期山水文化的空前兴盛。

中国古代的风水，指考察地质、地文、水文、气候、风向、日照、植被等生态环境及自然景观的构成，然后择其吉而经营人居环境（包括墓葬），使之与自然生态环境及景观有机协调，臻于天人合一[①]。毋庸置疑，风水之术的主要工作之一，即观照和审辨自然山水环境。

风水的缘起可追溯到上古的传说时代，自商周到汉代的文献中均有相关记载，时称为堪舆、形法、地理、卜宅、阴阳之术等等。至晋代，郭璞传古本《葬经》，总其名曰"风水"，谓"气乘风则散，界水则止，古人聚之使不散，行之使有止，故谓之风水。风水之法，得水为上，藏风次之"。"风水"在晋代的定名，说明了风水理论的成熟化和系统化，郭璞强调对"气"的"聚"和"止"是风水之术的经营要旨，体现出魏晋时代高度发达的抽象思维；尤其值得重视的是其明确指出的风水之"法"，即经过总结概括的风水法则，如"来积止聚，冲阴和阳，土厚水深，郁草茂林"等，突出反映了魏晋"辩名析理"思维影响下的理论水平飞跃。

法则的总结必然源自对事实的深入体察。魏晋南北朝时期，兴盛的山水文化与风水理论的发展是相辅相成的。在历史上，风水地理学家与山水画家曾被同称为"山水之士"[②]。虽然风水家侧重于现实人生宅居环境的选择和经营，而山水画家推崇以形媚道的艺术塑造，然而两者皆以山水自然为观照对象，其审美追求与审辨方式，多有相同之处，均显现出天人合一的宇宙观、人生观的深刻影响，显现出儒家伦理观念、山水比德之乐的审美理想的深刻影响。略如《管氏地理指蒙》所述："指山之磅礴兮，则有山龙之号；指水之罗绕兮，则有水城之称；来历则曰祖曰宗，原其本始……皆以意逆意，以情度情。"

风水理论中的"喝形""喝名"，诸如以龙砂、虎砂、狮山、象山、龟山、蛇山等风水名词命名主要地景，都是认为"山

---

① 史箴：《风水典故考略》，载《风水理论研究》，11~12 页，天津：天津大学出版社，1992。
② 《管氏地理指蒙》曾云："寻龙之术者，称之曰山水之士"，而在宋代韩拙《山水纯全集》中，山水画家也被称为"山水之士"。转引自史箴：《风水画论与风水过从管窥——兼析山水画缘起》，载《风水理论研究》，204 页，天津，天津大学出版社，1992。

川之情性不一……位置各殊，因形立名，顾名思义，贵夫近理"，以利于"相江山而择吉，晓人有法"（［曹魏］管格：《管氏地理指蒙》）。这种引类譬喻的表述方式，具有很强的直感形象性和象征隐喻性，表现出丰富而生动的联想力和浓郁的审美情趣，很多深刻的哲理也寓意其中，反映了中国古代类比外推式的整体思维特质，事实上就是一种山水审美方式。而不容忽视的是，作为中国传统文化的特色之一，风水的这种"喝名"，还引人瞩目地一直传承在今天各地的山川名胜的地望中。

风水术对山水的审辨，主要是用于宅居（包括阳宅和阴宅）环境的择取上，宅历来被风水家视为人与自然的中介，所谓"夫宅者，乃是阴阳之枢纽，人伦之轨模"；居住环境务必从根本上顺应天道，本于自然生态系统，来构建宅的人工生态系统。在择吉而营居、安顿人生的实践中，风水以其理论与技艺观照山川自然并审慎选择，巧加人工裁成，从而达到自然美与人文美的高度谐调与合同。可见，就艺术境界而言，风水实践显然不乏造诣精湛的神妙之品。例如，魏晋南北朝传世的山水诗文和画论中，讴歌与自然谐和的宅居环境的题材内容不胜枚举，这体现出风水理念与山水审美不可分割的密切关系。陶渊明脍炙人口的《桃花源记》，就是反映这种理想宅居环境以及人生追求的典型；而其为现实生活中风水宅居意象的典型艺术再现，也是十分明显的。文曰："林尽水源，便得一山，山有小口，仿佛若有光，便舍船从口入，初极狭，方通人，复行数十步，

豁然开朗，土地平旷，屋舍俨然……"谢灵运在描述其著名山居始宁别业的择址经营时特别指出："非龟非筮，择良选奇。翦榛开迳，寻石觅崖。四山周回，双流透迤。面南岭，建经台。倚北阜，筑讲堂。傍危峰，立禅室。临浚流，列僧房。对百年之高木，纳万代之芬芳。"（［南朝宋］谢灵运：《山居赋》）从中亦可见典型的理想宅居风水意象。

风水地理的山水之术，具有景观地理学的美学内涵。风水的这一性质，不仅在其对山川自然选择的审辨方式与理论阐述中反映出来，也在其图画山川景观的风水地理图上表现出来，深深影响了魏晋日益勃兴的山水绘事。在画史上，一般认为南朝宋之王微《叙画》最先提出了山水画的审美移情价值，值得重视的是，他指出中国最古老的风水地理景观图《山海经图》具有与人文地图不同的审美价值。此图起源于夏禹铸制于九鼎上的古地图，据史家考证盖以山川地形为主要内容，还有草木鸟兽、神人鬼怪诸图像。《山海经图》所代表的写意风水地理景观图传统，与魏晋山水审美精神相互阐发，有力推动了山水画的勃兴。例如，前曾述及的一代田园山水诗大家陶渊明，就常由《山海经图》获得灵感，其《读山海经十三首》诗，有"流观山海图""俯仰终宇宙，不乐复何如"之感慨；梁朝画家张僧繇，也曾摹绘《山海经图》；又东晋画家戴勃力作《九州名山图》，仅以画名而言，可见其受《山海经图》影响之深。《山海经图》今已亡佚，仅存晋代风水大师郭璞作注的《山海经》

及《山海经图赞》，由其深受魏晋文学艺术家们的重视这一事实看来，在山水审美兴盛的魏晋南北朝时期，风水地景图和风水术中的深厚山水美学内涵被进一步认识和深入开掘，并推进了山水文学艺术的空前发展。

另外，在早期传世风水要籍如《黄帝宅经》《管氏地理指蒙》中，都将山水与人的血脉毛发相互喻指，略如：

> 宅以形势为身体，以泉水为血脉，以土地为皮肉，以草木为毛发，以舍屋为衣服，以门户为冠带；若得如斯，是事俨雅，乃为上吉。（［不明］佚名：《黄帝宅经》）

> 山者龙之骨肉，水者龙之气血，气血调宁而荣卫敷畅，骨肉强壮而精神发越。（［曹魏］管格：《管氏地理指蒙》）

这种将山水与人的形貌精神相比拟的思想，与孔子山水比德说具有相同的审美意味，在魏晋被承继和发展为人物品藻中人与自然的比拟之风，促使人们对自然山水投入了充分的关注，山水景物本身的美学价值得以深入开掘，进而对山水画法产生了深远影响。宋代郭熙著名画论《林泉高致》中就直接援用风水术中"血脉毛发"之表述来论山水画法：

> 山以水为血脉，以草木为毛发，以烟云为神彩，故山得水而活，得草木而华，得烟云而秀媚。

第三节　魏晋南北朝园林审美意趣

魏晋南北朝是中国古典园林发展史中的重要转折期。此间，园林类型有了极大丰富，于皇家园林之外，出现了士人园林、佛寺园林等新园林类型。同时，在创作手法方面，魏晋南北朝园林也大大突破先秦两汉窠臼。秦汉园林以皇家宫苑为主流，规模宏大，范山模水，常以昆仑或蓬莱神话为造园主题，园林中建筑宏壮，以生产和娱游功能为主。而魏晋南北朝的园林则向审美赏心转化。此期勃兴的士人园林，虽然大量依托于生产性的庄园环境，但已经逐渐明确了"以娱休沐，用托性灵"（［南朝梁］徐勉：《为书戒子崧》，转引自《梁书》卷二十五列传第十九《徐勉》）的造园思想，有了自觉的审美观照方式和日趋系统的理景艺术理论及创作手法，一些生产性的物质资料元素也超越了纯生产功能，被蒙上了审美娱心的色彩，成为娱游性园林活动的重要组成部分[1]。影响所及，皇家园林、寺院园林的创作意匠也具有相同的转变和发展，由大气磅礴转向细致精微，曲水流觞、空亭纳景、点景题名、品赏美石等中国古典园林的独特艺术手法，都于此期成型，园林作为精神居所和文化载体的本质特征日渐彰显。

---

[1]例如，士族视察庄园生产状况的"行田"活动，常常是结合士人观赏山水的聚会活动进行的。鱼池可以观生意、引发濠濮洞想的审美对象；竹林、果林也可以作为审美景观甚至比德对象，采药、采果等均被作为游山赏景的园林活动内容。

一、与天地万物上下同流：
天人交融的园林审美境界

魏晋审美意趣的确立，很大程度上取决于魏晋人崇尚万物自然本性的哲学追求，投影到美学概念，就是以体现万物自然状态的生机情意和清新雅洁为美；升华到园林意匠，就是在审美观照中获得深远和博纳的心灵超越，达到天人交融的理想境界。

1. 情——生机盎然

王弼提出"圣人有情"的观点，强调人的自然本性是含"情"的，是活泼的生机盎然的状态。同时，他还指出人与万物之"情"的沟通：

圣人达自然之性，畅万物之情，故因而不为，顺而不施。（［曹魏］王弼：《道德经注·第二十九章》）

在这样的哲学基础上，陆机提出"诗缘情而绮靡"，重视艺术作品中对人的情感和物的生机的表现，所谓"气之动物，物之感人，故摇荡性情，形诸舞咏"，使重"情"成为魏晋审美的重要取向。而在山水审美中，也十分注重其勃勃生机，例如东晋著名画家顾恺之评价会稽的山水之

美时，强调了其生机盎然的景象：

千岩竞秀，万壑争流。草木蒙笼其上，若云兴霞蔚。

在园林构筑中，则多通过生动的水景、草木配置以及兽禽放养来营造动态的园林景观，凸显生机活力。例如：

却阻长堤，前临清渠。……流水周于舍下。有观阁池沼。（［西晋］石崇：《思归引》）

悬溜泻于轩甍，激湍回于阶砌。（［南朝梁］刘孝标：《东阳金华山栖志》）

草无忘忧之意，花无长乐之心。鸟何事而逐酒，鱼何情而听琴。（［北周］庾信：《小园赋》）

2. 清——雅洁不俗

"清"是雅洁不俗之意，常用来赞美人的气质和艺术作品风格和意境之独特。魏晋时期，以反映万物自然本性为美，因此，必然导引发对纯净不俗的"清"的追求。

"清"用来赞美人的仪态和品格：

（嵇康）萧萧肃肃，爽朗清举。[1]
荀君（荀淑）清识难尚。[2]

"清"用来赞赏独特的才思和谈辩风格：

抚军问孙兴公："刘真长何如？"曰"清蔚简令。"……"谢仁祖何如？"曰："清易令达。"[3]

[1]［南朝宋］刘义庆：《世说新语·德行》。见［南朝宋］刘义庆，撰，［南朝梁］刘孝标，注，朱碧莲，详解：《世说新语详解》，402 页，上海，上海古籍出版社，2013。
[2]［南朝宋］刘义庆：《世说新语·德行》。见［南朝宋］刘义庆，撰，［南朝梁］刘孝标，注，朱碧莲，详解：《世说新语详解》，4 页，上海，上海古籍出版社，2013。
[3]［南朝宋］刘义庆：《世说新语·品藻》。见［南朝宋］刘义庆，撰，［南朝梁］刘孝标，注，朱碧莲，详解：《世说新语详解》，345 页，上海，上海古籍出版社，2013。

"清"用来赞誉文体和文风：

箴顿挫而清壮。（[晋]陆机：《文赋》）

嵇康诗托清远，良有鉴才。（[南朝梁]钟嵘：《诗品》）

"清"用来形容山水的自然之美：

何必丝与竹，山水有清音。（[晋]左思：《招隐诗》）

时风影响所及，在士人园林中，清雅的景致日渐成为标举士人超然脱俗之风姿意趣的重要手段。例如：

抱终古之泉源，美膏液之清长。谢丽塔於郊廓，殊世间之城傍。……（注）贫者既不以丽为美，所以即安茅茨而已。是以谢郊郭而殊城傍。然清虚寂漠，实是得道之所也。（[南朝宋]谢灵运：《山居赋》）

一寸二寸之鱼，三竿两竿之竹。云气荫于丛著，金精养于秋菊。……落叶半床，狂花满屋。（[北周]庾信：《小园赋》）

3. "远"——天人凑泊的兰亭情结

中国艺术中的"远"，是对自然距离的超越，指心灵之远、切近生命自由的境界之远。这种审美意识的形成，与玄学有密切关系。玄学在当时被称为"玄远"之学，《世说新语·文学》中载："荀粲谈尚玄远。""远"是"玄""道"的化身。

意为挣脱时空束缚，独标性灵，为追求自然的本性而实现心灵的自由超越，融入玄远的宇宙自然韵律中的人生意境。

在魏晋，"远"常用于赞赏自由放达的人格：

见山巨源，如登山临下，悠然深远。[1]

谢（安）之宽容，愈表于貌，望阶趋席，方作洛生咏，讽"浩浩洪流"。桓惮其旷远，乃趣解兵。[2]

林下诸贤，各有俊才子：藉子浑，器量弘旷；康子绍，清远雅正；涛子简，疏通高素；咸子瞻，虚夷有远志。[3]

这种审美意趣落实到艺术领域，形成了神游远观和俯仰悠游的观照方式。而在魏晋南北朝园林意匠中，则表现为在山水自然的赏会中，达及天人合一、心灵超越的审美境界。故此，魏晋后的山水审美和园林艺术区别于汉代注重以艺术的形式再现庞大完整宇宙的模式，转向注重表现蕴涵在审美客体和主体深层的韵律。例如，东晋湛方生《帆入南湖》有云：

彭蠡纪三江，庐岳主众阜。白沙净川路，青松蔚岩首。此水何时流，此山何时有？人运互推迁，兹器独长久。悠悠宇宙中，古今迭先后。

诗人描绘了众多妍丽的自然景观，但其感受最深的是由这些景物构成绵邈深邃的空间层次，情脉悠悠、无限而富于变化

---

[1] [南朝宋] 刘义庆：《世说新语·赏誉》。见 [南朝宋] 刘义庆，撰，[南朝梁] 刘孝标，注，朱碧莲，详解：《世说新语详解》，264 页，上海，上海古籍出版社，2013。

[2] [南朝宋] 刘义庆：《世说新语·雅量》。见 [南朝宋] 刘义庆，撰，[南朝梁] 刘孝标，注，朱碧莲，详解：《世说新语详解》，234 页，上海，上海古籍出版社，2013。

[3] [南朝宋] 刘义庆：《世说新语·赏誉》。见 [南朝宋] 刘义庆，撰，[南朝梁] 刘孝标，注，朱碧莲，详解：《世说新语详解》，276 页，上海，上海古籍出版社，2013。

的自然运迈，它们与审美者心绪思境的冥合，所有这一切浑融在一起，就是和谐而永恒的宇宙韵律。在魏晋人所追求的心与境契的超越境界中，天地万物并没有明显的人格化痕迹，然而它却无一不体现着人与园林和宇宙的无间，如陶渊明所言"采菊东篱下，悠然见南山"。后世的园林多采用通过点景题名直接点明园景的境心与意匠，如"与造物者游""志清处""意远台"等实例，均体现风景与人合而为一的境界。

值得重点提出的是，体现这一园林审美意匠的代表性例证，即为祖述"曾点之志"、由东晋兰亭集会所阐发，而被历代园林传扬不怠的"兰亭情结"。

《论语·先进》述及孔子询问他各位学生的志向，曾皙（名点）道出了这样的向往："莫（暮）春者，春服既成，冠者五六人，童子六七人，浴乎沂，风乎舞雩，咏而归。"这志趣，深为孔子赞许，竟"喟然叹曰：'吾与点也！'"

然而远为重要的是，这貌似平凡的志趣，实际却在不言之中，展示出原始宗教迷雾日见消散、理性精神日臻自觉和高扬的春秋时代，孔子及其弟子在人格理想和审美追求中的一个天人凑泊、生机流行的崇高境界。而这境界，被深入思考人生价值，并且孜孜努力于协调儒道仕隐的魏晋士人们所宗承和发扬。此期的许多山水诗，都浓重浸染了这讴歌同天地自然有机谐和的人生、洋溢着生命和精神的自由与愉悦

的曾点气象。例如，一代田园山水诗大宗师陶渊明所作《时运》诗写道：

> 春服既成，景物斯和；偶影独游，欣慨交心。迈迈时运，穆穆良朝；袭我春服，薄言东郊。山涤余霭，宇暖微霄；有风自南，翼彼新苗。……

而伴随魏晋士人优游山水的社会新风，在"曾点气象"的意趣熏陶下，出现了兰亭盛会这样一个对后世园林审美意匠和景观主题产生巨大影响的历史典型[1]。

东晋永和九年（公元353年），在会稽（今浙江绍兴）兰亭举行了一次著名的禊赏诗会。春禊日，王羲之和东晋名士孙绰、谢安等四十余人聚会兰亭，游弋林泉，修目山水，临流浮觞，行令畅饮，歌咏情怀，得诗作共有三十七首之多，结为《兰亭集》。书圣王羲之以神来之笔为之精心书写了著名的《兰亭集序》。他还以平实清新的语言抒发了与会者的感悟，也就是身心浑融在和谐而生机充盈的宇宙胜境中，"其胸次悠然，直与天地万物上下同流"的人生愉悦：

> 永和九年，岁在癸丑，暮春之初，会于会稽山阴之兰亭，修禊事也。群贤毕至，少长咸集。此地有崇山峻岭，茂林修竹；又有清流急湍，映带左右。引以为流觞曲水，列坐其次，虽无丝竹管弦之乐盛，一觞一咏，亦足以畅叙幽情。是日也，天朗气清，惠风和畅，仰观宇宙之大，俯察品类之盛，所以游目骋怀，足以极视听之娱，信可乐也。

作为魏晋的时代典型，极尽风流的兰亭雅集，为后世留下了隽永的诗文，留下

---

[1]［晋］王玄之《兰亭诗》曰："四眺华林茂。俯仰晴川涣。……古人咏舞雩。今也同斯欢。"

了堪称书法艺术极品的《兰亭帖》，留下了会心山水、人物品藻和良辰美景交相辉映的天人合一的崇高审美境界，留下了探索人生价值、人格和审美理想的万端思绪，留下了"郁郁乎文哉"的高品味的禊赏曲水流觞。（图2-10）禊赏的审美意义被空前开掘，"曲水流觞"的禊赏文会形式衍化为后世园林景观营构中不可或缺的一大主题①。例如，晋闾丘冲《三月三日应诏》诗记录了西晋洛阳华林园中的禊赏场景：

　　暮春之月，春服既成……后皇宣游，既宴且宁……蔼蔼华林，严严景阳……浩浩白水，泛泛龙舟，皇在灵沼，百辟同游，击棹清歌，鼓枻行酬。

齐谢朓《为人作三日侍华光殿曲水宴诗》描述建康华林园中以架于水面上的长廊串接殿、馆等禊赏建筑的丰富多样：

　　间馆岩敞，长廊水架。金觞摇荡，玉爼推移。筵浮水豹，席扰云螭。

西晋王济《平吴后三月三日华林园诗》则详尽表述了园林禊赏所富含之深意：

　　思乐华林，薄采其兰。皇居伟则，芳园巨观。仁以山悦，水为智欢。清池流爵，秘乐通玄。物以时序，情以化宣。

4.　"虚静"——亭的空间本质

早在周厉王时代的《大克鼎铭》，就为后人留下了"虚静"的记载：

　　穆穆朕皇，祖师华父，冲让厥心，虚静于猷，淑哲厥德。②

宗白华先生提出，空灵与充实构成艺术精神的两元③。空灵即是忘我，是静观，是虚静。审美观照中的"虚静"，是指审美中的主体一方，抛开一切私欲杂念，以纯净的心灵观照万物，则万物自得于心。因此虚静实际是一种认识方式，中国艺术家强调以虚静心灵为本体，以静参默照的体悟为认识过程，以物我合一的高峰体验为最高境界。

以往对虚静的认识往往停留在道、释

图2-10　[明]《兰亭修禊图》（引自《中国美术全集·石刻线画》）

---

①详见本文第三章皇家园林所述。
②转引自萧兵、叶舒宪：《老子的文化解读》，982页，武汉，湖北人民出版社，1994。
③宗白华：《论文艺的空灵与充实》，载《美学散步》，39页，上海人民出版社，2005。

两家[1]，然而孔子早就有不少关于虚、静、空的论述。《论语》中一再提及的"吾日三省吾身""默而识之"，实际就是虚静体悟认识方式的前身。孔子曾在《论语·雍也》中提出著名的"仁者静"，孔安国对此解释为"无欲故静"，实际正是舍弃功利思想的纯粹审美心态；《述而》谈到"虚而为盈"；《先进》说"回也其庶乎，屡空"，这"虚空"既有空匮又有虚中之义，言唯回怀道深远，不虚心不能知道。《庄子》曾借孔子、颜回之口阐述"心斋""坐忘"，恰恰因为孔、颜所具有的虚静、物我相融的内心修炼、孔颜乐处等等，与庄子的观点深相契合[2]。

在荀子哲学中，更强调通过具有理性思维能力的心灵，以静观的方法来体认道，类似现代哲学认识论中的知性或悟性认识。荀子称之为"虚壹而静"[3]，与老庄道家的虚静实有相通之处。

虚静既然涉及主客双方，那么体悟也就必然离不开外物，在这一心智活动过程中，景的作用是触动、启发心智，即所谓"触景生情"。然而若只是像明镜一般客观地反映外物，而主体的情不能投射到外物，则根本谈不上审美。庄子泯灭物我差别，又有所谓"游于方内"与"游于方外"的对立，这些矛盾在儒家那里都已不复存在。因为儒家认为"万物皆备于我""天地之用，皆我之用"，他已"浑然与物同体"，他与天地同其广大，无所谓内外。因此，儒学对外物的审美观照，具有区别于道家、庄子的得天独厚的优势。

伴随玄学对儒道二家理论的进一步融会和阐发，加之佛学义理的润泽，"虚静"的审美观照方式在魏晋南北朝时期日趋重要，并被运用到山水审美中，则如南朝宋著名画家宗炳所论："山水以形媚道"，要体悟山水所媚之道，则需"澄怀味像"，亦即保持虚静的心灵去体味山水形态所表达的自然美观和真谛。而士人的园居生活和园景设置中，对于"虚"的充分关注更是俯拾皆是：

闲居三十载，遂与尘事冥。诗书敦宿好，园林无世情。……叩枻新秋月，临流别友生。凉风起将夕，夜景湛虚明。（〔晋〕陶潜：《辛丑岁七月赴假还江陵夜行涂口》）

荆门昼掩，蓬户夜开。室迷夏草，径惑春苔。庭虚映月，琴响风哀。夕鸟依檐，暮兽争来。（〔南朝梁〕陶隐：《寻山志》）

---

[1]《道德经·第十六章》载："致虚极，守静笃。万物并作，吾以观其复。"《庄子·人间世》载："唯道集虚，虚者心斋也。"《般若无知论》有言："圣心虚静""般若可虚而照""圣人虚其心而实其照"。
[2]《庄子·人间世》载："回曰：'敢问心斋'。仲尼曰：'若一志，无听之以耳，而听之以心。无听之以心，而听之以气。听止于耳，心止于符。气也者，虚而待物者也，唯道集虚，虚者，心斋也。'……虚室生白，吉祥止止。"见朱公振评注、校阅，《庄子诗本 标点评注》，48页，上海，文瑞楼书局，1926。
[3]《荀子·解蔽》载：人何以知道？曰：心。心何以知？曰：虚壹而静，心未尝不臧也，然而有所谓虚；心未尝不满也，然而有所谓一；心未尝不动也，然而有所谓静；……须道之虚则人将，事道之壹则尽，尽将思道者，静则察。知道察知道行，体道者也。虚壹而静，谓之大清明，万物莫形而不见，莫见而不论，莫论而失位。坐于室而见四海，处于今而论久远，疏观万物而知其情，参稽治乱而通其度，经纬天地而材官万物，制割大理而宇宙理矣。见《评注标点荀子读本》，陈和洋评注，秦同专辑校，上海，世界书局，116~117页，1926。

兹夕竟何夕，念别开曾轩。光风转兰蕙，流月汎虚园。（［南齐］王俭：《后园饯从兄豫章诗》）

宴君昼室，靖眺铜池。……高宇既清，虚堂复静。义府载陈，玄言斯逞。（［南朝梁］萧统：《示徐州弟诗》）

绝俗俗无侣，修心心自斋。连崖夕气合，虚宇宿云霾。卧藤新接户，欹石久成阶。树声非有意，禽戏似忘怀。故人市朝狎，心期林壑乖。唯怜对芳杜，可以为吾侪。（［隋］江总：《静卧栖霞寺房望徐祭酒诗》）

"虚静"的认识方式靠空灵的心灵映照万物，这种审美观照方式在园林建筑中，物化为亭、榭之类的原型形式，成为士人心灵的替代物。

在所有的园林建筑中，亭最具"虚"的性格特征。钟惺《梅花墅记》说："高者为台，深者为室，虚者为亭，曲者为廊。"亭之虚，一方面表现在其结构的通透空灵和内部的空无一物，另一方面则在其与人精神的虚静相表里。亭的空间本质，实际具有《庄子·人间世》中孔子所说"虚者，心斋也"的价值和意义，"旷达于天人之际和廊庙山林，高洁于人格理想与审美，都可在这心斋得到寄托。"[1]如唐代张友正《歙州披云亭记》就概括其为：

亭形虚无，而宾从莫之窥也。……有足廓虚怀而摅旷抱矣。

值得注意的是，亭"虚"的本质，是在魏晋园林中被挖掘和发展的。（图2-11，2-12）

亭在汉代本是驿站建筑，相当于基层行政机构。到魏晋时，随着游弋山水之风日炽，建于郊野山水间的驿亭，往往成为驻足停留和送友话别的地点，因而逐渐演变为一种风景建筑。文人名流在城市近郊的风景胜地游览聚会、诗酒相酬，亭的建置提供了遮风避雨、稍事休息的地方，也成为点缀风景的手段。魏文帝曹丕就作诗描述了亭的景观和心理价值：

遥遥山上亭，皎皎云间星。远望使心怀，游子恋所生。（［曹魏］曹丕：《于明津作诗》）

相关诗文载述还有：

虚亭无留宾，东川缅逶迤。（［东晋］殷仲文：《送东阳太守诗》）

高馆百余仞，迢递虚中亭，文幌曜琼扇，碧疏映绮棂。（［晋］袁宏：《拟古诗》）

发青田之枉渚，逗白岸之空亭。（［南朝宋］谢灵运：《归涂赋》）

浦喧征棹发，亭空送客还。（［北周］庾信：《应令》）

而较早点明了亭"虚"纳胜概、与心同游的空间本质的，是东晋名僧慧远。他在庐山东林寺为其万佛造像所作《万佛影铭》指出：

廓矣大象，理玄无名。体神入化，落影离形。回晖层岩，凝映虚亭。在阳不昧，处暗欲明。

而北魏郦道元记载济南大明湖上客亭（今历下亭）时，则更清晰地表达了亭

---

①王其亨，官嵬：《宁寿宫花园的点睛之笔：禊赏亭索隐》，载《中国紫禁城学会论文集》第一辑，1996。

物我交融的审美价值：

> 济水又东北，泺水入焉。……其水北为大明湖，西即大明寺，寺东北两面侧湖，此水便成净池也。池上有客亭，左右楸桐负日，俯仰对鱼鸟，极水木明瑟，可谓濠梁之性，物我无违矣。（［北魏］郦道元：《水经注·济水》）

上引诸诗文显示，当时郊野风景点中，亭的建置，已注意与周围景观的映照关系，并且，士人们日渐体悟出亭虚、空的空间本质。士人向其精神家园的"归根复命"是其唯一的出路，这在山水诗、文人画和园林中得到了很好的体现。亭，不仅是吐纳云气的点缀需要，又是心灵慰藉的归宿点，在人长途跋涉之精神还乡路上，它更是四面通畅、遮风避雨的中转站。亭简洁空灵的建筑形象与魏晋崇尚洗练的审美意趣相契合，被认为是能充分实现人与自然互融的理想建筑，并自此被引入园林，逐渐发展成至关重要的点景建筑，北魏华林园、南朝陈乐游苑等著名园林中均出现了亭式建筑。《洛阳伽蓝记·城内》载：

> 华林园中有大海，即魏天渊池……世宗在海内作蓬莱山……山北有玄武池，山南有清暑殿，殿东有临涧亭。

图 2-11　［清］黄媛介《虚亭落翠图》上海博物馆藏（引自《中国美术全集·清代绘画》）

梁武帝之弟，湘东王萧绎在他的封地首邑江陵的子城中建湘东苑。《太平御览》卷一九六引《渚宫故事》载该苑：

东有襟饮堂，堂后有隐士亭……北有映月亭。……前有高山……山上有阳云楼……北有临风亭。

《景定建康志》载：

陈太建七年秋闰九月，甘露三降乐游苑，诏于苑内覆舟山立甘露亭。

可见，亭在魏晋南北朝园林中被日渐普遍地兴建，其虚、空、融会人与自然的审美价值已逐渐被揭橥和肯定。隋唐以后，亭更成为园林中必不可少的构成要素，几乎没有无亭的园林。在古代，园林更多地被称为"园亭""池亭""林亭""亭馆"等，很多园林直接以"亭"命名，如苏州沧浪亭。

亭、虚静在中国园林中的作用如此重要，难怪宗白华先生说：

中国人爱在山水中设置空亭一所。戴醇士说："群山郁苍，群木荟蔚，空亭翼然，吐纳云气。"一座空亭竟成为山川灵气动荡吐纳的交点和山川精神聚积的处所。……张宣题倪画《溪亭山色图》诗云："石滑岩前雨，泉香树杪风，江山无限景，都聚一亭中。"苏东坡《涵虚亭》诗云：

图2-12　[元]倪瓒《容膝斋图轴》(引自《山水》)

"唯有此亭无一物，坐观万景得天全。"唯道集虚，中国建筑也表现着中国人的宇宙意识。[1]

二、言有尽而意无穷——园林的写意取向

由本书第一章的论述可知，魏晋人通过"言意之辩"，认识到"言不尽意"给读者留下的广阔的再创造空间。于是反其道而行之，转向"言外"去构筑无限美妙的艺术世界，有意识地使艺术语言含蓄有致，力求在有限的言辞中蕴含丰富的信息量，从而达到"意"的无穷。由此，促进了魏晋时期包括园林在内的艺术领域中"写意"风格的滥觞，这一风格后来发展为中国艺术的重要特征。

魏晋园林中的写意，概括来说分为两类：

其一，写整体之意。这是中国古人特有的乐感时空观的产物，亦即将对山水和建筑空间形象的整体节律的把握，反映到园林构筑中在有限的基地中，采取"以大观小""小中见大"的理念，营构全景式的、丰富多样的园林山水建筑景观，注重相互位置的经营，形成纡余委曲而又变化多端的、具有流动性的园林整体空间形象。

其二，写个性之意。集中表现为，在认识和概括山水个性特征的基础上，以相对抽象、局部或微缩化的手法，营造个性

化的园林景观，渲染独特的园林氛围。园林中常见的点景题名、赏石之趣，以及"庭起半丘半壑，听以目达心想"[2]等手法，皆属此类。

1. 写整体之意

（1）仰观俯察的审美观照方式

一个民族对天地自然美和艺术美的审美观照，受该民族的时空观支配。

中国古人的时间和空间概念是相伴而生的，并且与建筑有密切的关系。在古代，空间以"宇"、时间以"宙"来指称，如法家《尸子》所言："天地四方曰宇，古往今来曰宙。"而"宇"是屋宇，"宙"是由"宇"中出入往来。中国古代农人从屋宇得到空间观念，从"日出而作，日落而息"中得到时间观念；空间、时间合成往复循环的生活，空间与时间不可分割。同时，中国古人对时空节律的感觉，又演变为了中国的音律、音乐。正如《周髀》所述："冬至夏至，观律之数，听钟之音，知寒暑之极，明代序之化。"可见，中国人的空间感觉，总是伴随着时间感知，是往复循环地流动着的，是充满节奏和乐感的。

抱有这种时空观的民族，必然以"仰观俯察"和"远望近察"的流观方式来观照和把握世界。《易·系辞传》早就提出：

---

[1] 宗白华：《中国艺术意境之诞生》，载《美学散步》，85 页，上海，上海人民出版社，2001。
[2] ［北魏］姜质：《庭山赋》。写北魏司农卿张伦宅园假山。

古者包牺氏之王天下也，仰则观象于天，俯则观法于地。观鸟兽之文与地之宜，近取诸身，远取诸物。于是始作八卦以通神明之德，以类万物之情。

这样的流观方式，决定了中国古人对万物整体性的极度重视，自然而然地支配着包括山水、建筑、园林审美在内的民族审美活动的开展。例如，在楚国的伍举同楚灵王有关建筑审美取向的讨论中，就十分典型地反映出来。《国语·楚语上》记载这事说："灵王为章华之台，与武举升焉，曰：'台美夫！'对曰：'臣……不闻其以土木之崇高、雕镂为美……不闻其以观大、视侈、淫色以为明……夫美也者，上下、内外、小大、远近皆无害焉，故曰美。'"伍举就建筑而对美所下的定义，不仅是中国古代文献记载中最早的关于美的明确定义；实际上还清晰反映出古人对建筑空间艺术中诸如"上下，内外，小大、远近"等构成要素在审美观照中的整体和谐，都已给予了深切重视。之后的西汉王褒《甘泉赋》："却而望之，郁乎似积云；就而察之，霅乎若泰山。"东汉班固《西都赋》："仰悟东井之精，俯协河图之灵。"以上论述更显露出在中国古代的特定审美活动中，主体观照客观对象，其身体是盘桓移动的，其目光是上下流动的，其视线是远近推移的；中国古人对审美对象的把握方式是运动的，概念是全方位的。

魏晋南北朝，伴随着士人的山水审美热潮，大量山水艺术品涌现。士人对山水空间的审美，仍是采用游观方式，东晋王羲之《兰亭》诗云："仰视碧天际，俯瞰渌水滨。"南朝宋宗炳的《画山水序》："身所盘桓，目所绸缪。"通过仰观俯察整幅宇宙生命图景，他们从万象纷呈中感受到天地万物和谐运作、生生不息的整体美感。如王羲之《兰亭集序》中抒发的感慨：

仰观宇宙之大，俯察品类之盛，所以游目骋怀，足以极视听之娱，信可乐也！

又有谢灵运诗所言：

仰视乔木杪，俯聆大壑淙。[①]

这种远观近察的建筑审美观照方式，对其他艺术领域也形成了深刻影响。例如论及书法，崔瑗的《草书势》写道："是故远而望之，漼焉若注岸崩涯；就而察之，即一画不可移。"蔡邕的《篆势》也有"远而望之""迫而视之"的描述；他的《隶势》，更径直以建筑组群外部空间远势近形多样变化的审美意象来作比喻："或穹隆恢廓，或栉比针列；或砥平绳直，或蜿蜒缪戾；或长邪角趣，或规旋钜折；修短相副，异体同势。奋笔轻举，离而不绝。纤波浓点，错落其间。若钟虡设帐，庭燎飞烟；崭岩崔嵯，高下属连。似崇台重宇，增云冠山。远而望之，若飞龙在天；迫而察之，心乱目眩，奇姿谲诞，不可胜原。"音乐领域也深受影响，如魏晋嵇康《琴赋》，先描写了制琴之桐木所栖生的优美的自然环境，强调其集天地日月精华的非凡质素："惟椅梧之所生兮，托峻岳之崇冈。披重壤以诞载兮，参辰极而高骧。含

---

① [南朝宋] 谢灵运：《于南山往北经湖中瞻眺》。

天地之醇和兮，吸日月之休光。"这是将琴乐与审美联系的第一步；而后描述伐采桐木时游弋山水的审美情思："周旋永望，邈若凌飞，邪睨昆仑，俯阚海湄。指苍梧之迢递，临回江之威夷，悟时俗之多累，仰箕山之余辉，羡斯岳之弘敞，心慷慨以忘归。"此处大量的山水美景描写，已明确表现出远观近察的审美观照和体验；进而转入音乐美表述，以山水空间审美语言描述音乐感受："尔乃理正声，奏妙曲，扬《白雪》，发清角。纷淋浪以流离，奂淫衍而优渥，粲奕奕而高逝，驰岌岌以相属，沛腾遌而竞趣，翕韡韠而繁缛。状若崇山，又象流波，浩兮汤汤，郁兮峨峨。""轻行浮弹，明婳睟慧，疾而不速，留而不滞，翩绵飘邈，微音迅逝。远而听之，若鸾凤和鸣戏云中；迫而察之，若众葩敷荣曜春风。既丰瞻以多姿，又善始而令终。嗟姣妙以弘丽，何变态之无穷！"充分阐释了在远观近察的统一审美观照方式作用下，音乐与山水空间美感的互通性。此外，嵇康《琴赋》对音乐与空间感知的联系表述，突出体现了中国建筑和园林空间的流动性特征，容后文详述。

可见，远观近察、仰观俯察的审美观照方式，渗透到中国艺术的各个领域，就山水艺术而言，直接铸成了其两大特征：其一，以全景山水来表现宇宙整体和谐；其二，以线性空间串接来反映时间推移和万物流化。

（2）全景山水格局

魏晋画家"不愿在画面上表现透视看法，而是采取'以大观小'的看法，从全面节奏来决定各部分，组织各部分"[1]。南朝宋时画家王微已经认识到：

> 目有所极，故所见不周。于是乎以一管之笔，拟太虚之体，以判躯之状，画寸眸之明。（［南朝宋］王微：《叙画》）

以二维平面来表现立体空间，的确需要掌握一定的技巧，并需要充分运用艺术的想象力。同时代的另一位画家宗炳对此有更形象的描述：

> 且夫昆仑山之大，瞳子之小，迫目以寸，则其形莫睹。迥以数里，则可围于寸眸，诚由去之稍阔，则其见弥小，今张绡素以远映，则昆、阆之形，可围于方寸之内。竖划三寸，当千仞之高；横墨数尺，体百里之迥。是以观图画者，徒患类之不巧，不以制小而累其似，此自然之势。

而萧齐画论家谢赫提出的"画有六法"中，有"经营位置"一条，即指全景山水中景物的相互关系摆布。

山水画这种对全景山水的构图和表现技法，对魏晋士人园林的构筑产生了重大影响。

魏晋南北朝时期园林发展的显著特征之一，是园林规模逐渐趋向小型化和形成了纡余委曲的空间造型。出于经济的原因，魏晋时期的园林在规模上与汉代不可同日而语。尽管不少士族庄园别墅规模依

---

[1] 宗白华：《中国诗画中所表现的空间意识》，载《美学散步》，97 页，上海，上海人民出版社，2001。

然很大，但普遍看来，已难再现汉代皇家园林那种超常的规模和恢宏的气度。尤其在南方，出现了一批小规模的私家园林。园林规模逐渐变小，又要在这种狭窄局促的基地上，营构丰富多样的山水和建筑；山水诗、画中仰观俯察的空间意识，为士人园林的空间处理提供了可资借鉴的途径。因此，在儒学有关"卷石勺水""情迹畅而及乎远，察一而关于多"的审美观照方式影响之下，园林造景中采用了"不以制小而累其似""以大观小""小中见大"的手法，不再以各种景观的巨大体量和数量来填充园林空间，而是在深入把握各种景观形态的规律性和审美价值的基础上，把峰峦、崖壑、泉涧、湖池、建筑、植被等的丰富形态与其在空间上的远近、高下、阔狭、幽显、开阖、巨细等无穷的奥妙组合穿插在一起，形成纡余委曲而又变化多端的空间造型，具备了自然山水的空间神韵。如北魏张伦的庭园景观：

> 尔乃决石通泉，拔岭岩前。斜与危云等并，旁与曲栋相连。下天津之高雾，纳沧海之远烟。纤列之状如一古，崩剥之势似千年。若乃绝岭悬坡，蹭蹬蹉跎。泉水纤徐如浪峭，山石高下复危多。五寻百拔，十步千过，则知巫山弗及，未审蓬莱如何。（〔北魏〕姜质：《庭山赋》）

另外，魏晋园林建筑营构中大量出现的借景、对景、框景手法，也明显得益于对山水自然的整体性关注。如史料载述：

> 敞南户以对远岭，辟东窗以瞩近田。（〔南朝宋〕谢灵运：《山居赋》）

> 抗北顶以葺馆，瞰南峰以启轩。罗曾崖于户里，列镜澜于窗前。（〔南朝宋〕谢灵运：《山居赋》）

> 窗中列远岫，庭际俯乔林。（〔南齐〕谢朓：《郡内高斋闲望答吕法曹》）

> 辟牖栖清旷，开帘候风景。（〔南齐〕谢朓：《新治北窗和何从事》）

（3）时间引领下的乐感空间

由前文论述可知，正如宗白华先生敏锐洞察的那样，中国人的空间感觉，总是伴随着时间感知，是节奏化和音乐化的、是流动的[①]。因此，中国的山水艺术，往往采用一种线性串接的方式，将不同的空间形态和个性特征的景观联为一体，这实际是时间性在艺术作品上的表征，恰似一部抑扬顿挫的乐曲。

值得注意的是，魏晋时期，当士人们纷纷投向山水自然审美时，他们对山水空间的领悟，就是充满各种节律的乐感空间，而山水审美的最高境界，就是达及和谐之美。魏晋著名士人嵇康，在其《琴赋》中，以大量的山水空间审美语言描述音乐感受，充分阐释了音乐与山水空间美感的互通性：

> 改韵易调，奇弄乃发。……或徘徊顾慕，拥郁抑按，盘桓毓养，从容秘玩。……或曲而不屈，直而不倨。或相凌而不乱，或相隔而不殊。……或参谭繁促，复叠攒仄，从横骆驿，奔遁相逼，拊嗟累赞，间

---

①宗白华：《中国诗画中所表现的空间意识》，载《美学散步》，95～118页，上海，上海人民出版社，2001。

不容息。……譬若离鹍鸣清池，翼若浮鸿翔层崖。……轻行浮弹，明婳睇慧，疾而不速，留而不滞，翩绵飘邈，微音迅逝。远而听之，若鸾凤和鸣戏云中；迫而察之，若众葩敷荣曜春风。既丰瞻以多姿，又善始而令终。嗟姣妙以弘丽，何变态之无穷！

在山水画中，华夏画家采取与西洋静止空间迥异的艺术手段，一方面运用长卷铺列，通过运动事物在空间依次（顺序性）连续（延续性）展开的形式，来表现历史事件中人事关系的推移、时节的变化等等，另一方面注重布局章法，即讲究阴阳开合、虚实相间、动静结合、缓急相参、主客顾盼、远近呼应等，从而使整个画面表现出盘桓往复的运动态势，犹如一首节奏鲜明、旋律优美的乐章。如明代大画家沈颢所言"层峦叠嶂，如歌行长篇"。而南朝宋宗炳对着墙上所挂山水画，陶醉于其音乐美，发出如下惊世骇俗之言："抚琴动操，欲令众山皆响。"

值得注意的是，在上述山水审美时空观和山水画法的指导下，可居、可游的魏晋园林，成为了展示"时间引领下的乐感空间"的最直观的山水艺术形态。

丛台造日，淄馆连云。锦墙列绩，绣地成文。……梅梁蕙阁，桂栋兰枌。竹深盖雨，石暗迎曛。激流疑疏，构峰似削。苔滑危磴，藤攀耸萼。树影摇窗，池光动幕。（［陈］江总：《永阳王斋后山亭铭》）

及至所居之处……缘路初入，行于竹迳，半路阔，以竹渠涧。既入东南傍山渠，展转幽奇，异处同美。路北东西路，因山为鄣。正北狭处，践湖为池。南山相对，皆有崖岸。东北枕壑，下则清川如镜，倾柯盘石，被隩映渚。西岩带林，去潭可二十丈许，茸基构宇，在岩林之中，水卫石阶，开窗对山，仰眺曾峰，俯镜浚壑。去岩半岭，复有一楼，回望周眺，既得远趣，还顾西馆，望对窗户。缘崖下者，密竹蒙迳，从北直南，悉是竹园。东西百丈，南北百五十五丈。北倚近峰，南眺远岭，四山周回，溪涧交过，水石林竹之美，岩岫隈曲之好，备尽之矣。（［南朝宋］谢灵运：《山居赋》）

这种由时空观所决定的中国建筑空间营造模式，经历代传承，最终成为中国建筑艺术的代表性特征。李允鉌先生在《华夏意匠》中，精要概括了中国建筑艺术充满乐感的时间性特征：

中国建筑艺术是一种"四向"以至"五向"的形象，时间和运动都是决定的因素，静止的"三向"体形并不是建筑计划所要求的最终目的。……在西方的艺术观念中，建筑、绘画和雕塑是同一性质的艺术，他们称为"美术"，或者说造型艺术（fine art）。在传统的意念中，它们都着重于静止的物形的美的创造，设计一座建筑物和设计一件工艺品在视觉效果的要求上基本相同。但中国对建筑艺术的要求却更多地与文学、戏剧和音乐相同。建筑所带来的美的感受不只限于一瞥间的印象，人在建筑中运动，在视觉上就会产生一连串不同的印象。正如文学作品一样一章一节地展开，也正如音乐一样，一个乐章接一个乐章地相继而来。

中国建筑群的布局精神和主要的设计意念不在平面的形式上，而是"组织程序"……设计的注意力大部分是落实在不同空间之中的景色的变化和转换上，使人从一个层次进入另一个层次，是由视觉的效果而引起一连串的感受，并且产生情感上的变化。设计创作的意图就是控制人在建筑群中运动时所感受到的"戏剧性"（音乐性）效果。

2. 写个性之意

（1）以局部写意整体

魏晋人对山水的认识，还注意概括其个性特征。清代叶燮在《原诗》中说：山水不仅有"种种状貌"，还有"性情气象"，就是指山水个性特征。沈德潜《说诗晬语》中评价东晋谢灵运的诗说："游山诗，永嘉山水主灵秀，谢康乐称之。"可见，谢灵运已充分运用形象思维，提炼出永嘉山水"秀"的个性特征。如其《登江中孤屿》所咏：

乱流趋正绝，孤屿媚中川。云日相辉映，空水共澄鲜。

这种对山水个性特征的高度概括能力，促进了魏晋园林中"写个性之意"创作手法的发展。园中的景观营造，如果迫于面积大小和财力的限制，而无法完备塑造全景，就可以取其局部，通过对景物个性特征的准确把握，令人产生相同的完整的美感联想。例如，南朝宋的刘勔在建康钟山之南"经始钟山之南，以为栖息。聚石蓄水，仿佛丘中，朝士雅素者往游之"。这便是通过"聚石蓄水"营造局部性的景观，来达到"仿佛丘中"的效果。北魏姜质在阐释张伦宅园的造园思想时也提及"庭起半丘半壑，听以目达心想"的写意化理念。

梁代沈约在《休沐寄怀》中描述其宅园景观道：

虽云万重岭，所玩终一丘。阶墀幸自足，安事远遨游。

这说明了沈约采用割"一丘"于"阶墀"前的写意化手法，以引起观赏者"万重岭"的联想。另外，北周庾信在其小园中，也运用了类似手法：

一寸二寸之鱼，三竿两竿之竹。云气荫于丛著，金精养于秋菊。

由此可见，以局部写意整体在南北朝时很可能已经是较受推崇的园林艺术创作手法。

南朝赏石爱好的出现，也出自对山水个性化特征的深入认识。《南史》记曰：

溉第居近淮水，齐前山池，有奇礓石，长一丈六尺。帝戏与赌之，并《礼记》一部，溉并输焉。诏即迎至华林园宴殿前，移石之日，都下倾城纵观。

对独立石头的赏好，无疑令园林个性化写意手法发展有了更加深入的可能，后世园林中叠石的"特置"之说，即指其法。（图 2-13,2-14）

（2）点景题名——以抽象写意

园林中最具文化内涵的写意手法，莫过于点景题名，撷取相关经史艺文的原型，以解释学的方式援典题名，来凸显作品主题和深化审美意境，这一迥异于世界其他建筑文化的独特创作意匠，在魏晋园林中已经较为频繁地出现。

例如，南朝宋的刘勔，造园名为"东山"，以此是取义东晋名士谢安的"高卧东山"，标显自己超然出世的隐逸情怀。

南齐萧晔，因借伯夷、叔齐"饿于首

图 2-13　［北魏］影塑山水　麦积山第 133 窟
（引自《中国美术全集·麦积山石窟雕塑》）

图 2-14　［北齐］《竹林七贤图》山东临朐崔芬墓壁画（人物后绘有太湖石假山形象。说明此期赏石之风已兴起）
（引自《山东临朐北齐崔芬壁画墓》载《文物》2002（4））

阳之下"的典故"名后堂山为'首阳'",以表达自己"盖怨贫薄"之意。萧晔是齐武帝萧赜的弟弟,因为曾有术士告诉武帝说萧晔有帝王之相,而被武帝排挤压制。所以,当武帝问其宅园后山之名时,晔答曰:"臣山卑,不曾栖灵昭景,唯有薇蕨,直号首阳山",显露自己的不满。同时在座的还有临川王萧映,武帝问之曰:"王邸亦有嘉名不?"映曰:"臣好栖静,因以为称。"可见,在萧齐时期,园林景观或宅宇的命名,已经是一件备受关注的事。而园主也充分结合自身的意象,援引典故命名,力求凸显景观的审美主题和深刻内涵。

另有南梁刘慧斐,将自己的园林命名"离垢园",这也是颇具深意的。《南史》在其生平为:

> 慧斐少博学,能属文,起家梁安成王法曹行参军。尝还都,途经寻阳,游于匡山,遇处士张孝秀,相得甚欢,遂有终焉之志。因不仕,居东林寺。又于山北构园一所,号曰离垢园,时人仍谓为离垢先生。
>
> 慧斐尤明释典,工篆隶,在山手写佛经二千余卷,常所诵者百余卷。昼夜行道,孜孜不怠,远近钦慕之。

由上述史料可知,刘慧斐是个虔诚的佛教徒,无怪其园名为"离垢",实是取自《维摩经》"远尘离垢"一语,表达自己退隐山林、潜心研习佛典的愿望。

《魏书·景穆十二王列传·任城王》中,记载了北魏孝文帝元宏援典斟酌景名来表达园林建筑创作与审美意匠的事例:

> (高祖)引见王公侍臣于清徽堂。高祖曰:"此堂成来,未与王公行宴乐之礼。

后东阁庑堂粗复始就,故今与诸贤欲无高而不升,无小而不入。"因之流化渠,高祖曰:"此曲水者亦有其义,取乾道曲成,万物无滞。"次之洗烦池,高祖曰:"此池中亦有嘉鱼。"澄曰:"此所谓'鱼在在藻,有颁其首'。"高祖曰:"且取'王在灵沼,于牣鱼跃'。"次之观德殿。高祖曰:"射以观德,故遂命之。"次之凝闲堂。高祖曰:"名目要有其义,此盖取夫子闲居之义。不可纵奢以忘俭,自安以忘危,故此堂后作茅茨堂。"谓李冲曰:"此东庑曰步元庑,西曰游凯庑。此堂虽无唐尧之君,卿等当无愧于元、凯。"冲对曰:"臣等既遭唐尧之君,不敢辞元、凯之誉。"

在上述对园林景观命名的阐释中,孝文帝采撷了《周易》《诗经》《礼记》等儒学经典中的相关原型,结合天道规律、为王之道和个人修养等内容加以引申,以点化和升华园林建筑的审美境界。

在园林或园景命名中,除了上述援用经史艺文的手法外,还有以一些较为自然的命名来引发联想,点化园林景观主题的方式,例如北魏张伦宅园中,有"菊岭与梅岑,随春之所悟",应该是通过将园中的山命名为"菊岭""梅岑",来点化各自不同的季节性景观主题。

总之,在魏晋园林中,点景题名已经被充分关注,作为最为抽象的园林写意手法,透射出深刻的艺术文化内涵。

三、文气盎然

魏晋南北朝的士人园林,因园主精深的文化修养,基本上都洋溢着浓重的诗情画意，承载着琴、棋、诗、书、画、酒、博古等士人生活情趣和艺术，是士人文化的综合性载体。

诗、画艺术与园林的融合并非始于魏晋，上古灵台、辟雍之际的祭歌颂诗，楚汉宫苑图写天地、诺诫世教化的壁画都是很早的事情。但魏晋以后，士人园林与诗、画等艺术的关系之所以值得重视，乃是因为它并非庙堂旧传统的延续，而是表露出一种士人文化体系趋于综合完善的新局面。

关于士人园文化气象的史料和诗文载述可谓俯拾皆是，略如：

出则以游目弋钓为事，入则有琴书之娱。又好服食咽气，志在不朽，傲然有凌云之操。

昼夜游宴，屡迁其坐。或登高临下，或列坐水滨。时琴瑟笙筑……令与鼓吹递奏，遂各赋诗，以叙中怀。

草无忘忧之意，花无长乐之心，鸟何事而逐酒，鱼何情而听琴。

岂下俗之所务，实神怪之异趣，能造者其必诗，敢往者无不赋。或就饶风之地，或入多云之处，菊岭与梅岑，随春之所悟。（［北魏］姜质：《庭山赋》）

爱定我居，筑室穿池。长杨映沼，芳枳树篱。游鳞瀺灂，菡萏敷披。竹木蓊郁，灵果参差。……或宴于林，或褉于汜。（［晋］潘岳：《闲居赋》）

所居之宅，枕带林泉，对玩琴书，萧然自乐，时人号为居士焉。（［唐］令狐德棻：《周书》卷三十一列传第二十三《韦敻》）

梁代沈约书赞文于郊居园宅之壁时所发感慨，即说明了魏晋南北朝士人园林中山水、诗文、书法相映生辉的审美境界：

（沈约）敩居宅，时新构阁斋，（刘）杳为赞二首，并以所撰文章呈约，约即命工书人题其赞于壁。仍报杳书曰："生平爱嗜，不在人中，林壑之欢，多与事夺。……君爱素情多，惠以二赞，辞采妍富，事义毕举，句韵之间，光影相照，便觉此地，自然十倍。"

作为士人身心寄托之所，对于士人来说，园居不仅是一种生活方式，更重要的是开拓了一条审美之路，由此促进了他们与自然的融合。人和自然的关系通过咏诗作画、服食养生等园居行为，进一步走向审美。在这个"游于艺"的审美理想境界里，园林主人保持宁静致远、优雅从容的心态与风度，一切行为的审美格调趋于雅化和飘逸。士人在园林中实现"以娱休沐，用托性灵"的理想生活。

魏晋南北朝的皇家园林也具有更强的文人化特征，许多帝王本身就具有极高的文化修养，追求文人的气质和生活方式，而园林是他们寄托文人情结的主要场所。文人化的园居生活方式、极具儒雅风流的御苑文会以及反映文人审美理想的曲水流觞等园林景观，无不彰显着帝王的重文倾向。后文"皇家园林"章节中将有详细阐述。

第三章

皇家园林

中国古代造园由皇家园林首开先河。原始的物质基础和神性思维决定了秦汉宫苑中"王"气盛行，以法天象地来直接表露以大为美的大一统时代。至魏晋南北朝，伴随理性精神的高扬和山水审美的突破性发展，人文意识充分渗透到皇家园林中，园林中的审美化氛围日渐浓重。作为礼乐复合型艺术，皇家园林不仅是帝王为昭示文治武功而在现实世界塑造的人间天堂，还是一个可居、可游的居住环境，更是一个赏心悦目、修身养性的精神故园。中国皇家园林独特的"圣王境界"逐步凸显[①]。

魏晋时期，基于帝王自身的文化修养和倚重士族的政治需要，皇家园林中已洋溢着人文气息，但是造园手法仍主要承袭两汉，尚未与造园理念同步。至东晋南北朝，随着士人文化和造园艺术的发展，皇家园林汲取士人园林精华，融入佛学等新兴文化因素，逐渐摆脱了汉代宫苑"惟帝王之神丽，惧尊卑之不殊"（张衡《西京赋》，载于《文选》卷二）的单一模式，发展为融会着帝王气象、文人风采和宗教氛围的综合体系。其中，南朝的宫苑较为文气清丽，北朝的宫苑则厚重深沉。

第一节　三国园林

东汉末年，曹操、刘备、孙权在动荡的时局中分据三隅，形成鼎立之势。曹操据有长江以北的广大地区，先后于许昌和邺城兴建都城和王城，公元220年，曹丕正式废汉立魏，定都洛阳；刘备占领西南地区，建立蜀国，定都成都；孙权则割据江南，建立吴国，先后于京口、武昌和建业兴建都城。三国定都后，纷纷进行都城建设，其中不乏宫苑园林的兴建。

一、曹魏邺城皇家园林

1. 邺城城市格局

邺城在今河北省临漳县和河南省安阳县交界处，传说始建城于齐桓公时。公元前439年，魏文侯封于此，所以又称为魏。西汉高帝十二年（公元前195年）置魏郡，以邺为郡治，属冀州部，逐渐发展成北方重镇。东汉末邺兼为魏郡郡治和冀州州治，属于郡国级城市，其城市规模、体制均具较高等级。

汉献帝建安九年（公元204年）曹操攻克邺后，以邺为基地，逐步建设，形成其政权的中心地区。208年作玄武池练水军；210年建铜雀台，名为游观，实际是防守据点；213年曹操为魏公后，以冀州十郡为魏国，以邺为都城，"置百官僚属，如汉初诸侯王之制"，开始在邺按魏国国都的体制建庙、社，又建金虎台。魏公的

①承魏晋之端绪，经唐宋的发展，以空前完整的理学体系为理论基础，帝王思维最终被推向历史的最高层次——"内圣"与"外王"的结合。皇家园林作为帝王社会和人生理想的写照，随之空前发展，至有清一代，以康、乾为代表的清代帝王，以其"移天缩地在君怀"的气魄，将皇家园林艺术推向历史的最高峰。

宫殿建筑虽史无明文，也应是在此期间对邺的州郡子城或府廨改建完成。216年曹操为魏王，217年"设天子旌旗"，开始了曹魏代汉的过程；220年曹操死，同年十月其子曹丕代汉为帝，建立魏朝，定都洛阳。以后，邺被列为五都之一，和许同为曹魏重要的陪都。自204年曹操克邺到220年曹丕定都洛阳，曹魏在邺建设、经营了十七年，把它由地方的州部首府改建为王国的都城。左思《魏都赋》中所描写的情况就是在这十七年中，特别是在216年曹操称王以前的十三年形成的。从曹操、曹丕相继修复洛阳看，曹魏并不想立国后在邺建都，所以邺都并非帝都体制的典型。

综合史料分析，曹魏邺城是利用东汉州郡城改建的，因袭汉代郡国一级城市的规模体制，而不是按帝都体制重新规划的。其宫城格局则基本效法东汉洛阳北宫。

《水经注》记载曹魏邺城东西七里，南北五里（按晋尺折算，合今尺东西3公里，南北2.2公里），呈横长矩形，共有七个城门。邺的总体布局是利用东西向穿城大道把全城分为南北两部分：北半部是宫殿、官署和贵族居住区，南半部是民居和商业区，使宫殿、官署、戚里明显地与一般居民区隔开。北半部中，宫殿和贵族居住的戚里又被自北城向南的广德门内大道隔开。宫城在北半城的西部，背倚西、北二面城墙，并不居全城之中，但在规划中，却通过使宫内主建筑群之一与干道相对的布置，形成纵贯全城的南北中轴线，使宫城和整个城市有机地联系起来。

宫城内按用途划分为左、中、右三区。中区是进行国事和典礼活动的礼仪性建筑群，以主殿文昌殿为中心，殿南设几重门，正门两侧设阙，南端在宫墙上建魏王宫的正门，称南止车门。东区前半是魏王的行政办事机构，以主殿听政殿为中心；后半是内宫，是魏王的住所。听政殿正南方在宫城墙上开宫门，称司马门。听政殿至司马门间形成的南北轴线直指邺城南墙上的中门中阳门，和中阳门内大道相接，形成邺城的主要南北轴线。西区是内苑，称铜雀园，西端因城为基建著名的铜雀三台，是兼有储藏、游观防御多种功能的建筑。北城西偏的厩门直接通向苑内，南城墙西侧的凤阳门内大道也直指内苑。这条大道在百余年后的石虎时期成为邺城最主要的南北大道，正对石虎的九华宫。[1]（图3-1）

2. 邺城水系

曹魏邺城西北临漳水（非今日漳河）[2]，东南面则有洹水环绕[3]。战国时开始筑堰

---

①参照傅熹年：《中国古代建筑史·第二卷·三国、两晋、南北朝、隋唐、五代建筑》，第二版，北京，中国建筑工业出版社，2009。

②"（漳水）又东出山，过邺县西"引自（北魏）郦道元：《水经注·浊漳水》，见王国维，校：《水经注校》，347页，上海，上海人民出版社，1984。

③"洹水又东，枝津出焉，东北流，径邺城南，谓之新河。"引自（北魏）郦道元：《水经注·浊漳水》，见王国维，校：《水经注校》，338页，上海，上海人民出版社，1984。

引漳水灌溉农田，使邺地咸成沃壤①。曹操更修筑了天井堰，大力发展农业生产，并引漳水入城，构成完善的城市供水系统。

曹操在邺城西郊筑漳渠堰拦蓄漳水，开渠引入城中。渠水在铜雀台附近穿城进入内苑，横贯全宫后，向东流入戚里。在宫的中部，渠水又分支南流，穿过南止车门附近宫墙，分流到东西门间大道的南北两侧，平行向东，再分出支渠流到各南北向大道和里坊间小街，形成全城的水渠网。水渠穿出东面城墙后，注入城壕中。水渠穿城处建石涵洞，当时称"石窦"，过街处用石板架桥，称"石梁"。曹魏时，这条水渠被称为"长明沟"②。

邺城内通达的水网，创造了良好的城市生态环境，邺都的宫苑园林，就是结合城市水网系统开挖池沼，引流环殿的。另外，邺城道路两侧植青槐为行道树，道侧有明渠，故在《魏都赋》中有"比沧浪而可濯，方步桐而有逾"的描写，说渠水清可濯足，行道树的遮阴效果比走廊还好。

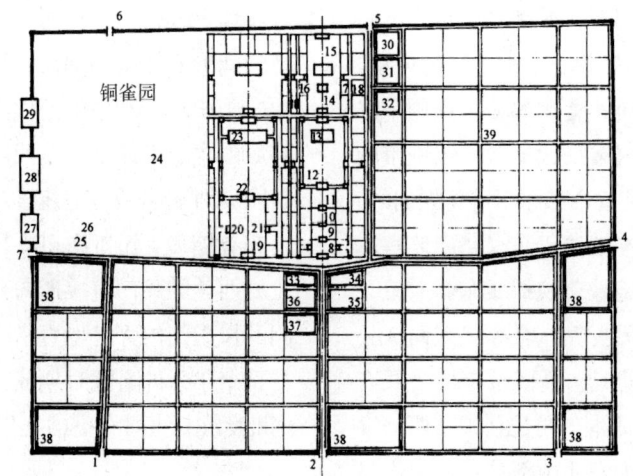

1. 凤阳门　2. 中阳门　3. 广阳门　4. 建春门　5. 广德门　6. 厩门　7. 金明门　8. 司马门
9. 显阳门　10. 宣明门　11. 升贤门　12. 听政殿门　13. 听政殿　14. 温室　15. 鸣鹤堂　16. 木兰坊
17. 楸梓坊　18. 次舍　19. 南止车门　20. 延秋门　21. 长春门　22. 端门　23. 文昌殿　24. 铜雀园
25. 乘黄厩　26. 白藏库　27. 金虎台　28. 铜雀台　29. 冰井台　30. 大理寺　31. 宫内大社　32. 朗中令府
33. 相国府　34. 奉常寺　35. 大农寺　36. 御史大夫府　37. 少府卿寺　38. 军营　39. 戚里

图3-1　曹魏邺城及铜雀园位置图（引自傅熹年《中国古代建筑史·第二卷》，第2页《曹魏邺城平面复原图》）。

①详见（北魏）郦道元：《水经注·浊漳水》，见王国维，校：《水经注校》，348页，上海，上海人民出版社，1984。
②（北魏）郦道元，《水经注·浊漳水》注云："魏武……又引漳流，自城西东入，径铜雀台下，伏流入城，东注谓之长明沟也。渠水又南径止车门下，……沟水南北夹道，支流引灌，所在通溉，东出石窦下，注之湟水。故魏武《登台赋》曰：'引长明灌街里'，谓此渠也。"见王国维，校：《水经注校》，349页，上海，上海人民出版社，1984。

3. 铜雀园

铜雀园在宫城西,是大内御苑。园内有曲池(名芙蓉池①)、蔬圃、水石激荡的石濑②、水中青草依依的小洲、还有临水的高堂和阁道相连的高轩敞殿等游赏建筑。《魏都赋》记之曰:

(文昌殿)右则疏圃曲池,下畹高堂。兰渚莓莓,石濑汤汤。弱葼系实,轻叶振芳。奔龟跃鱼,有祭吕梁。驰道周屈于果下,延阁胤宇以经营([晋]左思《魏都赋》)。

园的西部由南而北建有金虎台、铜雀台、冰井台三座巨大的台榭,下部是跨邺城西墙的高大陡立的夯土墩台,台上建高大的多层木构建筑③。史载铜雀台居中,高十丈,有屋一百一间,金虎、冰井在两侧,稍低,只高八丈,分别有屋一百九间和一百四十五间。自铜雀园中有宽可并辇而行的架空阁道通向三台,三台间也可互通,是非常巨大壮观的建筑群组。三台中冰井台有冰室,室中有深达十五丈的井,分别贮藏冰、石炭、粟、盐等。台的邻近还建有贮武器财物的白藏库和国家马厩乘黄厩。这三台平时供游观,在有变乱时实际上是魏宫中可以长期据守的军事堡垒。《三国志》载严才作乱攻打魏宫掖门时,曹操在台上向下观望,用此可证在有变故时三台确实起到据守和觇望的作用。(图3-2)

1. 金虎台遗址全景(西南—东北)

图3-2　金虎台遗址全景(引自《河北临漳邺北城遗址勘探发掘简报》,载《考古》1990(7))

---

①由曹丕《芙蓉池作》推知。
②《文选·卷六·魏都赋》注:石濑,湍也。水激石间,则怒成湍。
③金虎台和铜雀台的台基遗址尚存。金虎台遗址位于邺镇正北250米处的三台村的西邻,现存台基呈长方形,南北长约120米,东西宽约70米,高约12米。其北83米为铜雀台,现仅存东南角。

有学者认为大内御苑的出现,源于园林自身的神化色彩及帝王把自己比附"神""天"以强化自身统治地位的需要。受神性思维影响,园林在古代总被指认为天帝的居所,而人间帝王为比附天帝,自然要营造一个可以时刻体现天地造化之功的园林背景作为生活环境。在这种思想的影响下,园林被移入内廷,与宫廷生活密切结合,以彰示天子和宫廷的神圣。同时,宫殿区与内廷园林的配合和互融,则构成了极为典型的礼乐复合的象征图式①。

曹魏的大内御苑铜雀园,就被赋予了上述文化象征寓意,曹植在吟咏铜雀园美景的《登台赋》中,曾就此加以表述:

从明后而嬉游兮,登层台以娱情。见太府之广开兮,观圣德之所营。建高门之嵯峨兮,浮双阙乎太清。立中天之华观兮,连飞阁乎西城。临漳水之长流兮,望园果之滋荣。仰春风之和穆兮,听百鸟之悲鸣。天云垣其既立兮,家愿得而获逞。扬仁化于宇内兮,尽肃恭与上京。惟桓文之为盛兮,岂足方乎圣明!休兮美兮!惠泽远扬。翼佐我皇家兮,宁彼四方。同天地之规量兮,齐日月之晖光。永贵尊而无极兮,等年寿于东王。

从文中可见,在提到嬉游、娱情后,很快就转入了扬仁化、远惠泽、同天地、齐日月的帝王功德赞颂,内苑与这些神圣性的帝王统治意象紧密联系在一起。

此外,铜雀园中经常举行的文会活动,则是大内御苑裨益于政治功效的另一重要表现形式。文史料记载,曹丕常召集文人们在园内游集赏会:

公子敬爱客,终宴不知疲。清夜游西园,飞盖相追随。明月澄清景,列宿正参差。秋兰被长坂,朱华冒绿池。(曹植《公宴诗》)

乘辇夜行游,逍遥步西园。双渠相溉灌,嘉木绕通川。(曹丕《芙蓉池作》)

步出北寺门,遥见西苑园;细柳夹道生,方塘含清源;轻叶随风转,飞鸟何翩翩。([魏]刘桢《赠徐干诗》)

这种特殊的御苑文会,实际兼具政治性和文化性的双重意义。一方面,曹氏父子本来就是建安七子的领袖人物,具有较高的文化修养,由他们召集的文人聚会,必然是文采横溢,极尽风流的。另一方面,曹氏出身宦门,在当政之初,必然要倚重当时社会的强势群体——世族的支持,加强对士人集团的笼络。御苑公宴正是帝王用以标榜其礼贤下士之德的重要手段,席间文人集聚,纷纷创作诗文以"述恩荣,叙酣宴"([南朝梁]刘勰《文心雕龙·明

①在王其亨与官巍的《礼乐复合的内廷园林及其图式意义浅析》中提到:内廷园林的出现,首先是因为早期的园林有着很强的"神"的色彩,其中的组成要素山、水、台观、动植物与上古的神化传说都有联系。……早期的园林,如我们所说的灵台,就是一处祭神的场所。随着时代的发展,祭神的仪式在园林中变得无足轻重甚至消失,但这种神性色彩与中国古人的原始思维残余相联系,始终伴随着园林,使园林总是与天、神、仙相连,现仍存在的一些神话传说反映了这种潜在的关联。……《山海经》:"淮江之山,实为(天)帝之平圃"等等。君权神授,是帝王统治的理论基石,所以帝王总是称天命、天子,这君权神授在早期只是原始思维的一部分,从《吕览》《淮南子》开始有理论建构,西汉的董仲舒完成了这种以天人相通、相类为基础的天人宇宙图式,《春秋繁露》有:"王者配天,谓其道""人主以好恶喜怒当习俗,而天以暖清寒暑化草木"等等,在天和人主之间建立了直接联系,这种意识的形象化的最好方法,就是为天子创造一个园林背景作为生活环境,在这种思想的影响下,园林被移入内廷,与宫廷生活密切结合,以彰示天子和宫廷的神圣。

诗》），就是文会政治内涵的特殊表现。延至东晋南朝，御苑文会一直担当着促进帝王与士人集团交流和结合的重要责任。

4. 玄武苑

玄武苑在邺城西北郊，建于建安十三年（公元208年），是一座巨大的皇家苑囿，内除自然林木、飞禽走兽外，还种植竹子、果树、莲藕等经济作物，有供游赏休憩的台观。同时，此地也是曹魏操练水军的重要基地。根据《魏都赋》所述，该苑囿是向民众开放的，以祖述"周文王之囿，与民同乐"的仁君之德。相关史料记载有：

《三国志·魏书·武帝纪》："十三年春正月，公还邺，作玄武池，以肄舟师。"

左思《魏都赋》曰："苑以玄武，陪以幽林。缭垣开囿，观宇相临。硕果灌丛，围木竦寻。篁筱怀风，蒲陶结阴。回渊灌，积水深。蒹葭赞，蘆蓊森。丹藕凌波而的皪，绿芰泛涛而浸潭。羽翮颉顽，鳞介浮沈。栖者择木，雏者择音。若咆渤与姑馀，常鸣鹤而在阴。表清御，勒虞箴。思国恤，忘从禽。樵苏往而无忌，即鹿纵而匪禁。"

《文选》注之曰："玄武苑在邺城西，苑中有鱼梁钓台，竹园蒲陶诸果。"

《水经注·洹水》载："……其水西径魏武玄武故苑，苑旧有玄武池，以肄舟楫，有鱼梁、钓台、竹木、灌丛，今池林绝灭，略无遗迹矣。"

曹丕记载出游玄武苑的诗文《于玄武陂作》曰：

兄弟共行游，驱车出西城。……菱芡覆绿水，芙蓉发丹荣。柳垂重荫绿，向我池边生。乘渚望长洲，群鸟讙哗鸣。

曹植也作《节游赋》描述在玄武苑驰骛泛舟、饮酒忘愁的快乐的情景：

于是仲春之月，百卉丛生。……感气运之和润，乐时泽之有成。遂乃浮素盖，御骅骝，命友生，携同俦。诵风人之所叹，遂驾言而出游。步北园而驰骛，庶翱翔以解忧。望淇池之漻漾，遂降集乎轻舟。沉浮蚁于金鼎，行觞爵于好仇。丝竹发而响厉，悲风激于中流。[1]

5. 文昌殿后池

史料记载，文昌殿后有池。《晋书·卷二十八·志十八·五行中》记："汉献帝建安二十三年，秃鹙鸟集邺宫文昌殿后池。明年，魏武王薨。"

6. 小结

综合以上史料可见，曹魏邺城皇家园林有以下几个特点。

其一，园林构筑结合军事防御和生产储备功能。例如，铜雀园三台的防御和储备功能，玄武苑操练水师的池陂以及在园内种植果木蔬圃等经济作物和放养鱼禽。

其二，园林规模较汉代为小，没有一池三山的庞大山水格局，代之以曲池、兰渚（水中小洲）等精巧化景观。

其三，理水手法比较丰富。例如，铜

---

[1]《全上古三代秦汉三国六朝文》，卷一三（此赋大约作于建安十八年（公元213年）后至二十二年（公元217年）间），1124页，北京，中华书局，1958。

雀园中就有曲池、石濑、吕梁等水景。其中，曲池指池岸曲折，石濑是指"湍也。水激石间，则怒成湍"，即用叠石的方法使池岸曲折多姿，并使水势具有抑扬的变化。吕梁则指"悬水三十仞，流沫四十里，鼋鼍鱼鳖之所不能游也"（《庄子·达生》），类似于瀑布式水景。

其四，园林建筑延续汉代风格，比较高大。

其五，大内御苑被赋予较深的文化内涵，成为裨益政治教化和帝王统治的重要工具。

二、曹魏洛阳皇家园林

1. 洛阳城市格局

曹魏洛阳城北依邙山，南临洛水，西北还有榖水东来。魏都是在东汉洛阳都城废墟上重建的，东汉时的城墙、十二城门、二十四街等主要部分都保存下来，引城西北的榖水环城而修的城壕也沿用于东汉[1]。东汉洛阳都城称为"九六城"，即南北约九里（3900米），东西约六里（2600米）的长矩形城，曹魏对洛阳最大的改动有三：一是，废弃东汉南宫，拓建北宫及其北的华林园等苑囿，又在北宫之东建东宫，使城市布局由东汉时南、北两宫充塞都城中

部改为宫室、苑囿、太仓、武库集中在城的北半部，南部为居里；二是，在宫前建纵贯南北的大道，由宫南门阊阖门直至城南门宣阳门，长约两公里，在这条主街上按"左祖右社"的原则，夹街建太庙和太社等象征皇权和政权的主要建筑群，并点缀以铜驼等豪华典重的巨型铜雕塑，这条长街对形成洛阳都城气势和崭新的面貌极有作用；三是出于战争环境和内部斗争的需要，在洛阳西北角建突出城外的金墉城和洛阳小城，形成三个南北相连的小城堡。尽管洛阳和邺城在城市原有等级、轮廓及规模上都很不同，但从这三项改动处可以明显地看到洛阳在重建中吸取邺城经验之处。曹魏洛阳的城市格局先后为东晋建康、北魏洛阳所继承发展，并通过它们影响到北齐的邺南城和隋唐的长安、洛阳。直到元代的大都，才又把宫城重新置于都城南部。从这个意义上看，魏晋重建的洛阳是我国都城由两汉的长安、洛阳向隋唐长安演进过程中的一个很重要的转折点[2]。

曹魏洛阳宫室区至少有三条南北轴线，全宫正门阊阖门北对大朝会的正殿太极殿，形成全宫南北主轴线。以太极殿为核心的一组院落是朝区，其北是式乾殿和昭明殿所在的寝区。此轴线以西是建始殿、崇华殿（后改名九龙殿）[3]、嘉福殿组成的另一组南北展开的建筑，根据史料推测，

---

[1] 环城城壕是经过在城西面上游堰洛水以济榖水，而后修成的。参见傅熹年：《中国古代建筑史·第二卷·三国、两晋、南北朝、隋唐、五代建筑》，第二版，84~86页，北京，中国建筑工业出版社，2009。

[2] 参照傅熹年《中国古代建筑史·第二卷》整理。

[3] 《水经注》卷十六，引《魏志》曰：青龙三年，还洛阳宫，复崇华殿，改名九龙殿。

此组建筑是魏帝日常生活之处①。宫城东侧是官署区。（图3-3）

2.芳林园（后改名华林园）

芳林园是曹魏洛阳宫城御苑，在宫城北与洛阳北城墙间，东汉时此处就是御苑区，有大片水域，通过暗渠与城壕相连。

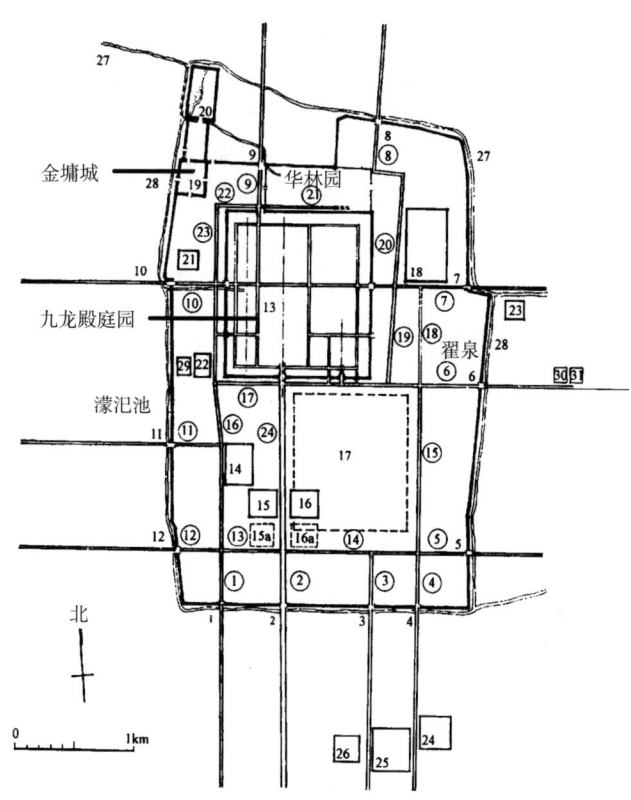

1.津阳门　　　2.宣阳门　　　3.平昌门　　　4.开阳门　　　5.青明门　　　6.东阳门
7.建春门　　　8.广莫门　　　9.大夏门　　　10.阊阖门　　　11.西明门　　　12.广阳门
13.宫城（东汉北宫）　　14.曹爽宅　　15.太社　　15a.西晋新太社　　16.太庙　　16a.西晋新庙
17.东汉南宫址　　18.东宫　　19.金墉城（西宫）　　20.洛阳小城　　21.金市　　22.武库
23.马市　　24.东汉辟雍址　　25.东汉明堂址　　26.东汉灵台址　　27.榖水　　28.阳渠木
29.司马昭宅　　30.刘禅宅　　31.孙皓宅
①～㉔城内干道二十四街

图3-3　曹魏洛阳城及皇家园林分布图示意（引自傅熹年《中国古代建筑史·第二卷》，第8页《魏晋洛阳平面复原图》）

---

①参见傅熹年：《中国古代建筑史·第二卷·三国、两晋、南北朝、隋唐、五代建筑》，第二版，24页，北京，中国建筑工业出版社，2009。

魏文帝曹丕在位时，因洛都初立，以稳定局势和恢复经济为主，没有进行大规模的园林建设[1]。对御苑的经营仅有黄初五年（公元 224 年）的"穿天渊池"，以及黄初七年（公元 226 年）在天渊池中修筑九华台，这些建设，可能都与防御和储备有关，不单纯是用于游乐。在天渊池南建造的茅茨堂，是标示文帝自比尧舜、崇尚节俭的治国理想之真实写照。相关文献记载有：

黄初五年，穿天渊池。（《水经注·卷十六·榖水》）

（黄初）七年春正月，将幸许昌，许昌城南门无故自崩，帝心恶之，遂不入。壬子，行还洛阳宫。三月，筑九华台。（《裴注三国志·卷二·魏书二》）

（天渊）池南直魏文帝茅茨堂，前有茅茨碑，是黄初中所立也。（《水经注·卷十六·榖水》）

魏明帝曹叡着力大修园囿，他将御苑起名芳林园，青龙三年（公元 235 年）开挖池塘，景初元年（公元 237 年）堆筑景阳山，并铸造承露盘于园中前；还在天渊池南设流杯石沟。史料对芳林园的建设情况多有记载：

《洛阳图经》曰：华林园，在城内东北隅。魏明帝起，名芳林园，齐王芳改为

华林。（《文选·卷二十·诗甲》，应贞《晋武帝华林园集诗》，李善注曰）

是年［青龙三年（公元 235 年）］起太极诸殿，筑总章观，高十余丈，建翔凤于其上；又于芳林园中起陂池，楫棹越歌。（《裴注三国志·卷三·魏书三》引《魏略》）

［景初元年（公元 237 年）十二月］起土山于芳林园西北陬，使公卿群僚皆负土成山，树松竹杂木善草于其上，捕山禽杂兽置其中。（《裴注三国志·卷三·魏书三》引《魏略》）

《魏志》曰：魏明帝增崇宫殿，雕镂观阁。凿太行之石英，采榖城之文石。起景阳山于芳林园，建昭阳殿于太极之北。（《太平御览·卷五十一》）

《魏志》曰：明帝铸承露盘，茎长一十二丈，铜龙绕其根，立于芳林园，甘露乃降。[2]

《陈思王集》曰：明帝承露盘在芳林园中，上盘径四尺九寸，下盘径五尺，铜龙绕其根。（《太平御览·卷七百五十八》）

魏明帝与东阿王诏曰："昔先帝时，甘露屡降于仁寿殿前，灵芝生芳林园中；自吾建承露盘已来，甘露复降芳林园（仁寿殿前）。"（《初学记·卷二·天部下》）

魏明帝天渊池南设流杯石沟，宴群臣。（《宋书·礼志》）

---

[1]《魏志·文帝纪》注引《魏书》载文帝庚戌令曰："关津所以通商旅，池苑所以御灾荒。设禁重税，非所以便民；其除池御之禁，轻关津之税，皆复什一。"（《魏志》就是陈寿《三国志》）《裴注三国志·卷十二·魏书十二》载：文帝受禅，勋每陈"今之所急，唯在军农，宽惠百姓。台榭苑囿，宜以为后。"
[2]见《太平御览·卷十二》。承露盘应建于景初元年，因《裴注三国志·卷三·魏书三》引《魏略》曰：是岁（景初元年），徙长安诸钟虡、骆驼、铜人、承露盘。盘折，铜人重不可致，留于霸城。大发铜铸作铜人二，号曰翁仲，列坐于司马门外。又铸黄龙、凤皇各一，龙高四丈，凤高三丈余，置内殿前。起土山于芳林园西北陬，使公卿群僚皆负土成山，树松竹杂木善草于其上，捕山禽杂兽置其中。……魏略载司徒军议掾河东董寻上书谏曰："……若今宫室狭小，当广大之，犹宜随时，不妨农务，况乃作无益之物，黄龙、凤皇、九龙、承露盘，土山、渊池，此皆圣明之所不兴也。"

综合以上文献，可形成以下几点初步看法。

其一，东汉时宫北就是以大面积水体见称的御苑，魏文帝曹丕的"穿天渊池"可能就是疏通水系、清淤池沼而成，不一定是重新开挖的。

有学者认为，曹魏建芳林园、天渊池，于九华台上建清凉殿，流水与禽鸟雕刻小品结合于机枢之运用而做成各式水戏[1]。此论将北魏华林园景观误作曹魏时代所建。《洛阳伽蓝记》明确记载，清凉殿是北魏孝文帝兴建的："天渊池中有文帝九华台，高祖于台上造清凉殿。"

天渊池的南面有文帝建的茅茨堂，喻指古代帝王尧舜"卑宫室""茅茨不剪，采橡不斫"的德行，以此标示尚简治国之风，也是文帝"圣王"理想的写照。

从直接记载文帝时期事迹的史料中，未见提及"芳林园"之名，因此可以推知，文帝时御苑尚未成形，可能尚未定名为"芳林"。

其二，魏明帝曹叡时为御苑定名"芳林"[2]（东汉洛宫也有芳林园，但在宫城东部的步广里，即东上门内路北[3]）。青龙三年在芳林园中"起"陂池，并"棹棹越歌"，进行游船宴乐活动。这个池应该是经过精心布置的，可能结合建设了一些供休憩宴饮的建筑。景初元年，结合宫城的全面建设，芳林园的西北角堆造了土山，名为景阳山，山上不但种植草木，还放养兽禽。有学者认为，此山是各色文石堆筑成的土石山[4]，此论可能是根据《三国志》："魏明帝增崇宫殿，雕镂观阁。凿太行之石英，采榖城之文石。起景阳山于芳林园，建昭阳殿于太极之北。"这段文字得出的。但文中所言的石英和文石，实际应该是用来砌筑太极殿和昭阳殿的基座的[5]，并非用于建景阳山。文石在古代是比较贵重的石材[6]，在魏晋南北朝时期的史料中，多处记载以文石、珉石等色彩和质地华美的石料来砌筑宫殿中重要建筑的基座，举例如下。

曹魏许昌宫景福殿墙壁用文石为基。如何晏《景福殿赋》所述："墉垣砀基，其光昭昭。""砀"指文石。

《晋载记》曰："石虎于襄国起太武殿，于邺造东西宫，至是就。太武殿基高二丈八尺，以文石绵之。"[7]

---

①周维权：《中国古典园林史》，北京，清华大学出版社，1990。
②芳林园在曹芳即位后改名华林园，两晋和南北朝都沿用"华林"为御苑名称。
③参见《水经注·卷十六·榖水》。
④周维权：《中国古典园林史》，北京，清华大学出版社，1990。
⑤傅熹年：《中国古代建筑史·第二卷·三国、两晋、南北朝、隋唐、五代建筑》，第二版，36页，北京，中国建筑工业出版社，2009。
⑥《艺文类聚·卷七十三·杂器物部》载：《吴越春秋》曰：吴王阖闾，葬女于郭西昌门外，凿地为池，积土为山，文石为椁，金鼎玉杯，银樽珠襦之宝，皆以送之。
《艺文类聚·卷二·天部下》载：盛弘之《荆州记》曰：胡阳县，春秋蓼国，樊重之邑也，重母畏雷，为石室避之，悉以文石为阶砌，今犹存。
⑦《太平御览·卷一百七十五》。

明代崔铣撰《彰德府志·邺都宫室志》注引《邺都故事》记载，北齐邺宫昭阳殿"基高九尺，以文石砌之"。太极殿"基高九尺，以珉石砌之"。宫中流杯沟、喜音堂也是如此："此堂以珉石为柱础，青石为基，白石为地基，余奢饰尤甚。"

另，文石指有纹理的石头，石英指较珍贵的矿石[1]，它们属于"奢饰"，用来装饰重要的宫殿建筑，似乎并不适合于和土混在一起堆山。《三国志》中关于景阳山的其他相关记载都只指出其为"土山"，"负土成山"，未见山上用文石点缀或以石为独立观赏对象的进一步载述。虽然在汉代已出现了土石结合的构山手法，但曹魏洛阳景阳山的堆筑中是否使用了"各色文石和石英"，结合了叠石为山的手法，尚待进一步考证。

其三，魏明帝的芳林园中有其他一些较特殊的构筑物。例如：仁寿殿前的承露盘与流杯沟。

明帝铸造的承露盘在仁寿殿前，用于比附汉代宫殿中的仙人承露盘。

明帝在天渊池南设流杯石沟，与群臣宴饮。流杯沟的形式，取自汉魏时日渐兴盛的三月三日临水被禊、集宴歌饮之风。被禊原为巫祭，后来变为伴有春游活动的民俗，汉魏之际衍为文人雅聚的文化盛事，禊事的形式和内容也日趋丰富生动，其中，曲水流觞、行令赋诗是最具代表性的项目：文人们三月三在水边聚会，斟酒于带有双翅的酒杯即"耳杯"或"羽觞"内，任其顺着宛转的溪流漂浮，赴宴者则沿岸列坐，遇"流觞"或"流杯"漂至面前时取而饮之，并吟诗作赋，极诗酒相酬之乐事。值得重视的是，这种原本在郊外河水边的被禊宴饮活动，被引入皇家园林中，曹魏芳林园可谓首创。曹氏父子本身就列在建安文人的代表性人物之中，他们对郊野禊事日渐浓厚的文化色彩应该是十分了解的。因此，他们将其艺术化地引入了皇家苑囿，构筑流杯沟，在此举行从都于邺城时就十分盛行的御苑公宴，席间文人集聚，纷纷创作诗文以"述恩荣，叙酣宴"。可见，流杯宴的形式为帝王用以标榜其礼贤下士之德、笼络士人的公宴添加了浓厚的文化色彩。

此时流杯沟的形式如何，无从详考。梁沈约《宋书·礼志》云："魏明帝天渊池南设流杯石沟，宴群臣。"稍后，梁朝萧子显撰《南齐书·礼志》引述西晋陆机说："天渊池南石沟引御沟水，池西积石为禊堂，跨水流杯饮酒。"这可能是西晋时华林园中流杯宴饮的景观营造方式。宋代吴淑《事类赋注》引东晋戴延之《西征记》曰："天渊之南，有积石坛，云三月三日，御坐流杯之处。"而唐代徐坚《初学记》载引戴延之的《西征记》则提到："天泉（渊）之南有东西沟，承御沟水，水之北有积石坛，云三月三日御坐流杯之处。"这几处对魏晋洛阳华林园流杯沟的形式记载有一些不同之处，但基本可推知有供流杯的水沟（渠）和供宴坐的坛或堂。

御苑中以禊赏、曲水流觞为主题的景观建设，自曹魏始被历代延续，并在时代审美取向的有力推动下，经历了由繁复向简约，由造作庞大向自然玲珑的逐步转化，最终演变成了唐代以降园林中盛行的流杯亭等撮奇得要的禊赏建筑模式，成为中国古典园林中极具代表性的景观要素。关于园林禊赏景观的发展演变和深刻的文化内涵，本书将在后面的章节中详细论述。

3. 九龙殿庭园

九龙殿在魏文帝时名崇华殿，曾两次失火烧毁，明帝青龙三年失火后重建时改名九龙殿①。以该殿为中心的院落是魏文帝的主要生活起居之处，明帝时在九龙殿前建造了构造复杂的水景，如《裴注三国志·卷三·魏书三》中所述：

通引榖水过九龙殿前，为玉井绮栏，蟾蜍含受，神龙吐出。

这一水景的设置，可能不仅是出于奢华享乐之需，还具有重要消防的作用，因为该殿曾两次毁于大火。

有学者认为九龙殿庭园在芳林园内②，此论不确。九龙殿是在宫殿区内，与其南的建始殿和其北的嘉福殿组成一组完整的宫室院落，并列于太极殿组群西侧③。它的建设早于太极殿，魏文帝在位期间和明帝统治的早期，太极殿组群尚未建设，是以九龙殿所在的这组建筑为朝寝宫的④。

另外，援引《裴注三国志·卷三·魏书三》中"通引榖水过九龙殿前，为玉井绮栏，蟾蜍含受，神龙吐出。使博士马均作司南车，水转百戏。岁首建巨兽，鱼龙蔓延，弄马倒骑，备如汉西京之制。"这段文字而认为"鱼龙蔓延"的杂技在芳林园中表演⑤，也是有待商榷的。

这里所说的"鱼龙蔓延"，是"岁首"即景初元年（公元237年）年初的朝会庆典时进行的表演活动，而场所应是在宫殿（一般是正殿）前的院落中。这可以通过考据文中强调的"备如汉西京之制"来说明。《后汉书》记载，汉安帝时期（公元120年），有海西（埃及亚历山大里亚）魔术师随掸国使者入洛阳，在洛宫德阳殿前表演"鱼龙蔓延"的杂技。《汉官典职》详述之曰：

正旦，天子幸德阳殿，作九宾乐。舍利从东来，戏于庭。毕，入殿门，激水化成比目鱼，跳跃漱水，作雾鄣日。毕，

---

①《裴注三国志·卷三·魏书三》载：明帝青龙三年秋七月，洛阳崇华殿灾，八月……命有司复崇华，改名九龙殿。《裴注三国志·卷二十五·魏书二十五》载：（明）帝遂复崇华殿，时郡国有九龙见，故改曰九龙殿。

②周维权：《中国古典园林史》，92页，北京，清华大学出版社，1990。

③参见傅熹年：《中国古代建筑史·第二卷·三国、两晋、南北朝、隋唐、五代建筑》，第二版，24页，北京，中国建筑工业出版社，2009。

④《裴注三国志·卷十三·魏书十三》记载，王朗向明帝曹叡进谏暂缓宫室建设："今当建始之前足用列朝会，崇华之后足用序内官，华林、天渊足用展游宴。若且先成阊阖之象魏，使足用列远人之朝贡者；城池，使足用绝逾越成国险。其余一切，且须丰年。"

⑤周维权：《中国古典园林史》，92页，北京，清华大学出版社，1990。

化成黄龙，高丈八，出水遨戏于庭，炫燿日光。以二丈丝系两柱中，头间相去数丈，两倡女对舞行于绳上。又踏局屈身藏形斗中。钟声并唱，乐毕，作鱼龙蔓延、黄门鼓吹三通。（引自《太平御览·卷五百六十九》）

可见，作为汉代年初朝会庆典仪式中的表演内容时，"鱼龙蔓延"是在朝会场所东汉北宫正殿德阳殿举行，不在园林中。同时，《太平御览·卷二十九》引《典略》曰：

魏明帝使博士马均作司南车，水转百戏。正月朝，造巨兽，鱼龙蔓延，弄马倒骑，备如汉西京故事。

此文明确指出这是"正月朝"进行的活动。所以，前引《裴注三国志》中载述的"鱼龙蔓延"的表演应该不是在芳林园中举行。

但是，西汉上林苑中则举行过"鱼龙蔓延"的表演。《汉书·武帝纪》载元封六年（公元前 105 年）"夏，京师民观角抵于上林平乐馆"。据《汉书·西域传》载，当时还曾"设酒池肉林，以享四夷之客；作巴俞、都卢、海中砀极、漫衍鱼龙、角抵之戏以观视之。"所以，曹魏芳林园或也上演过"鱼龙蔓延"，有待进一步挖掘史料进行查证。

4. 灵芝池

灵芝池是曹丕于黄初三年开凿的，应该在洛阳城西。史料记载：

黄初三年，穿灵芝池。（《魏志·文帝纪》）

（黄初四年五月）鹈鹕集灵芝池沼。[1]

《魏略》曰：魏文帝，神龟出于灵芝池。（《初学记·卷九·帝王部·总叙帝王》）

5. 濛汜池

濛汜池在西明门内御道北，魏明帝所建。《魏书·释老志》记载：

魏明帝曾欲坏宫西佛图。外国沙门乃金盘盛水，置于殿前，以佛舍利投之于水，乃有五色光起，于是帝叹曰："自非灵异，安得尔乎？"遂徙于道东，为作周阁百间。佛图故处，凿为濛汜池，种芙蓉于中。

6. 翟泉

翟泉在洛阳城东面东阳门内道北，推测是东汉芳林园旧址，曹魏时应该还有水域残迹。西晋时，在宫城东建太子东宫后，宫北的翟泉也有所修建，本文将在后面的章节中详述。

三、曹魏许昌宫苑

许昌宫位于洛阳东南，始建于建安元年（公元 196 年），是年汉献帝被曹操迎至此宫居住。曹魏代汉后，成为曹魏五都之一。232 年 9 月，魏明帝复修许昌宫，234 年开始修洛阳宫时，明帝大部分时间

---

①严可均校辑：《全上古三代秦汉三国六朝文·卷五·魏五》，1074 页，北京，中华书局，1958。

住许昌宫。

曹魏文士有《许昌宫赋》和《景福殿赋》赞颂许昌宫盛景。许昌宫的正殿称景福殿,为巨大的台榭建筑,供大朝会使用,是当时著名的豪奢的宫殿。殿四周建有廊庑,围成巨大的宫院,庭中种植槐树、枫树和秀草。在景福殿之东是魏帝听政的承光殿,景福殿之西为游乐用的鞠室和听乐曲的教坊。

许昌宫中有丰富的水系,可以泛舟游赏,同时利用河渠运输物资给养入宫,屯于河边库房。

可见,许昌宫城的布局与邺宫十分相似,也是以东汉北宫为效法范本。综合史料分析,宫苑应是在景福殿西范围内,即鞠室和听乐曲的教坊所在处,可泛舟游赏的水系也是宫苑的一部分。

四、孙吴建业皇家园林

1. 建业城市格局

公元 229—280 年,孙吴政权都于建业[1]。建业是三国时唯一新建的都城,在选址上是很成功的。它位于山丘间的平地上,西面是临长江的山丘和高地,建有石头城为防御据点;北面有北湖(玄武湖)和湖南面的山丘(覆舟山、鸡笼山等)阻隔,东为钟山屏据,都有险可守;城南又有秦淮河与城东新开的青溪相通,有情况时可以在沿岸树栅防守,和西、北、东三面共同形成有山河为屏蔽的封闭防线。城南的秦淮河西通长江,有水运的便利。秦淮河和新开凿的运渎、青溪除防御作用外,还可把由长江而来的财贷粮食运入城内宫畔,对维持都城的生存极为重要。吴国前后建有三都,其中京和武昌实际都是适应战争需要的临时驻地,因势据险,可攻可守,但不能容纳大量居民,近于军事行政指挥中心的城堡,难以长久为都城。只有建业,既有天险可守,又便于北向徐州,西出合肥,以经略中原,处于优势的战略位置。同时,建业还有较富庶的苏南广大农业区为供给基地,所以是立国建都的极好地方,史载刘备和吴之重臣张纮都力劝孙权在此建都,诸葛亮在周览了山川形势后说:"钟山龙盘,石头虎踞,此乃帝王之宅也"。

建业城在玄武湖南,钟山西南较平坦处。城周长二十里十九步(约8667米),[2]平面呈南北略长的矩形。城内基本可划为两区,北部是宫苑区,占三分之二面积,[3]内

---

[1]孙权继位吴王在 200 年,驻吴(今苏州)达 8 年之久。208 年,为抵曹军南下,迁驻京(今镇江)。210 年,曹退,因京狭小,迁于秣陵,改名建业(今南京)。221 年,蜀攻吴,孙权又迁驻鄂城,改名武昌。229 年,吴蜀又联合抗曹,孙权正式称帝,定都建业。

[2]《建康实录》卷二,"(黄武八年)冬十月至,自武昌城建业太初宫居之……建业都城周二十里一十九步。"

[3]史载建康城御道自宫门向南到秦淮河约七里,而其中在都城外长五里,所以可推知宫苑区占城三分之二。"(晋)左思《吴都赋》曰:列寺七里,侠栋阳路。屯营栉比,解署基布,横塘查下,邑屋隆夸。长干延属,飞甍舛互。原注曰:吴自宫门南出苑路,府寺相属,侠道七里也。……建业南五里有山岗,其间平地,吏民杂居。东长干中有大长干、小长干,皆相连。"见中华书局缩印本《文选》第 88 页。

为宫室和御苑、仓库等；南部是太子宫[①]和官署[②]等，军营在城的东部[③]。宫苑区南有御街，穿城而下，直抵秦淮河，长约七里。建业的主要居住区集中在城南门外至秦淮河岸的三角地带，而后又发展到秦淮河南岸，以大小长干里最为著名，同时，城外御道两侧还建有大量官署（《魏志·文帝纪》），从这样的城市格局看，建业城内基本是宫室、御苑、官署、军营和仓库的专用区，可视为集中容纳核心政权的城堡，相当于后世都城中的皇城。而完整的都城范围应包括城南的居住区等在内[④]。

2. 城市水系

孙权利用建业城南的秦淮河，开渠引水，营建完整的城市水系。公元240年，孙权在城西开"运渎"，引南面秦淮河水入城西北的仓库[⑤]，以便运粮。公元241年，又在城东开青溪，引秦淮水向北行，成为城东的城壕。大约同时，又在北城外开凿城壕，称为"潮沟"，潮沟北通北湖（即后世的玄武湖），并把东面的青溪与西面的运渎连为一体，使建业的北、东、西三面为城壕环绕，南面则以秦淮为屏蔽。这样，建业城四面都有水环绕，极利于城市设防；《六朝事迹编类·真武湖》载："吴后主皓宝鼎元年（公元266年），开城北渠，引后湖水流入新宫，巡绕殿堂，穷极伎巧。"因此，宫苑区也有丰富的水网与北湖和秦淮河沟通，是园林建造的良好条件。青溪和潮沟一带后来也成为达官显贵的园林化住宅区（图示见后文东晋南朝建康城及皇家园林分布图）。

3. 宫城禁苑

《建康实录》记载"晋建康宫城西南，今运渎东曲折内池，即（吴）太初宫。……案，……初，吴以建康宫地为苑"（《建康实录》卷二，第38页）。可见，东晋的建康宫城在吴太初宫东北，基址原为吴的禁苑，也就是说，孙吴建业城禁苑区在宫殿群的北侧和东侧。

孙权在位时，太初宫北有后苑，他常到后苑游玩习射。"（赤乌八年）秋七月，帝游后苑，观公卿射"（《建康实录》卷二，第53页）。"吴历曰：权数出苑

①《建康实录》卷二，"（赤乌）十年春，迁南宫，案，舆地志：南宫，太子宫也。宋置欣乐营，其地今在县城二里半，吴时太子宫在南，故号南宫。"

②南门内御道西有官署名中堂，亦名听讼堂，是面宽七间的重要建筑，一直保存了三百年，至南朝陈代才塌毁。见《建康实录》卷十九，"（天嘉）六年（565年），七月，……甲申，仪贤堂前架无故自坏。"原注："案，仪贤堂，吴时造，号为中堂，在宣阳门内路西，七间，亦名听讼堂。"

③史载孙皓为帝，建昭明宫于太初宫东侧时，"破坏诸营，大开园圃。"（《裴注三国志·卷四十八·吴书三》）可见军营在太初宫东。

④参见傅熹年：《中国古代建筑史·第二卷·三国、两晋、南北朝、隋唐、五代建筑》，第二版，84~86页，北京，中国建筑工业出版社，2009。

⑤《建康实录》卷二，案，建康宫城，即吴苑城，城内有仓，名曰苑仓，故开此渎，通转运于仓所，时人亦呼为仓城。晋咸和中修苑城为宫，唯仓不毁，故名太仓在西华门内道北。

中，与公卿诸将射。"（《裴注三国志·卷四十七·吴书二》）后苑还用来操练卫军，如孙亮为帝时，"科兵子弟年十八已下十五已上，得三千馀人，……日於苑中习焉"（《裴注三国志·卷四十八·吴书三》）。而后，孙皓为帝，建昭明宫于太初宫东侧，并大兴园囿。"破坏诸营，大开园囿，起土山楼观，穷极伎巧，功役之费以亿万计"（《裴注三国志·卷四十八·吴书三》）。

据史料记载，建业都城周长二十里十九步，其中北部宫苑区就占全城三分之二的面积，宫苑区中，孙权的太初宫周长三百丈（约 720 米），孙皓的昭明宫周长五百丈（约 1200 米）[1]，此外就是西部的仓库和东部的军营，这些建筑只占整个宫苑区的一小部分，依此估算，吴禁苑的面积是较大的。

建业城内之所以有大面积禁苑，主要是因为其原本就择址于林木丰茂的覆舟、鸡笼山南麓，如《吴都赋》所言："尔乃地势坱圠，卉木沃蔓。遭薮为圃，值林为苑。"同时，孙权在建城之初又尚节俭，没有太多土木工程建设[2]，故此保留了大片自然环境，即为后苑。至孙皓建昭明宫时才开始在城内进行大规模园林建设，"大开园囿，起土山楼观，穷极技巧。"此时

的禁苑，应该是结合了丰富的人工构筑物，堆筑土山，兴建楼观，向奢华趋势发展了。

4. 西苑

西苑在建业城西门外，是吴宣明太子孙登建造的园林，苑内有池名为西池[3]。苑里应该种植有果树，《裴注三国志·卷四十八·吴书三》记载："（孙）亮后出西苑，方食生梅，使黄门至中藏取蜜渍梅……"（《裴注三国志·卷四十八·吴书三》）另外，可能因为有西池水域，苑内还常集聚鸟禽，被认为是祥瑞之兆。如《晋书·卷二十八》记载："孙皓建衡三年，西苑言凤皇集，以之改元。"

5. 桂林苑

吴时有桂林苑，在建业东北十里，苑内有落星楼[4]。《吴都赋》在描述了帝王出行狩猎的场面后说："数军实于桂林之苑，飨戎旅乎落星之楼。"原注曰："《左传》曰：以数军实。《外传》曰：射不过讲军实。郑氏曰：军所以讨获曰实。"由此可推知，桂林苑是当时狩猎后清点战利品和庆功宴饮的场所[5]。

---

①《裴注三国志·卷四十八·吴书三》。注曰：太康三年地记曰：吴有太初宫，方三百丈，权所起也。昭明宫方五百丈，皓所作也。避晋讳，故曰显明。吴历云：显明在太初之东。
②《建康实录》卷二引舆地志曰：(孙权建太初宫时，)"诏移武昌材瓦，有司奏武昌宫作已二十八年，恐不堪用，请别更置。帝曰，大禹以卑宫为美，今军事未已，所在多赋，妨损农业，……今武昌材木自在，且用缮之。"
③《建康实录》卷二，载："即太初宫西门外，池吴宣明太子所创，为西苑。"
④《吴都赋》原注："吴有桂林苑、落星楼，楼在建邺东北十里。"见《文选》卷五。
⑤《文选·卷五》，93 页，北京，中华书局，1977。

五、蜀汉成都皇家园林

成都城始建于战国时的周赧王五年（公元前 310 年），至秦时，在原城西又并列建新城。原城称大城，新城称少城。史载大城周回二十里，城高七丈。西汉蜀地经济发展，成都成为西南经济、政治、文化中心。汉武帝元鼎二年（公元前 115 年）在成都增建外郭。建安二十五年（221 年），刘备在成都称帝，延续前代大、少城并列的格局，加建宫室坛庙等建筑。

蜀汉政权由于经济实力较弱，又受制于频繁的战事，所以没有进行太多的宫苑建设。辅政的丞相诸葛亮力主勤俭治国，他认为："池苑之观，或有仍出。臣之愚滞，私不自安。夫忧责在身者，不暇尽乐，……诚非尽乐之时。愿省减乐官、后宫所增造，但奉修先帝所施，下为子孙节俭之教。"（《裴注三国志·卷四十二·蜀书十二》）

由于史籍中有关蜀汉成都的记载极少，故其皇家园林的情况尚付阙如。

第二节　西晋皇家园林

公元 265 年，西晋由于以"禅让"方式和平代魏，所以全部沿用曹魏洛阳原有的宫殿、官署、苑囿等，无重大工程建设，规划格局上也没有改变。公元 311 年，刘曜、王弥军攻入洛阳，焚毁宫室等建筑，洛阳沦为废墟。

一、洛阳华林园

曹魏御苑芳林园在曹芳继位时被改名为华林园，为西晋所沿用《元河南志·卷二》记载晋城阙宫殿古迹中："华林园内有崇光、华光、疏圃、华延、九华五殿，繁昌、建康、显昌、延祚、寿安、千禄六馆。园内更有百果园，果别作一林，林各有一堂，如桃间堂、杏间堂之类。……园内有方壶、蓬莱山、曲池。"[1]可见，西晋华林园内有五座殿和六所馆，立有承露盘，又有方壶、蓬莱山等。园内还建有百果园，[2]每种果自为一林，林中各建一堂皇[3]（四面无壁之堂古称"堂皇"），有桃间堂皇、李间堂皇等名。从内容看，西晋

①中华书局编辑部：《宋元方志丛刊》，8364 页，北京，中华书局，1990。
②《艺文类聚·卷八十六·果部上》引《晋宫阁名》，记载了华林园中品种繁多的果树。如：华林园，桃七百三十八株，白桃三株，侯桃三株。樱桃二百七十株。华林园柿六十七株。《卷八十七·果部下》枣六十二株，王母枣十四株；胡桃八十四株；枇杷四株；木瓜五株；蒲萄百七十八株；芭蕉二株。《卷八十八·木部上》还有林木花卉如：华林园柏二株；榆十九株。《卷八十九·木部下》枫香三株；君子树三株；女贞一株；长生六株；木兰四株；合欢四株；栀子五株。
③《太平御览·卷九百六十四》载陆机《与弟云书》曰：天渊池东南角，有果，各作一林，无处不有，纵横成行，一果之间，辄作一堂。

御苑仍保持汉以来苑囿的游观、求仙、园圃等诸功能。

由史料可知，西晋时华林园中的宴饮游会是很频繁的。例如，《文选·卷二十·应吉甫晋武帝华林园集诗一首》注引干宝《晋纪》曰："泰始四年（268年）二月，上幸芳（华）林园，与群臣宴，赋诗观志。"在游宴中，留下了大量描述华林美景的诗赋。例如，晋潘尼《后园颂》记曰：

乃延卿士，从皇以游。长筵远布，广幕四周。嘉肴惟芳，旨酒思柔。岩岩峻岳，汤汤玄流。翔鸟鼓翼，游鱼载浮。明明天子，肃肃庶官。文士济济，武夫桓桓。讲艺华林，肆射后园。威仪既具，弓矢斯闲。恂恂谦德，穆穆圣颜。赐以宴饮，诏以话言。（《艺文类聚·卷六十五·产业部上》）

又荀勖《三月三日从华林园诗》：

清节中季春，姑洗通滞塞。玉辂扶渌池，临川荡苛慝。（《初学记·卷四·岁时部下》）

潘尼《巳日诗》：

蔼蔼疏圃，载繁载荣。淡淡天泉，载渌载清。（《初学记·卷四·岁时部下》）

从以上诗文描述可见，西晋华林园中基本保持了曹魏时的山水格局，园中树木花果繁茂，饲养兽禽鱼虫，景色优美。文中还记载了在室外宴饮时以竹席铺地，张拉帐幕围合空间的方式。

华林园中进行了一些新的景观营构，如《水经注·穀水》记载：华林园景阳"山之东，旧有九江"。陆机《洛阳记》曰：

"九江直作员水，水中作员坛三破之，夹水得相径通。"据学者考证，这是模仿位于湖北的"涓水"而在园林中作"九江"水体，水中的三个圆坛可能是西汉宫苑水景中"三神山"意匠的蜕变[1]。晋人王嘉的《拾遗记》记载海上有三山，其形如壶，方丈曰方壶，蓬莱曰蓬壶，瀛洲曰瀛壶，上方下狭，形如壶器。可见，三神山在魏晋时期已被演变为一种具器物形象的象征体，而西晋华林园中以三个抽象的"圆坛"象征三山，就是上述思想观念在园林景观创作中的投影。这种抽象和象征性手法的运用，一方面是为配合魏晋时明显缩小的宫苑规模，另一方面与玄学影响下的抽象、简洁审美观有一定的联系。

华林园的宴请，也曾被作为杀机暗藏的政治斗争手段，例如，《晋书·卷五十九·列传二九·赵王伦传》记载：八王乱晋之初，司马伦废晋惠帝擅政后，其党羽孙秀与卫将军张林有隙，林上书伦，具说秀专权，动违众心，挠乱朝廷。孙秀得知后就游说司马伦杀掉张林。于是伦"请宗室会于华林园，召林、秀及王舆入，因收林，杀之，诛三族"。

二、玄圃

玄圃在洛阳城东的太子东宫之北，是为皇太子建造的园林。《文选·卷二十·陆士衡（陆机）皇太子宴玄圃宣

<hr/>

[1]成玉宁：《中国早期造园的研究》，南京，东南大学，1993。

猷堂有令赋诗一首》注引杨佺期《洛阳记》曰:"东宫之北,曰玄圃园。"

三、翟泉

翟泉水域周迥三里,在城东面建春门内路附近[1]。据《洛阳伽蓝记》记载,其渊源可追溯到"春秋所谓王子虎、晋狐偃盟于翟泉"。翟泉和穀水入城后形成的天渊池相通,同时,它在紧临建春门的太仓西南,又与门外直通洛水的阳渠相连,阳渠是运粮水道。可见,它在保持阳渠水系的稳定、保证城市供给运输方面起着重要的调节作用。

四、灵芝池

灵芝池是魏文帝曹丕开凿的,《太平御览·卷六十七》引《晋宫阁名》记载:灵芝池,广长百五十步,深二丈,上有连楼飞观,四出阁道、钓台,中有鸣鹤舟、指南舟。

《晋宫阙名》还记载洛阳宫有"琼圃园、灵芝园、石祠园"等,已无从详考。

第三节 东晋南朝皇家园林

公元 317 年,司马睿在建康建立东晋王朝;420 年,刘裕代东晋建立宋朝,后又历齐、梁、陈共四朝,589 年为隋所灭。东晋和南朝均建都于建康,建康即三国吴的故都建业,它作为东晋、宋、齐、梁、陈五朝的都城,历时 272 年,以繁华秀丽、人文兴盛著称于史册。

东晋都城基本坐落在吴都的故址,继承了吴都山水环抱的环境格局[2]。东晋初国力较弱,宫殿建在吴太初宫故址,规模较小。宫前无阙,戏以城南遥望的牛头山为"天阙"[3]。城墙是竹篱做的,称"篱墙"[4]。据《建康实录》引《舆地志》的记载,城周长二十里十九步(约 8667 米)。建康城外还有两道外围防线,外层仍是竹篱,史载有五十六座篱门[5],近于外郭,但无郭墙。其内层是临时性的栅,东临青溪,南临秦淮河,西临长江,北临北湖(玄武湖),有警时在其内岸树栅,栅外有江、湖、河阻隔,利于防守,称为"栅塘"。由于树栅后建康四面环水,形如岛屿,故

①《洛阳伽蓝记·城内》载:(建春门内)御道北……晋中朝时太仓处也。太仓(西)南有翟泉,周回三里……水犹澄清,洞底明静,鳞甲潜藏,辨其鱼鳖。
②详见本文孙吴建业皇家园林章节。
③《建康实录》卷7:"(中宗)欲立石阙于宫门,未定,后(王)导随驾出宣阳门,乃遥指牛头峰为天阙,中宗从之。"中华书局标点本②,第 191 页。
④《资治通鉴》卷 135,(齐纪)一,高帝建元二年(480 年):"自晋以来,建康宫之外城唯设竹篱,而有六门。会有发白虎樽者,言'白门三重关,竹篱穿不完'。上感其言,命改立篱墙。"中华书局标点本⑨,第 4238 页。
⑤《太平御览》卷 197,(居处部)25,藩篱:"《南朝宫苑记》曰:建康篱门,旧南北两岸篱门五十六所,盖京邑之郊门也。"中华书局缩印四部丛刊本①,第 950 页。

北朝人引《尚书》中"岛夷卉服"之语，讥南朝政权为"岛夷"。

公元308年，东晋发生内乱，叛将苏峻的军队焚毁宫殿官署。330年，在名相王导主持下，建新宫，并修建城门，开辟御道。新宫在旧宫之东，略向北移，宫城周长8里，开有五门。此后历年经营，至339年，建康形成如下格局：宫城在南北向中轴线北部，后接后苑，府库在宫东西两侧，衙署建在全城主轴线——御街的两侧，这和魏晋洛阳的布局颇为相似。在都城六门中，宣阳、开阳、清明、建春、西明五门都沿用魏晋洛阳门名，也明显地表示出是按照魏晋洛阳的模式来改建建康的。至此，建康作为五朝都城的格局已定，以后历宋、齐、梁、陈四朝，虽有不同程度的增益完善，但都城内大的分区和宫城、干道等大的格局基本延续下来。

东晋建康的居住区沿吴时之旧，多在宣阳门外秦淮河北的三角地和河南的越城和大小长干里一带。这里是秦淮河两岸，秦淮河西通长江，东通破冈埭，长江上游及三吴财货都由此输入建康，是最繁华区。此外，城东的青溪以东和城北的潮沟（吴时开的城壕）以北是东晋初贵族显宦的聚居区。在城内，虽大部为宫殿、府库、官署、营房所占，仍有少量显贵居住区。

值得注意的是，以上所述只是建康的中心区。秦淮河以南和都城外其他部分，随经济的发展和政治或军事防御需求，陆续建成了石头城、东府、西州、冶城、越城、丹阳郡、南琅玡，以至新林、白下、查浦

和沿河东南向的方山等兼有政治、经济、军事意义的城镇或集镇。以这些小城为中心，其间又随手工业、商业、运输的发展而辐射扩展，逐渐相接，最后连成一片，由此，建康形成了东西、南北各广四十里的繁华都会。(图3-4)

概括起来，东晋南朝建康的主要特点就是：在核心地区建设符合传统都城体制的较严整方正的都城，在其外围则顺应地形和水网交通的便利，对居民区和商业区做较自由的、开放的布置，以满足经济发展和人口增加的需求。通过史料综合，使我们看到建康是当时范围空前广大、人口空前众多、经济空前繁荣的一代名都。它的城市生活，特别是经济生活，远比当时北方国家开放和繁荣。隋平陈后，毁掉建康，中国都城重又回到封闭的城郭、封闭的里坊、封闭的市场那种传统的封建控制状态。直到晚唐的扬州、五代及北宋的汴梁和南宋的临安，才又随着新的经济发展和商业繁荣重新出现和建康类似的城市。从这种意义上讲，建康可以说是在中国城市发展中具有先行性质的成功例证。

优美的自然环境、发达的文化和经济，是东晋南朝园林生长发展的沃土。建康的皇家园林一方面承继汉魏宫苑遗风，攫取其中精华；另一方面依托于江南的地理环境和经济优势，倚重空前发展的士人文化和山水审美热潮，在风格和艺术手法上，较前代宫苑园林有了重大的转型和突破。

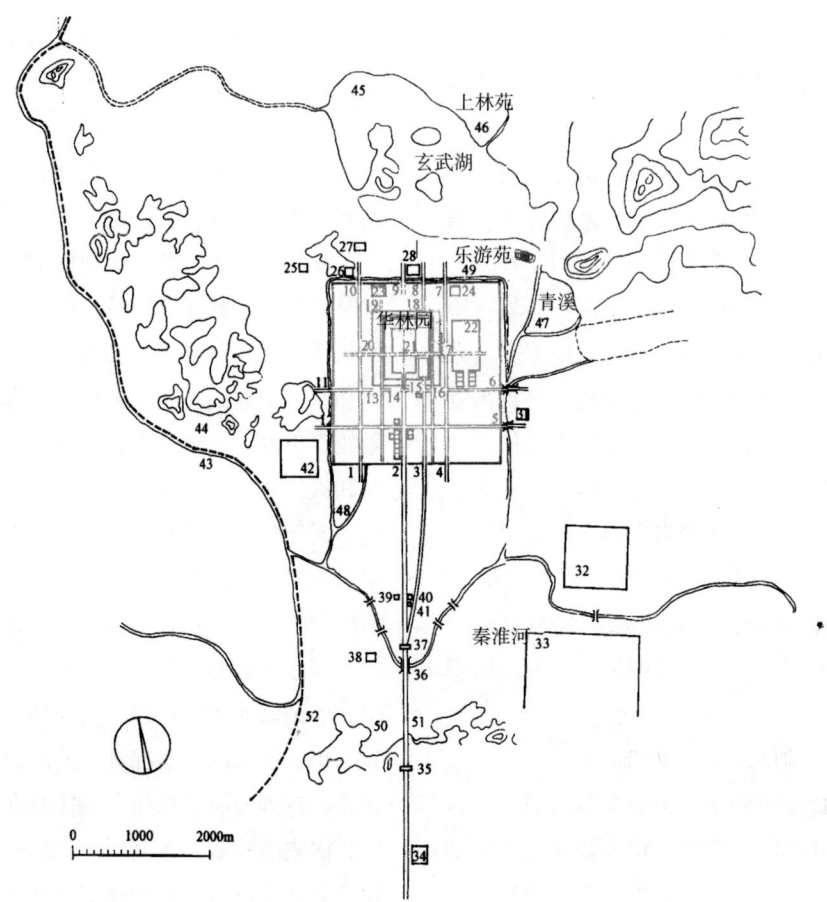

图 3-4 东晋、南朝建康城及皇家园林分布示意图
（引自傅熹年《中国古代建筑史·第二卷·三国、两晋、南北朝、隋唐、五代建筑》，第70页《东晋、南朝建康城平面复原示意图》）

1. 陵阳门	2. 宣阳门	3. 开阳门（宋津阳门）	4. 新开阳门	5. 清明门
6. 建春门（建阳门）	7. 新广莫门	8. 平昌门（广莫门，448年改承明门）		9. 玄武门
10. 大夏门	11. 西明门	12. 阊阖门（448年增）	13. 西掖门（宋、齐）	14. 大司马门
15. 南掖门（晋）、阊阖门（宋）、端门（陈）、天门		16. 东掖门（宋、齐）		
17. 东掖门（晋）、万春门（宋）、东华门（梁）		18. 平昌门（晋）、广莫门（宋）、承明门（宋）		
19. 大通门（梁增）	20. 西掖门（晋）、千秋门（宋）、西华门（梁）	21. 台城，宫城	22. 东宫	
23. 同泰寺	24. 苑市	25. 纱市	26. 北市	27. 归善寺	28. 宣武场	29. 乐游苑
30. 北郊	31. 草市	32. 东府	33. 丹阳郡	34. 南郊	35. 国门
36. 朱爵（雀）航、大航	37. 朱雀门	38. 盐市	39. 太社	40. 太庙	41. 国学
42. 西州	43. 长江故道	44. 石头城	45. 玄武湖	46. 上林苑	47. 青溪	48. 运渎
49. 潮沟	50. 越城	51. 长干里	52. 新亭		

一、园林概况

1. 大内御苑华林园的五朝沿革

华林园是建康五朝政权历代经营的大内御苑，在宫室区之北，有园门与后宫直接相通。

东晋南渡之初，立足未稳，颇为困窘。宫室较简朴，宫内官署甚至用茅草屋顶，所以没有余力大修苑囿。至晋成帝建新宫时，主要参考洛阳晋宫规制，但规模缩小。在晋宫北半部留出内苑之地，仍沿魏晋旧制定名华林园。东晋前期，园中基本是依托原有的自然形胜，经营林木、水渠、池沼等，还没有很多景点建置。《世说新语·言语》中载，东晋简文帝司马昱入园时曾说："会心处不必在远，翳然林水，便自有濠濮间想也。觉鸟兽禽鱼，自来亲人。"这句话不但说明了此时的园林审美意趣，已达到通过直观产生联想的较高境界；同时也透露出当时园中景物不多，以林水为主的现实情况。晋孝武帝太元二十一年（公元396年）在园中西部建清暑殿，供游宴起居，是晋宫中较奢华的殿堂。

华林园的主要建设在南朝宋以后。综合《建康实录》《建康宫殿簿》《南史》诸书的记载，华林园在宫城北部第二重墙之内。南门通入后宫，名凤妆门，北门称北上阁，东门名东阁。南朝宋文帝于元嘉年间在东阁内建延贤堂，为皇帝非正式接见臣下之所，东阁外有客省、都亭等。东晋的清暑殿也仍在使用。宋江夏王刘义恭、武陵王刘骏（后为孝武帝）、尚书令何尚之等都撰有《华林清暑殿赋》咏其事。宋文帝元嘉二十二年（公元445年），按照将作大匠张永的规划设计，开始大修华林园，筑景阳山、武壮山，凿天渊池，建华光殿、凤光殿、兴光殿、景阳楼、通天观、一柱台、醴泉堂、芳香琴堂、竹林堂、射堋、层城观等大量建筑物，主景为景阳山、天渊池，主殿为华光殿。以后，在宋孝武帝大明年间又建日观台、曜灵前后殿，改芳香琴堂为连理堂[1]。

到梁代，梁武帝把华光殿拆去施给草堂寺，在其地新建七间的阁，下层名兴光殿，上层名重云殿，在其地讲经，华林园主殿遂改为二层的楼阁。又造朝日楼、明月楼。另在景阳山上建"通天观"以观天象，这是天文观测建筑，此外还有观测日影的日观台。当时的著名天文学家何承天、祖冲之都在园中工作过。

太清三年（公元549年）侯景之乱时，华林园被毁。陈时稍加恢复。永定间（公元557—559年），在园中建听讼殿。天嘉二年（公元561年）又在园中建临政殿。陈后主时，在园中大规模建设，在至德二年（公元584年）于光昭殿前建临春、结绮、望仙三阁，有复道相通。阁下"积石为山，引水为池，植以奇树，杂以花药"，供后主及其宠妃居住，是南朝最繁华的建筑。

华林园除供游赏外，还设有射堋，可供宴射之用。《南史》载，宋少帝时，曾

---

[1] 参照傅熹年《中国古代建筑史·第二卷·三国、两晋、南北朝、隋唐、五代建筑》以及相关史籍整理。

在"华林园为列肆，亲自沽卖"。又载齐东昏侯也在华林园中"立店肆，模大市，日游市中，杂所货物，与宫人阉竖共为裨贩"。从宋、齐时都有此情况看，很可能园中原有类似性质的建筑，供后妃游赏。《南史》只是因皇帝亲自参加贩卖而讽讥之而已。《南史》又载，萧衍围建康时，东昏侯曾在园内正殿华光殿前立军垒，诈为战阵负伤，以为厌胜，可知主殿前应有相当大的广庭或广场。

2. 其他御苑

南朝苑囿，除华林园外，还有乐游苑、上林苑、王游苑等，都在建康城外的玄武湖畔或长江之滨。

（1）乐游苑

乐游苑在建康城东北的覆舟山南。这里原是东晋北郊，南朝宋元嘉初年，移郊坛于外，以其地为北苑，建楼观。后改为乐游苑。元嘉十一年（公元434年）三月西申，宋文帝与群臣禊饮于乐游苑，可知此时苑已基本形成并定名，其时间还在堰玄武湖和大修华林园之前。南朝宋孝武帝大明中在苑中建主殿正阳殿和林光殿。林光殿内有流杯渠，专供禊饮之用。梁末侯景之乱时此苑被毁。陈天嘉二年（公元561年）曾加修复，在山上建亭。陈亡后废毁。乐游苑是南朝皇帝与大臣举行上巳禊饮、重九登高、射礼、接见外国使臣之地，是十分重要的离宫苑囿。自建康北面

的承明门有驰道直抵苑门，即南北二驰道中的北驰道。苑正门在南面，又有西门。该苑充分结合了覆舟山进行建构，林光等殿在覆舟山南开阔地带，另在覆舟山上建亭观，以北瞰玄武湖，东望钟山。南朝宋时颜延年在《曲水诗序》中描写乐游苑风景说，"左关岩隩，右梁潮源（指潮沟之源）。略亭皋，跨芝廛。苑太液，怀层山。松石峻垲，葱翠阴烟。……于是离宫设卫，别殿周徼。旌门洞立，延帷接柘。阅水环阶，引池分席"。范晔诗描写苑中"原薄信平蔚，台涧备曾深。……遵渚攀蒙密，随山上岖嵚。睇目有极览，游情无近寻"。可知园内山秀林茂，自然风景优美，并盛饰殿阁，设有专供禊饮的流觞殿和登山瞰湖看山的景点。宋孝武帝时，在苑中建有藏冰室。影响所及，北魏在洛阳华林园内，也于天渊池建藏冰室。

《南史·卷五·齐本纪下》载，齐东昏侯永元二年（公元500年）曾在乐游苑举行大会，"如三元，都下放女人观"。可知有时也会放平民游赏，略具公众游赏地的性质。

（2）玄武湖与上林苑

玄武湖在都城背倚的鸡笼山北麓，对建康城的水网系统起重要的调节作用，同时，又是建康城北面的重要军事屏障。孙权时就凿暗渠将北城外的城壕"潮沟"与北湖（即后世的玄武湖）连通；孙皓进一步将湖水引入宫城；至晋元帝时重新修筑堤坝，宋文帝元嘉年间定名真武湖，大

加兴建。而后，配合乐游苑的观景需求，在湖中营建了亭台等点景建筑，并将湖水引入宫苑，不但连通天渊池，还流经宫室区诸殿。如《六朝事迹编类·真武湖》所记：

> 吴后主皓宝鼎元年（公元266年），开城北渠，引后湖水流入新宫，巡绕殿堂，穷极伎巧。至晋元帝始创为北湖，故《实录》云：元帝大兴三年（公元320年）创北湖，筑长堤以遏北山之水，东至覆舟山，西至宣武城。又按《南史》，宋文帝元嘉二十三年（公元446年）筑北堤，立真武湖于乐游苑之北，湖中亭台四所。……至孝武大明五年（公元461年），常阅武于湖西。七年（公元463年）又于此湖大阅水军。按《舆地志》（注：南朝梁顾野王所作）云：齐武帝亦常理水军于此，号曰昆明池。故沈约《登覆舟山》诗："南瞻储胥馆，北眺昆明池。"盖谓此也。又于湖侧作大窦，通水入华林园天渊池，引殿内诸沟经太极殿，由东、西掖门下注城南堑，故台中诸沟水常萦流回转，不舍昼夜。又按《南史》：元嘉二十三年造真武湖，文帝欲于湖中立方丈、蓬莱、瀛洲三神山，尚书右仆射何尚之固谏，乃止。今《图经》云：湖中有蓬莱、方丈、瀛洲三神山，不知何所据也。

由上文记载可知，南朝帝王也想在苑囿建设中寄托自己的求仙长生愿望，欲经营一池三山。这可以说是自秦汉以来萦绕于历代帝王心中的永恒情结。但因为筑山是需耗费大量人力物力的，所以在国力条件的限制下，宋文帝被迫放弃了营建。明代刘仕义《新知录摘抄》记玄武湖景观曰：

> 隔堤即玄武湖，亦潆回数十里。其中芳洲浮水而出者有六，树木笼葱，烟云缥缈。时方盛夏，荷菱荟蔚，藻荇牵浮，红绿错落。云水之湄，极目无际。

同是明代的王士性也在《广志绎·卷二》中记玄武湖曰：

> 玄武湖大十数里，中洲为册库，以藏版籍。楼开东西牖，随日照之，得不蛀。……非督册台省度支郎不得入其地。四山蘸翠，藕花满湖，香气袭人。月明之夕，游赏为最。

可见，明代时玄武湖中有五或六个岛，风景优美，为游赏胜地。而现今玄武湖中有五个岛，分别名为环洲、菱洲、梁洲、樱洲、翠洲，是晚清以后历年修建而成的景观。

总此，玄武湖中的岛，究竟是天然有之或人工兴筑已无从详考，但可以清楚看到的是，秦汉以来以园林山水来写仿九州四海的君王气象和模拟蓬莱仙境的求仙延寿情怀，一直伴随着魏晋南北朝历代帝王，贯穿于皇家园林的山水格局中。

玄武湖还是操练和检阅水军的重要基地。上文所引《六朝事迹编类·真武湖》中，记载了南朝各帝在湖中练师阅武之事，《太平御览·卷六十六》中徐爰《释问》载述道：

> 玄武湖本桑泊，晋元帝创为北湖，宋以隶舟师。

梁末侯景之乱，叛兵攻打台城（宫城）时，玄武湖成了引水灌城的战术工具。如《梁书·卷五十六》记载：

> 材官将军宋嶷降贼，因为立计，引

玄武湖水灌台城。城外水起数尺,阙前御街并为洪波矣。

南朝宋孝武帝大明三年(公元459年),在玄武湖北建上林苑[①],是皇家狩猎场。其详细情况因史籍缺略,已不可考。

这样,玄武湖东南有乐游苑,北有上林苑,实际上在建康以北形成一个包覆舟山、玄武湖于内的巨大苑囿,在环境景观和军事防御方面都处于重要的地位。

(3)玄圃

玄圃在太子东宫,《南齐书·卷十·列传第二·文惠太子传》记载:

（太子）风韵甚和,而性颇奢丽,宫内殿堂,皆雕饰精绮,过于上宫。开拓元（玄）圃园,与台城北堑等。其中楼观塔宇,多聚奇石,妙极山水,虑上宫望见,乃傍门列修竹,内施高郭,造游墙数百间,施诸机巧,宜须郭蔽,须臾成立,若应毁撤应手迁徙。

《南史·卷五十五·列传四十三昭明太子传》中也有相关记述:

（萧统）性爱山水,于元（玄）圃穿筑,更立亭馆,于朝士名素者游其中。尝泛舟后池,番愚侯轨盛称此中宜奏女乐。太子不答,咏左思《招隐诗》曰:"何必丝与竹,山水有清音。"侯惭而止。

(4)湘东苑

湘东苑是梁元帝萧绎在江陵为湘东王时所建。侯景之乱,梁武帝和简文帝先后被杀,湘东王征伐侯景功成,即帝位于江陵,是为梁元帝。

《太平御览·卷一九六》引《诸宫故事》对湘东王苑池的记述为:

湘东王于子城中造湘东苑。穿池构山,长数百丈,植莲浦缘岸,杂以奇木。其上有通波阁,跨水为之。南有芙蓉堂,东有禊饮堂,后有隐士亭,亭北有正武堂,堂前有射堋马埒。其西有乡射堂,堂安行埒,可得移动。东南有连理,太清初生此,连理当时以为湘东践祚之瑞。北有映月亭,修竹堂,临水斋。斋前有高山,山有石洞,潜行宛委二百余步。山上有云阳楼,极高峻,远近皆见。

这虽不是建康的苑园,但作为梁代苑园之一而在此叙述。从这些文字记载看,其苑园的营筑方法比北方苑林富有雅趣,而且更加巧致。

(5)芳乐苑

芳乐苑在宫城内,始建于南齐。东昏侯于台城阅武堂旧址兴建芳乐苑,苑内穷奇极丽,多种树木,山石皆涂以彩色,跨池水立紫阁诸楼观,壁上画男女私亵之像。种好树美竹,天时盛暑,未即经日,便就萎枯。于是征求民家,望树便取,毁撤墙屋,以移置之,朝栽暮拔,道路相继,花药杂草,亦复皆然。东昏侯在芳乐苑内也设了仿市井的街道店肆,如李延寿《南史·卷五·齐本纪下第五》所载:

又于苑中立店肆,模大市,日游市中,

---

①《宋书·卷六》:(大明三年(459年))壬辰,于玄武湖北立上林苑。

杂所货物，与宫人阉竖共为裨贩。以潘妃为市令，自为市吏录事，将斗者就潘妃罚之。帝小有得失，潘则与杖，……又开渠立埭，躬自引船，埭上设店，坐而屠肉。于时百姓歌云："阅武堂，种杨柳，至尊屠肉，潘妃酤酒。"

（6）芳林苑

芳林苑一名桃花园，位于燕雀湖之东侧。原为齐高帝旧宅青溪宫。"齐武帝永明五年（公元487年），尝幸其苑禊宴。王融《曲水诗序》云：'载怀平浦，乃眷芳林'，盖谓此也。又按《南史》：齐时青溪宫改为芳林苑。梁天监初，赐南平元襄王为第，益加穿筑，果木珍奇，穷极雕靡，命萧子范为之记。蕃邸之盛，无以过焉。"①

（7）王游苑

梁武帝末期，曾于太清元年（公元547年）在建康西南方新亭至新林浦一带沿江地段建王游苑，也是规模巨大的苑囿。因始落成即逢侯景之乱被毁，历史上不甚著名。

（8）西园

在梁陈诗文中，有大量吟咏西园美景之作，从内容可见其是皇家园林。在孙吴时，建康城西有太子西苑，梁代有诗文载曰：

北阁时既启，西园又已辟。宫属引鸿鹭。朝行命金碧。……壶人告漏晚，烟霞起将夕。反景入池林，余光映泉石。②

故此推测梁陈的西园可能是孙吴西苑的修复。

西园山水环境优美，帝王经常在此宴饮游乐。从梁陈之际留下的大量有关诗篇中可约略了解其概貌。

诏乐临东序，时驾出西园。……扬鸢启四门，夜气清箫管。晓阵烁郊原，山风乱采眊。初景丽文辕，林开前骑骋。迆曲羽旄屯，烟壁浮青翠。石濑响飞奔，回舆下重阁。降道访真源。……③

肃城通甲观，承华启画堂。北宫降恩赏，西园度羽觞。殊私奉玉裕，终宴在金房。庭晖连树彩，詹影接云光。仙如伊水驾，乐似洞庭张。弹丝命琴瑟，吹竹动笙簧。庸疏滥应阮，衰朽恶连章。④

梧台开广宴，竹苑列英贤。景差方入楚，乐毅始游燕。折角挥谈柄，重席吐言泉。武骑初摛翰，文学正题鞭。玉徽调绿绮，壁散沈青田。晚霞澹远岫，落景藻长川。未陪东阁赏，独咏西园篇。⑤

①张敦颐：《六朝事迹编类》，王能伟，点校，65页，南京，南京出版社，2007。
②刘孝绰：《侍宴集贤堂应令诗》，逯钦立，辑校，见《先秦汉魏晋南北朝诗·梁诗卷十六》，1827页，北京，中华书局，1983。
③［南朝梁］简文帝：《行幸甘泉宫》，逯钦立，辑校，见《先秦汉魏晋南北朝诗·梁诗卷十九》。
④江总：《宴乐修堂应令诗》，逯钦立，辑校，见《先秦汉魏晋南北朝诗·陈诗卷八》，2578页，北京，中华书局，1983。
⑤于仲文：《答谯王诗》，《先秦汉魏晋南北朝诗·隋诗卷五》。

（9）甘泉宫

甘泉宫是梁代行宫，梁简文帝《行幸甘泉宫》诗记之曰：

> 雉归海水寂，裘来重译通。吉行五十里，随处宿离宫。鼓声恒入地，尘飞上暗空。尚书随豹尾，太史逐相风。铜鸣周国镜，旗曳楚云虹。幸臣射覆罢，从骑新歌终。董桃拜金紫，贤妻侍禁中。不羡神仙侣，排烟逐驾鸿。①

此外，还有青林苑、东田小苑、博望苑等苑囿散布在郊外。在这些园林中，就造园特点而言，可分为两种类型：一种在城中或近郊，多为人工造景，如宫城中的华林园。园中都筑山穿池，建楼观相望，移栽名树异卉，出自人为的景物较多，还有较密集的园林建筑。但这类人工园的造景仍具有极力追摹自然景物的特点。第二种是利用自然风景区，就优美的自然环境适加开拓，点缀少量建筑，构成景观，以衬托自然风景之美为主，如乐游苑、上林苑等。从总体风格上看，东晋南朝的皇家园林则体现出兼具帝王体制和文人雅趣的独特风格，容下文详述。

二、园林风格

东晋南朝的皇家园林，与两汉时期有较大区别。由于受士人文化影响，皇家园林在经营意匠上日益显露出独特的"圣王境界"。并且，同北朝相比，南朝宫苑具有更为浓重的文人化色彩。

1. 皇家园林的"圣王境界"

中国古代最初的造园由皇家园林开先河，原始的物质基础和神性思维决定了秦汉宫苑中"王"气盛行，以法天象地来直接表露那个以大为美的大一统时代；时至魏晋南北朝，伴随士文化的发展和士人园的兴起，人文意识充分渗透到皇家园林中，圣贤文人气象逐渐受到帝王的重视，帝王思维从原始的、王气的、外显的初始状态，过渡到人文的、圣贤的、内涵的阶段。

依托于魏晋玄学关于士人理想人格标准的丰富理论成就②，帝王对"内圣"修为展开了积极的践行，而实施践行的主要场所，就是皇家园林。故此，作为礼乐复合型艺术，皇家园林所具有的大政治功能被逐步挖掘和认识：园林不仅是帝王为昭示文治武功而在现实世界塑造的人间天堂，还是一个可居、可游的居住环境，更是一个赏心悦目、修身养性的精神故园。

这可谓是中国皇家园林独特的"圣王境界"的滥觞。承魏晋之端绪，经唐宋的发展，以空前完整的理学体系为理论基础，帝王思维最终被推向历史的最高层次——"内圣"与"外王"的结合。皇家园林作为帝王社会和人生理想的写照，随之空前

---

① ［南朝梁］简文帝：《行幸甘泉宫》，逯钦立，辑校，见《先秦汉魏晋南北朝诗·梁诗·卷二十》，1910页，北京，中华书局，1983。
② 参见本文第一章所述。

发展，至有清一代，以康、乾为代表的清代帝王，以其"移天缩地在君怀"的气魄，将皇家园林艺术推向历史的最高峰。

（1）帝王气象与文人气质相结合的园林景观

由于是皇家园林，东晋南朝御苑在一定程度上保持了传统帝都内苑的体制。从华林园及其内的景阳山、天渊池等名称，就可知是特意沿用自魏晋洛阳华林园，以标榜自己的中原正统皇室血脉。另外，前文提及，六朝皇家园林山水格局中，仍然倾注了"四海"和"蓬莱"意象，这也无疑是王者风范的直接投射。但同时，偏安江左的皇室，在政治和经济上都倚重于世族扶持，文化上也深受士人影响，这就导致此时的皇家园林必然带有很强的文人气质。因此，东晋南朝的皇家园林，是帝王气象与文人气质的综合体，体现出超越前代的独特风格。

魏晋以后，士人在官僚阶层中的地位日益重要，高门世族对社会政权和文化实行了空前的垄断，自两晋至南朝，著名的权臣如张华、潘岳、王、谢家族，以及刘勔、袁粲、沈约等，既是当时士人阶层的代表，也是最主要的官僚政治家，因此，皇室成员必然自觉而全面地接受士人文化的影响。东晋简文帝司马昱、宋孝武帝刘骏、宋明帝刘彧、齐竟陵王萧子良、梁武帝萧衍、梁昭明太子萧统、梁简文帝萧纲、梁元帝萧绎等，皆以具有高度士大夫文化修养而著称[1]。这样的社会文化潮流和帝王的文人化趋势，大大促进了皇家园林中文人气质的增长，帝王对士人文化和士人园林的倾心和追慕常常溢于言表。例如，东晋简文帝司马昱入华林园时说："会心处不必在远，翳然林水，便自有濠濮间想也。觉鸟兽禽鱼，自来亲人"，正是其"清虚寡欲，尤善玄言"（《晋书·卷九·帝纪第九·太宗简文帝纪》）的高度文人化倾向的鲜明写照。又宋元嘉名士戴颙所居之山"有竹林经舍，林涧甚美"，宋文帝筑景阳山于华林园，山成时戴颙已死，文帝叹曰："恨不得使戴颙观之"（《宋书·隐逸传》），显示出宋文帝对戴颙等士人审美品味的高度重视。另外，梁朝的到溉"第居近淮水，斋前山池有奇礓石，长一丈六尺"，梁武帝萧衍得知后，特地前去观赏，还费尽心计地以打赌的方式赢得了这块奇石，将其"迎置华林园宴殿前"（《南史·到溉传》）。由此可见南朝帝王对士人园林的审美情趣以致玩赏风物的充分关注和刻意追随。

同时，东晋南朝的皇家园林，多委任具有较高文化修养的士人负责设计和监造。例如，南朝宋御苑华林园的主要造园师张永，就是当时著名的士大夫。《宋书·张永传》中记载他"涉猎书史，能为文章，善隶书，晓音律"，同时又"留心山谷"，为吴兴太守时，因其"郡后堂有好山水"而名传遐迩（《南齐书·沈骥士传》）。

---

① 参见相关本纪载述。

南朝宋元嘉二十三年，“造华林园、玄武湖，并使（张）永监统，凡诸制置，皆受则于永。”（《宋书·张永传》）在这些文人名士的指导经营下，皇家园林必然融入大量的文人审美意匠。

魏晋南北朝时期，士人审美意趣发生了空前转型和发展，山水审美热潮蔚然勃兴，士人们纷纷将对山水之美的感悟运用到园林建造中，开创了园林营构的审美新风。此时的皇家园林，日渐成为了集聚士人园林创作艺术精华的场所。这种传统一经形成，就一直为后世皇家园林所延续，清代乾隆时期宫廷苑囿大量摹仿江南私家园林佳作的做法，就是该风流化所及。

东晋南朝皇家园林兼具帝王和士人文化特色的综合性风格，在梁裴子野的《游华林园赋》中有着清晰的表述：

谅无庸于殿省，且栖迟而不事。譬笼鸟与池鱼，本山川而有思。伊暇日而容与，时遨游以荡志。正殿则华光弘敞，重台则景阳秀出。赫弈翚焕，阴临郁律。绝尘雾而上征，寻云霞而蔽日。经增城而斜趣，有空垅之石室。在盛夏之方中，曾匪风而自栗。溪谷则沱潜派别，峭峡则险难壁立。积峻窦溜，阑干草石。苔藓驳荦，丛攒既而。登望徙倚，临远凭空。广观逖听，靡有不通。（《艺文类聚·卷六十五产业部上》）

可见，在华林园里，不但有“华光弘敞”①“景阳秀出”②的王者气度；还有增城“斜趣”和石室“空垅”的文人雅趣。这样的园林，为帝王提供了暂避“殿省”、聊以“栖迟”的场所，而王者在其中的“本山川而有思”“时遨游以荡志”等心志行径，则无疑与士人的寄情山林、俯仰自得具有同出一辙之妙趣。

另外，南朝宋颜延年在《曲水诗序》中描写乐游苑风景的诗篇，也是此时宫苑园林综合性风格的真实写照：

左关岩隥，右梁潮源（指潮沟之源）。略亭皋，跨芝廛。苑太液，怀层山。松石峻垝，葱翠阴烟。……于是离宫设卫，别殿周徼。旌门洞立，延帷接枑。阅水环阶，引池分席”。

在乐游苑中，既要显露“苑太液，怀层山”的君王气象，又营造了“松石峻诡，葱翠阴烟”的萧散氛围；既有“别殿周徼”“旌门洞立”的严谨布局，又有“阅水环阶，引池分席”的舒展排设。这样的园林景观，在风格的对比与互融中取得了极富动感的和谐，无疑具有较高的艺术审美价值。

（2）圣王合一的园林精神境界

影响皇家园林发展的精神因素主要是帝王思维的积淀和发展。伴随东晋帝王思维在士风影响下的不断哲学化、理性化和人文化，园林日益成为他们寄托“内圣外王”的社会和人生理想必不可少的精神居所。南朝皇家园林的景点命名，以及反映创作意象的题咏中，诸如“茅茨”“乐贤”

①描写华林园主殿华光殿。

②描写华林园景阳山。

等等，都明显是对士人社会理想的引述，是对士人塑造的君王意象的向往。值得注意的是，由于士人作为人臣的地位所限，纵有"文不在兹""人皆可为尧舜"的"浩然之气"，也不能尽数在诸如造园等实际生活中表达出来。这些士人理想中的最高治世境界，只可能出现在深受士人文化熏陶的帝王所悉心经营的皇家园林中。

故此，东晋南朝的皇家园林，在保留秦汉宫苑狩猎、生产等物质性功能特点的同时，满足帝王政治和精神生活需要的作用日益突出，承载着帝王圣王合一的精神境界。

宋孝武的《华林清暑殿赋》咏叹出了帝王游园时涤荡心灵，陶冶情操，与天地同乐的心情：

> ……辟西楹而鉴斜月，高东轩而望初日。粤乃炎精待戒，青祇将毕。濯禊在辰，风光明密。婉祥鳞于石沼，仪瑞羽于林术。浮觞无届，展乐有时。惟欢洽矣，含歌受辞。歌曰：山怀风兮谷吐泉，清潭邈兮远气宣，符深情兮应遥心，促千里兮测云天。（《艺文类聚·卷六十二·居处部二》）

梁裴子野《游华林园赋》，实际也是描述帝王游园的赏心目的：

> 谅无庸于殿省，且栖迟而不事。譬笼鸟与池鱼，本山川而有思。伊暇日而容与，时遨游以荡志。

梁昭明太子则更将园林栖居与学术钻研相并列，当作提高自身修养的必由之路，如他在《与何胤书》中所说：

> 方今朱明在谢，清风戒寒。想摄养得

宜，与与时休适。耽精义，味玄理，息嚣尘，玩泉石。激扬硕学，诱接后进。志与秋天竞高，理与春泉争溢。乐可言乎，乐可言乎。（《艺文类聚·卷三十七·人部二十一》）

梁武帝和群臣共咏的《清暑殿效柏梁体》中，则道出了园林满足帝王政治和精神生活需要的重要功用。

> 居中负扆寄缨绂，言惭辐凑政无术。至德无垠愧违弼，燮赞京河岂微物。窃侍两宫惭枢密，清通简要臣岂汩。出入帷宸滥荣秩，复道龙楼歌楸实。空班独坐惭羊质，嗣以书记臣敢匹。

由此可见，在东晋南朝，皇家园林日益成为帝王达到"圣王"精神追求的必由之路，是帝王标示文治武功的重要场所。此时的皇家园林，寄托着帝王的"圣王"情怀，在与士人园的不断融合中，在情趣、风貌与艺术手法上，发生了超越秦汉的重大转型。

2. 皇家园林的重文倾向

与北朝相比，东晋南朝的皇家园林具有更强的文人化特征，帝王本身就具有极高的文化修养，追求文人的气质和生活方式，而园林是他们寄托文人情结的主要场所。文人化的园居生活方式、极具儒雅风流的御苑文会以及反映文人审美理想的曲水流觞等园林景观，无不彰显着帝王的重文倾向。

---

① 南朝帝王多礼遇文人，如《太平御览·卷一百四十八》记曰："昭明太子好士爱文，刘孝绰与陈郡殷芸、吴郡陆倕、琅邪王筠、彭城刘洽等同见礼待。太子起乐贤堂。"

（1）帝王的文人化

东晋南朝的帝王，许多都重视与文人的交往，他们具有较高的文化造诣。例如，梁武帝萧衍博学多通，是南齐竟陵王府"西邸八友"之一[1]，诗文并茂，有着深厚的文化修养。他下诏修国学、立五馆、置博士、开讲座。又大量集注古书，并撰书立说。史载其：

有《周易讲疏》三十五卷，《尚书大义》二十卷，又十一卷，《毛诗发题序义》一卷，《礼记大义》十卷，《钟律纬》六卷，《孝经义疏》十八卷，《孔子正言》二十卷，《通史》四百八十卷，《老子讲疏》六卷，《兵书钞》一卷，《兵书要钞》一卷，《金策》三十卷，《围棋品》一卷，《棋法》一卷，《集》三十二卷，《诗赋集》二十卷，《净业赋》三卷，《杂文集》九卷，《别集目录》二卷。[2]

梁昭明太子萧统、简文帝萧纲、梁元帝萧绎等也都文采横溢。

萧统撰《文选》，流芳百世。萧纲著《昭明太子传》五卷，《诸王传》三十卷，《礼大义》二十卷，《老子义》二十卷，《庄子义》二十卷，《长春义记》一百卷，《法宝连璧》三百卷。萧绎著《孝德传》三十卷，《忠臣传》三十卷，《丹阳尹传》十卷，《注汉书》一百一十五卷，《周易讲疏》十卷，《内典博要》一百卷，《连山》三十卷，《洞林》三卷，《玉韬》十卷，《补阙子》十卷，《老子讲疏》四卷，《全

德志》《怀旧志》《荆南志》《江州记》《贡职图》《古今同姓名录》一卷，《筮经》十二卷，《式赞》三卷，文集五十卷。

值得重视的是，深受士人文化熏陶的东晋南朝帝王，在审美观照方式方面也迥异于两汉，体现出清雅精微的趣尚。例如，《世说新语·言语》记载了东晋简文帝司马昱对华林园景观的审美感受：

简文入华林园，顾谓左右曰："会心处不必在远。翳然林木，便自有濠濮间想也。觉鸟兽禽鱼，自来亲人。

人们往往由此联想到庄子的"鱼乐"：

庄子与惠子游于濠梁之上。庄子曰："鲦鱼出游从容，是鱼之乐也。"惠子曰："子非鱼，安知鱼之乐？"庄子曰："子非我，安知我不知鱼之乐？"[3]

然而仔细分析就会发现二者却具有不同的境界。庄子的"鱼乐"是物我为二，冷静旁观的，而简文帝的"鸟兽禽鱼，自来亲人"，则带有更强烈的主体情感意识，正如《中庸》的"鸢飞鱼跃"一样，是孟子所强调的"万物皆备于我"。简文帝的"濠濮间想"，是在《庄子》"濠梁观鱼"等典故上的进一步演绎，其中已褪尽了如何"知鱼"的名辩色彩，取而代之以"自来亲人"这一主客体相融无间、乐在其中的审美意韵，如后来在刘勰《文心雕龙·物色》中所概括的"目既往还，心亦吐纳""情往似赠，兴来如答"。正因为有了这种审美观照方式，才可以在"不必在远"的园

①西邸八友：萧衍、沈约、谢朓、王融、萧琛、范云、任昉、陆倕。
②《全上古三代秦汉三国六朝文·全梁文》卷一，2947页，北京，中华书局，1958。
③庄子：《庄子·秋水》，方勇，译注，279~280页，北京，中华书局，2010。

林景观中达到"会心"的审美超越，而参照本文第一章所论述的士人审美方式内容即可明了，简文帝这种物我相融的审美观显然是得自士人文化的影响。

对六朝士人而言，和谐的自然和园林景观不仅仅是一种客观的欣赏对象，还是自己人格理想乃至宇宙理想的寄寓。如晋代左思《招隐诗》所言："杖策招隐士，荒涂横古今。岩穴无结构，丘中有鸣琴。白云停阴岗，丹葩曜阳林。石泉漱琼瑶，纤鳞或浮沉。非必丝与竹，山水有清音。……经始东山庐，果下自成榛。前有寒泉井，聊可莹心神。"此后的园林中"物皆着我之色彩"都是通过直接与山水等景物充分沟通和对话而实现的，所谓心与境契。在此审美境界中，天地万物并没有明显的人格化痕迹，然而它却无一不体现着人与园林和宇宙的无间，物我在自然本性的高度上达到了超功利的审美契合。如陶渊明《饮酒诗》中的著名诗句所表露的："采菊东篱下，悠然见南山"。而后的皇家园林中有很多通过点景题名来直接提示园中境心相遇的审美意匠，如"与造物者游""志清处""意远台"等实例均体现风景与人合一的境界。

（2）对士人情操和生活的推崇

东晋南朝的帝王，对高逸脱俗的士人情操，十分地推崇和向往。梁元帝曾作《全德志论》（《艺文类聚·卷二十一·人部五》），对此加以高度赞赏，其中还提及了士人隐居生活的理想环境：

物我俱忘，无贬廊庙之器。动寂同遣，何累经纶之才。虽坐三槐，不妨家有三径。接五侯，不妨门垂五柳。但使良园广宅，面水带山，饶甘果而足花卉，葆筠篁而玩鱼鸟。九月肃霜，时飨田畯。三春捧茧，乍酬蚕妾。酌升酒而歌南山，烹羔豚而击西缶。或出或处，并以全身为贵。优之游之，咸以忘怀自逸。若此众君子，可谓得之矣。

梁武帝、梁简文帝等都还作了《赠逸民》等诗文，表达同样的赏誉礼敬之情。

另外，宋文帝、齐太祖等帝王甚至专门为隐士建园观。例如，宋文帝特意在南京钟山西侧为隐士雷次宗建"招隐馆"，让他为皇太子及其他诸王讲授《丧服》经。又如《南齐书·褚伯玉传》载褚伯玉开始隐居于会稽剡县的瀑布山，当时的许多官僚和新登基的齐武帝萧道成多次召请不出，于是武帝便下令在剡县的白石山建造了一座"太平馆"让其居住。

（3）士文化影响下的帝王园居生活方式

东晋南朝帝王的园居生活方式，体现出强烈的士文化影响。受过系统的士文化熏陶，并对士文化有着极广泛兴趣的魏晋帝王，虽然不可能完全与士人为伍，但其内心世界的好恶也不断和士人的情趣融为一体，透露着对士人生活情调的追求。因此，琴、棋、诗、书、酒、博古等士人生活情趣和艺术，随之走进了帝王的园居生活。而他们在士人艺术方面具有的广博知识和极高修养，即使当时名噪一时的士人学者也常为之叹服。

无论对于士人或对于帝王，园居不仅是一种生活方式，更重要的是拓开了一条审美之路，由此促进了他们与自然的融合。人和自然的关系通过咏诗作画、服食养生等园居行为，进一步走向审美。在这个"游于艺"的审美理想境界里，园林主人的宁静致远、优雅从容的心态与风度，一切行为的审美格调趋于雅化、飘逸。这类多功能、多层面的士文化系列，对帝王深有影响。在帝王日常的园居生活中，几乎所有的活动场所及其起居所至，均有精美的士人艺术品类，许多殿堂楼阁也因此而得名。

琴

在华林园中，有堂名曰芳香琴堂[①]。

（宋）文帝赐（萧思话）以弓琴，手敕曰："前得此琴，言是旧物，今以相借，并往桑弓一张，理材乃快，良材美器，宜在尽用之地，丈人真无所与让也。"尝从文帝登钟山北岭，中道有盘石清泉，上使于石上弹琴，因赐以银钟酒，谓曰："相赏有松石间意。"（《南史·列传第八》）

（齐高）帝幸乐游宴集，谓俭曰："卿好音乐，孰与朕同？"俭曰："沐浴唐风，事兼比屋，亦既在齐，不知肉味。"帝称善。后幸华林宴集，使各效伎艺。褚彦回弹琵琶，王僧虔、柳世隆弹琴，沈文季歌《子夜来》，张敬儿舞（《南史·列传第十二》）。

棋

梁武帝好弈棋，使（柳）恽品定棋谱，登格者二百七十八人，第其优劣，为《棋品》三卷（《南史·列传第二十八》）。

（梁简文帝著）《棋品》五卷，《弹棋谱》一卷（《南史·梁本纪下第八》）。

诗、书

（齐高帝）博学，善属文，工草隶书。（《南史·齐本纪上第四》）

（梁简文帝）雅好题诗，其序云："余七岁有诗癖，长而不倦。"（《梁书·本纪第五》）

博古·科技竞技

东晋南朝的帝王多博学，例如，梁武帝"六艺备闲，棋登逸品，阴阳、纬候、卜筮、占决、草隶、尺牍、骑射，莫不称妙"。因此皇家园林还成为科技竞技和实验的特殊场所。这些实验成果被广泛运用于生产、军事、文化等各领域，当然，也引入了园林创作中，例如，用于水利的理水技术可以被用来营造丰富生动的园林水景；天象格局被作为园林总体布局的图式依据，梁建康同泰寺园林即为例证，齐文惠太子玄圃中可以自由移动和易于拆装的"游墙"[②]，诸此等等。

史料中有不少关于园林中的竞技记载，如《南齐书·卷五十二·祖冲之传》记曰：

初，宋武平关中得姚兴指南车，有外形而无机巧，每行，使人于内转之。升明

---

① 《南史·宋本纪中》记：宋孝武大明中，芳香琴堂改为连理堂。
② 《南齐书·文惠太子传》载：(太子)风韵甚和，而性颇奢丽，宫内殿堂，皆雕饰精绮，过于上宫。开拓元(玄)圃园，与台城北堑对。其中楼观塔宇，多聚奇石，妙极山水，虑上宫望见，乃傍门列修竹，内施高鄣，造游墙数百间，施诸机巧，宜须鄣蔽，须史成立，若应毁撤应手迁徙。

中，太祖辅政，使冲之追修古法。冲之改造铜机，圆转不穷，而司方如一，马均以来未有也。时有北人索驭骥者，亦云能造指南车，太祖使与冲之各造，使于乐游苑对共校试，而颇有差僻，乃毁焚之。永明中，竟陵王子良好古，冲之造欹器献之。

冲之解钟律，博塞当时独绝，莫能对者。以诸葛亮有木牛流马，乃造一器，不因风水，施机自运，不劳人力。又造千里船，于新亭江试之，日行百余里。于乐游苑造水碓磨，世祖亲自临视。又特善算。永元二年，冲之卒。年七十二。著《易》《老》《庄》义，释《论语》《孝经》，注《九章》，造《缀述》数十篇。

华林园还是观测天象的场所，有前文所述日观台为证。梁武帝又在景阳山上建"通天观"，以观天象。据《隋书·天文志》《南史》等史料记载，自古以来与天文学有密切关系的律学是梁武帝颇为自得的学问。梁武帝将前代留存的浑天仪、浑象安置在华林园中，还主持制作浑象、漏刻、表等天文仪器。

可见，在魏晋帝王的眼中，园林景观不仅仅是一处处优美的景色，而且是诗、是画、是音乐，可以尽情抒写胸襟，挥洒那些极深奥、极抽象的人生理想与追求；他们通过接纳和践行士文化，在闲情逸致中实现自我的修身养性，把园居提升至一个富有艺术性及哲理的境界。

3. 经世景象——皇家园林与社会经济

魏晋南北朝的皇家园林规划和构筑中，带有明显的经济产业特征。这一特征，除了延自于两汉宫苑遗风，与皇室财政制度的客观需求有直接关系外[①]，还表达着帝王的经世济世理念。

其一，建康上林苑，玄武湖，华林园天渊池、潮沟、青溪等共同组成的皇家园林群，与城市水系、农田灌溉以及经济漕运都是紧密结合的。

其二，皇家园林中常进行基于生产的科技开发实验，例如，《南齐书·卷五十二》中载：祖冲之"于乐游苑造水碓磨[②]，武帝亲自临视"，就是为了将其推广应用于粮食加工，提高效率。

其三，自曹魏时期的帝王起，就开始了禁苑向公众开放的思想。《魏志·文帝纪》注引《魏书》载文帝庚戌令曰："关津所以通商旅，池苑所以御灾荒，设禁重税，非所以便民，其除池御之禁，轻关津

[①]魏晋南北朝皇家园林中带有的经济产业特征，延自于两汉宫苑遗风，与皇室财政制度有直接关系。自秦代以后，国家财政同皇室财政逐步分开，不仅划分了各自的收入来源，而且还明确了各自的用途，并分设机构置官管理。政府的财政部长，叫做大司农；皇帝私人的财政部长，叫做少府。从此以后直到清朝，这一财政上的分别都是泾渭分明的。皇帝动用政府财政的事，当然也是时常发生，但毕竟在一定程度上受着该制度的制约。因此，两汉起始，皇室需尽量占有土地进行生产以保证皇室开支，这些土地其实就是被划为禁地的皇家苑囿，禁苑中兼具生产和游乐功能。魏晋南北朝的一些皇家园林就是这样的禁苑，因此具有一定的经济产业特征。

[②]水碓磨是利用水力，结合机械传动来进行粮食加工的工具。魏晋时就有此尝试，如《晋书·卷四·帝纪第四·孝惠帝纪》记载张方入洛，"决千金堨，水碓皆涸。乃发王公奴婢手舂给兵禀，一品已下不从征者、男子十三以上皆从役。"说明了当时利用堰水落差，在渠道沿线装置水碓，为粮食加工服务。

之税，皆复什一。"东晋南朝的帝王，有的也具备同样的经世理念，例如，《南齐·卷四·齐本见下第五》中载齐明帝萧鸾"罢武帝所起新林苑，以地还百姓。废文惠太子所起东田，斥卖之"。

其四，宫苑中频繁出现的"买卖街"园景，在一定程度上体现了帝王的重商思想。如前文所述，东晋南朝的建康是当时范围空前广大、人口空前众多、经济空前繁荣的一代名都。它的城市生活，特别是经济生活，相当开放和繁荣。在某种意义上讲，可以说是中国城市高度商品经济化的先行性例证。兴旺繁荣的城市景象，造就了皇家园林的一个特殊景观——买卖街。《南史》载，宋少帝时，曾在"华林园为列肆，亲自沽卖"。又载齐东昏侯也在华林园中"立店肆，模大市，日游市中，杂所货物，与宫人阉竖共为裨贩"。这一景观在皇家园林中的频繁出现，或许反映了帝王潜意识中对发展商业经济的重视，此种潜意识在晚唐宋代后，随着新的经济发展和商业繁荣被重新开掘和发展。延及清代，皇家园林中大量出现的买卖街，与乾隆六下江南，被南方商业繁荣的城市景象所震动和感染密切相关，可以认为，是东晋南朝皇家园林中列肆、模市景观的直接延续。

其五，皇家园林中一些具有经济产业性质的构筑物，如藏冰室、果园等，是与皇室经济和制度有关的产业和措施，用以供给宫廷日用、宴饮和皇室祭祀等需求。

例如，宋孝武帝时，在乐游苑建藏冰室，以供生活和祭祀之需。《宋书·卷十五》记之曰：

孝武帝大明六年五月，诏立凌室藏冰。有司奏，季冬之月，冰壮之时，凌室长率山虞及舆隶取冰于深山穷谷涧阴沍寒之处，以纳于凌阴。务令周密，无泄其气。先以黑牡秬黍祭司寒于凌室之北；仲春之月，春分之日，以黑羔秬黍祭司寒。启冰室，先荐寝庙、二庙、夏祠。用鉴盛冰，室一鉴，以御温气蝇蚋。三御殿及太官膳羞，并以鉴供冰。……缮制夷盘，随冰借给。凌室在乐游苑内，置长一人，保举吏二人。

此冰室历代沿用，梁代沈约有《谢敕赐冰启》（《艺文类聚·卷九·水部下》）曰：

窃惟司寒辍响，眇自前代，凌室旷官，历兹永久，圣功阐物，逸典备甄，穷深既采，园池雇用，有籍羔秬，无灾霜霆。

影响所及，北魏在洛阳华林园内，也于天渊池建藏冰室。

另外，园林中种植的果林、竹林等经济作物，可以说都是与经济产业直接相关的园林景观。

可见，魏晋南北朝的皇家园林，已被赋予了较大的经世济世功能，园林的大规模修建成为促进国计民生、经济发展的重要手段。

三、园林艺术手法

1. 园林景观写意化

由于魏晋"言意之辨"的影响，士人艺术中的写意倾向远远超越了写实——形式美，带给人全新的愉悦和美感。作为

"象"层面的园林景观，实际变成了玄学所强调的"自然之理"的外在显现，只不过这"理"也是用以娱人娱心的。因此，在这种主流文化的极大影响下，皇家园林景观创作中对自然山水的模拟虽然仍然是不可缺少的艺术手段，然而它与秦汉宫苑那种追求与山海等自然景观在形貌上一致不同，此时的皇家园林更注重的是通过模仿而"示意"，只要能够达到示意的效果，这种模仿哪怕仅是点景题名之类的象征，哪怕在形貌上有很大的差别，它仍然完全可以满足审美上的要求。

江南的自然环境，多为峰岭峻秀、林泉清澈。六朝以降，以自然山水的优美形态为师，集士人园之精华，皇家园林中的"写意"化景观层出不穷。叠石为山手法的勃兴，就是以石写意山林的代表[①]。同样，以水写意、以建筑写意、以题额写意，也引发了园林中理水和建筑形态、空间意境等艺术手法的创新。各写意实例的具体表现虽然千差万别，但作用却都是通过激发审美者的心理活动和艺术想象，而突破园林景观在时空等方面受到的限制，从而把园林审美引入更深广的境界。

例如，后文将要详细阐述的御苑禊赏景观，就是对传统郊野禊事场景的写意。以流杯沟、流杯渠写意江河之水，以树木山石写意自然山林，亭、台、殿、堂等建筑形态也在相应的审美升华中趋于空灵、简洁的写意化风格。

另外，南朝宋时在华林园建清暑殿，依山就石，引水还堂，是叠石理水与建筑结合的成功范例，如诗文所述：

编茅树基，采椽成宇。转流环堂，浮清泱室。……惟欢洽矣，含歌受辞。歌曰：山怀风兮谷吐泉，清潭邃兮远气宣。符深情兮应遥心，促千里兮测云天。[②]

构御暑之清宫，傍测景之西岑。列乔梧以蔽日，树长杨以结阴。醴泉涌于椒室，迅波经于兰庭。业芳芝以争馥，合百草以竞馨。[③]

网户翠钱，青轩丹墀。若乃奥室曲房，深沉冥密。……却倚危石，前临浚谷。终始萧森，激清引浊。涌泉灌于基扈，远风生于楹曲。暑虽殷而不炎，气方清而含育。[④]

又梁代华林园中，叠石理水的写意手法更见丰富，如梁裴子野《游华林园赋》所述：

经增城而斜趣，有空山龍之石室。……溪谷则沱潜派别，峭峡则险难壁立。积峻寞溜，阑干草石。苔藓驳荦，丛攒既而。登望徙倚，临远凭空。广观逖听，靡有不通。[⑤]

---

①以土筑山需要耗费大量人力物力，在东晋初年，由于经济紧张，华林园中甚至没有筑山。王公司马道子"开东第，筑山穿池，列树竹木，动用巨万"，为他主持园林修筑的赵牙说："上若知此山乃版筑所作，汝必死矣。"可见，以土筑山在当时是一件过于奢丽的事。为了弥补艰于筑土堆园林造景的损失，东晋、南朝士人利用江南地自然条件大兴构石之风。

②宋孝武《华林清暑殿赋》，《艺文类聚·卷六十二·居处部二》，1124页。

③宋江夏王刘义恭《华林清暑殿赋》，《艺文类聚·卷六十二·居处部二》1125页。

④宋何尚之《华林清暑殿赋》，《艺文类聚·卷六十二·居处部二》1125页。

⑤《艺文类聚·卷六十五·产业部上》1162页。

⑥《太平御览·卷一九六》引《渚宫故事》。

梁元帝为湘东王时的湘东苑则：

斋前有高山，山有石洞，潜行宛委二百余步⑥。

至陈代的陈后主时，在华林园中大规模建设，至德二年(584年)于光昭殿前建临春、结绮、望仙三阁，有复道相通。阁下"积石为山，引水为池，植以奇树，杂以花药"。这说明了将山石、流水和建筑紧密结合，整体经营，已经成为东晋南朝皇家园林中较为常用和日渐成熟的艺术手法。

以命名写意则是中国园林中最为凝练抽象的写意手法。六朝皇家园林中，普遍注意以具文学性和审美化的命名表达出建筑的主要功能和审美意匠。表3-1是对一些主要园景命名的初步分析。

除此之外，有些建筑的命名还援引典故，寄托寓意。例如，昭明太子玄圃中的乐贤堂，即取"太平君子至诚乐贤"①之意，表达自己对文人的礼遇，如《太平御览·卷一百四十八》所记：

昭明太子好士爱文，刘孝绰与陈郡殷芸、吴郡陆倕、琅玡王筠、彭城刘洽等同见礼待。太子起乐贤堂。

2.园林文会之风与曲水流觞

皇家园林中的文会之风，肇始于曹魏邺城御苑中经常举行的文人聚宴，所谓"公子(曹丕)敬爱客，终宴不知疲"②。

表3-1　园林景观命名审美意匠分析

命名	主要功能	建筑形象	审美意匠
景阳山	登临游赏	—	高大、帝王之气魄
清暑殿	避暑	转流环堂，浮清溹室。涌泉灌于基扄，远风生于楹曲	暑虽殷而不炎，气方清而含育
芳香琴室	琴室	—	雅致怡情
通天观	观测天象	—	高耸入云
一柱台	登临远眺	—	高耸特立
醴泉堂	休憩	醴泉涌于椒室，迅波经于兰庭	清凉幽静
流杯沟	禊饮	渐席周羽觞，分墀引回濑。阅水环阶，引池分席	仁以山悦，水为智欢。清池流爵，秘乐通玄。物以时序，情以化宣
临春、结绮、望仙	游赏	阁高数丈，……以沉檀香木为之，……其下积石为山，引水为池，……并复道交相往来	模拟仙境，三山神话的意象延续
曜灵殿	讲佛经	—	领悟、禅机

①《毛诗正义·卷十(十之一)》：太平君子至诚乐贤，故所以为美耳。……君子下其臣，故贤者归往之。
②曹植《公宴诗》。

如前文所述，这种特殊的御苑文会，实际兼具政治性和文化性的双重意义。延至东晋南朝，御苑文会一直担当着促进帝王与士人集团交流和结合的重要责任。

值得重视的是，在此期间，随着山水审美热潮的勃兴，一些在自然环境中举行的民俗活动，被文人雅士所发掘，赋予其浓厚的文化意韵，并带进了御苑文会中。从而引发了一些皇家园林景观的创造性营构，同时大大开发和升华了部分原有景观的审美功能和内涵。其中，最富代表性的是由三月三的民间郊野祓禊衍化而成的曲水流觞园林景观。

以"曲水流觞"的禊赏活动为主题的园林景观构筑，诸如流杯渠、流杯沟、禊赏亭等，一直被当作中国古典园林中的代表性艺术表现手法加以推崇。其滥觞和发展正在魏晋南北朝时期。原为巫祭的春禊活动[1]，在魏晋被赋予了浓厚的文化意韵，衍为文人雅聚的禊赏盛事，进而经由御苑文会，被纳入皇家园林[2]，由此引发了"曲水流觞"等园林景观的创造性营构，禊赏主题自此在园林艺术创作中盛行不衰。

2.1 郊野禊事

至迟于春秋时代，巫祭性的祓禊衍为伴有春游活动的民俗[3]；到汉代，祓禊已成为上自皇帝下至庶民普遍参与的礼俗兼具的活动，三月三这天[4]，人们结伴出游，集结于风景秀美的山水之畔，籍水沐浴涤垢，或泛舟游戏，或临流集宴歌饮。贵族们搭乘的车轿、支张的伞盖彩旗和身着的华服锦衣色彩斑斓，岸边布置的帐篷和帷幕、铺设的坐席酒宴更是铺天张地，气势磅礴。东汉初杜笃《祓禊赋》详尽描述了其盛况：

> 王侯公主，暨乎富商，用事伊雒，帷幔玄黄，於是旨酒嘉肴，方丈盈前，浮枣绛水，酹酒醲川，若乃窈窕淑女，美媵艳妹，戴翡翠，珥明珠，曳离褂，立水涯，……，若乃隐逸未用，鸿生俊儒，冠高冕，曳长裾，坐沙渚，谈诗书，咏伊吕，歌唐虞。

这种临水宴饮的形式是后世禊事风

---

[1] 春禊活动起源于一种临水洗涤清洁、禳灾祈福的巫祭活动，《广雅·释天》指出："祓、禊，祭也。"《周礼·春官》载："女巫，掌岁时祓除、衅浴。"应劭《风俗通》释其为："按周礼，女巫掌岁时以祓除疾病，禊者洁也，故于水上盥洁之也，巳者祉也，邪疾巳去，祈介祉也"。引自王其亨，官蔍，宁寿宫花园点睛之笔：禊赏亭索隐，中国紫禁城学会，中国紫禁城学会论文集（第一辑），北京：紫禁城出版社，1997年9月。

[2] 园林艺术创作以禊赏为题材，始自魏晋皇家园林，从史书记载看，曹魏时在洛阳御苑中叠石建造的"流杯石沟"或"禊堂"，应是最早的事例。沈约《宋书·礼志》叙述此事说："魏明帝天渊池南设流杯石沟，宴群臣。"引自王其亨，官蔍，宁寿宫花园点睛之笔：禊赏亭索隐，中国紫禁城学会，中国紫禁城学会论文集（第一辑），北京：紫禁城出版社，1997年9月。

[3] 《诗经·郑风·溱洧》所描绘的，就是这样的祓禊活动："溱与洧，浏其清矣。士与女，殷其盈矣。女曰观乎，士曰既且。且往观乎，洧之外，询讦且乐。维士与女，伊其相谑，赠之以芍药。"引自王其亨，官蔍，宁寿宫花园点睛之笔：禊赏亭索隐，中国紫禁城学会，中国紫禁城学会论文集（第一辑），北京：紫禁城出版社，1997年9月。

[4] 《史记·外戚世家》载述："（汉）武帝禊于灞上还。"汉代秋季也有祓禊活动，刘桢《鲁都赋》对此有记载："及其素秋二七，天汉指隅，民胥被禊，国于水游。"后来秋禊取消，《宋书·礼志》指出："（曹）魏以后，但用三日，不以巳也。"引自王其亨，官蔍，宁寿宫花园点睛之笔：禊赏亭索隐，中国紫禁城学会，中国紫禁城学会论文集（第一辑），北京：紫禁城出版社，1997年9月。

行"曲水流觞"的端绪。魏晋以降，春禊衍为文人雅聚的文化盛事，其重点由去灾乞福转而畅情山水，借物咏怀；禊事的形式和内容也日趋丰富生动，其中，曲水流觞、行令赋诗是最具代表性的项目：文人骚客于水边会友聚宴，斟酒于带有双翅的酒杯即"耳杯"或"羽觞"内，任其顺着宛转的溪流漂浮，赴宴者则沿岸列坐，遇"流觞"或"流杯"漂置面前时取而饮之，并吟诗作赋，极诗酒相酬之乐事。史料对此颇有载述，略如魏刘桢《鲁都赋》曰：

民胥被禊，国于水游，缇帷弥津，丹帐覆洲，盖如飞鹤，马如游鱼。……授几肆筵，因流波而成次。蕙肴芳醴，任激水而推移。……今日嘉会，咸可赋诗。

晋潘尼《三日洛水作诗》：

暮春春服成，百草敷英蕤，……朱轩荫兰皋，翠幕映洛湄，临岸濯素手，涉水搴轻衣，沉钩出比目，举弋落双飞，羽觞乘波进，素卵随流归。

东晋兰亭之会后，禊事更趋清淡雅致，具有如下特点。

其一，选择优美清雅的自然环境作为禊赏之所，如"此地有崇山峻岭，茂林修竹；又有清流激湍，映带左右"[1]，"临清川而嘉宴，……好脩林之翁郁，乐草莽之扶疏。"[2]

其二，减少帐幕、伞盖等人工构筑物，以林石为帐，以草地为席，以实现与大自然的充分沟通为根本目的。东晋孙绰《三日兰亭诗序》对此有充分表述："乃席芳草，镜清流，览卉木，观鱼鸟，具物同荣，资生咸畅，于是和以醇醪，齐以达观，泱然兀矣，焉复觉鹏鷃之二物哉。"晋阮瞻《上巳会赋》亦表此义："荫朝云而为盖，托茂树以为庐。"又宋谢惠连《三月三日曲水集诗》曰："解辔偃崇丘，藉草绕回壑，际渚罗时蔫，托波泛轻爵。"

其三，以吟诗作赋的文会为主要活动，以曲水流觞的形式增添雅聚之乐，此时已摈除两汉时歌舞升平的游宴之风，所谓"何必丝与竹，山水有清音"[3]。如东晋王羲之《兰亭集序》所述："虽无丝竹管弦之盛，一觞一咏，亦足以畅叙幽情。"（图3-5）

2.2 御苑禊赏景观

史载曹魏洛阳华林园中"魏明帝天渊池南设流杯石沟，宴群臣"[4]。由此可见，引领社会文化潮流的士人们，将这一日渐审美化的文化盛事带进了御苑文会中，禊赏活动以流杯沟的形式，被艺术化地引入了皇家园林。

东晋以后，随着禊事文化内涵和审美意义的深入开掘，每年三月三的禊宴成了皇家园林文会活动中的重要内容。以郊野禊事为蓝本，帝王于春禊之日设曲水宴，

① (东晋)王羲之《兰亭诗序》。载于[清]严可均校辑，全上古三代秦汉三国六朝文·全晋文卷二十六，第1609页，北京：中华书局，1958年。
② (晋)阮瞻《上巳会赋》。载于[清]严可均校辑，全上古三代秦汉三国六朝文·全晋文卷七十二，第1877页，北京：中华书局，1958年。
③ (东汉)左思：《招隐》，逯钦立辑校，《先秦汉魏晋南北朝诗·晋诗卷七》，734页，北京，中华书局，1983。
④ 沈约《宋书·礼志》。

a.（明）文徵明 兰亭修禊图卷（引自《中国绘画史图录》）

b.（北魏）河南洛阳宁懋石室石刻线画
（刻画了园林宴饮场景以及帷幕形象）
（引自《中国美术全集·石刻线画》）

c.（清）苏六朋 曲水流觞图轴（广州美术
馆藏）（引自《中国美术全集·清代绘画》）

图 3-5 祓禊场景

邀集文臣名士聚会，以标榜其礼贤下士之德；席间诸士则流觞行令，吟诗作赋，歌咏君臣禊赏之乐，夸示浩浩儒雅风流。御苑中的禊赏景观则因循郊野禊赏环境，将自然山水经艺术化提炼和加工，再现在园林中。

2.2.1 御苑禊赏水景

史料显示，魏、西晋和北朝园林中的禊事保留了泛舟游宴的传统，故此，禊赏水景往往依托尺度较大的"池"或"渠"，它们以郊野禊赏环境中的河流为原型，在春禊时为帝王名士提供乘船游赏所需的大型水域。众多文献对此有详尽描述：

晋闾丘冲《三月三日应诏诗》记录了西晋洛阳华林园中的禊赏场景：

> 暮春之月，春服既成，……后皇宣游，既宴且宁，……蔼蔼华林，岩岩景阳，……浩浩白水，泛泛龙舟，皇在灵沼，百辟同游，击棹清歌，鼓枻行酬，……"

杨衒之《洛阳伽蓝记·城内》则载述北魏洛阳华林园禊赏水景为：

> 华林园中有大海，即汉天渊池，……至于三月禊日，季秋巳辰，皇帝驾龙舟鹢首游于其上。

后赵的暴君石虎（字季龙），在建武十三年（347年）邺城华林园大兴土木，营造了一个自出机杼的禊赏环境，晋陆翙所撰《邺中记》载：

> 华林园中千金堤，作两铜龙，相向吐水，以注天泉池，通御沟中。三月三日，石季龙及皇后、百官临池会。

北魏洛阳华林园中的流觞池还同各种形式的人工水体和天然水体以复杂的构造联成整体，组合为景物天成而生机盎然的园林水系，并且兼具调节旱涝影响的作用，堪称前所未见的创意。如《洛阳伽蓝记》所述：

> 柰林西有都堂，有流觞池，堂东有扶桑海。……皆有石窦流于地下，西通榖水，东联阳渠，亦与翟泉相连。若旱魃为害，榖水注之不竭；离毕傍润，阳谷泄之不盈。至于鳞甲异品，羽毛殊类，濯波浮浪，如似自然也。

东晋和南朝对园林禊赏水景的处理则较为小型化，通过"架石引水"[1]塑造迂余委曲的水体，以供流觞之用，南朝诗文中多将禊宴称为"曲水宴"即取意于此，例如宋颜延之《三日曲水诗序》、齐谢朓《为皇太子侍华光殿曲水宴诗》、梁刘孝绰《三日侍华光殿曲水宴诗》等。"曲水"景观的营建一方面可能源于园林规模的限制，另一方面则取决于对"水"的审美意匠的深入挖掘和日趋写意简约的审美取向。《魏书·任城王传》记载孝文帝在御苑引见王公侍臣，"因之流化渠，高祖曰：此曲水者，亦有其义，取乾道曲成，万物无滞"。这一史料反映了魏晋之际禊觞曲水的审美观照，已被提高到自觉实践《论语·里仁》所谓"士志于道"的天人合一的道德修养境界。晋王济《平吴后三月三日华林园诗》即详尽表述了园林禊赏所富含之深意："……思乐华林，薄采其兰，皇居伟则，芳园巨观，仁以山悦，水

---

[1]杨修金陵诗注云："在县北五里，台城内，天渊池中架石引水，为流杯之所。六朝上巳日，宴锡公卿于此。"

为智欢，清池流爵，秘乐通玄，……物以时序，情以化宣。"

对禊赏水景文化意义的深入开掘，激发了园林水景经营的创意，演化出曲池、流杯渠、曲水流觞等层出不穷的园林禊赏水景；另外，于南北朝时引入园林的"拳石勺水""小中见大"的审美观照方式，则促进流觞曲水被日渐精致微缩。承继魏晋南北朝审美意匠，唐宋园林中最终成型了高度程式化和符号化的"流杯渠"[1]，历代传承至今。（图3-6）

2）御苑禊赏建筑

魏晋南北朝园林中用于禊赏的建筑，形制上经历了由台榭至殿堂至亭轩的演变，体宜上由大及小，风格上由繁杂而空灵。这一嬗变过程与社会文化审美倾向的演进同步，是魏晋南北朝美学精神在园林艺术创作中的如实投影。

早期的庭园中已有丰富的临水建筑形态，如《楚辞》里描述的一处园景："……像设居室静闲安，高堂邃宇槛层轩，层台累榭临高山，……翠帷翠帐饰高堂，红壁沙板玄玉梁，仰观刻桷画龙蛇，坐堂伏槛临曲池，芙蓉始发杂芰荷，紫茎屏风文绿波。"该处临水建筑是挂饰着罗帐的高堂，边缘有"槛"，可能为类似栏杆式的构件。可"伏"于其上，观赏曲池中碧波荡漾，荷花初绽的美景。魏吴质《答陈思王曹植

a. 北京潭柘寺流杯渠

b.（宋）《营造法式》中国字流杯渠图样

图3-6　流杯渠样式

---

[1]北宋官刊颁行的著名《营造法式》中卷二十九《石作制度图样·流杯渠》刊有"国字流杯渠"和"风字流杯渠"等图样，还有"方一丈五尺"的尺寸记录，表明当时流杯渠已高度程式化和符号化。

书》提及的临流畅饮场景："伏棂槛于前殿，临曲池而行觞。"显然承继了前世的临水建筑形态。

魏晋南北朝园林中用于禊赏的建筑堪称丰富，较为典型的有：台榭、楼、殿、堂、亭。

台榭

秦汉皇家园林多营造广阔水面以象征大海，挖出的土方则于水中堆筑高台，象征海上神山，高台上层楼累榭，帝王登临其上，为观景佳处。可以说，高台及其上之建筑是早期园林中最典型的临水建筑，魏晋时用于禊赏的临水建筑亦承其余绪，有登台禊饮者：

晋郭璞《三日诗》所述："青阳畅和气，谷风穆以温。……高台临迅流，四坐列王孙。羽盖停云阴，翠郁映玉樽。"

南朝宋鲍照《三日诗》："服净悦登台。提觞野中饮。……解衿欣景预。临流竞覆杯。"

殿、堂

魏晋以来，园林中流觞曲水畔，或临流或跨水，常有"禊堂""曲水殿""流杯殿""凉殿"等配置。这类殿堂，从汉晋以来流行的禊赏方式和审美意向分析，其原型显然缘自郊野被禊时临水张设的帐幕。如东汉张衡《南都赋》写道："暮春之禊，……袚于阳濑。朱帷连网，耀野映云。"晋代如张协《洛禊赋》也说："朱

幔虹舒，翠幕霓连，布椒醑，荐柔嘉。"如此等等。禊春游乐郊野，人们为沐浴更衣、偃坐赏景、陈设酒肴等，在水滨成片张设锦帐，五彩缤纷，像虹霓般绚丽，令人赏心悦目。当禊赏引入园林创作，取象此意境，就自然形成了殿堂与曲水相伴的造园格局，并且，从当时的诗文载记可知，承继郊野禊事模式，许多园林中的殿堂仍在禊饮时饰以帐幕，这些殿堂与流水间往往由层层阶梯过渡，建筑的亲水处理十分到位，以下御苑禊宴诗可为例证：

南朝宋颜延之《三日曲水诗序》[1]描述了建康乐游苑禊殿与流水的紧密结合关系："阅水环阶，引池分席。"又《诏宴曲水诗》："幕帐兰甸，画流高陛，分庭荐乐，析波浮醴。"

齐谢朓《为人作三日侍华光殿曲水宴诗》描述建康华林园中以架于水面上的长廊串接殿、馆等禊赏建筑的处理手法："间馆岩敞，长廊水架。金觞摇荡，玉俎推移。筵浮水豹，席扰云螭。"

齐王融《三日曲水诗序》[2]记载建康芳林园跨水而建、张布幔帐的各种临水禊赏建筑："飞观神行，虚檐云构，离房乍设，层楼间起，负朝阳而抗殿，跨灵沼而浮荣，镜文虹于绮疏，浸兰泉于玉砌，……禁轩承幸，清宫俟宴，缇帷宿置，帟幕宵悬，……蕙肴芳醴，任激水而推移，葆伫陈阶，金匏在席。"

---

① 裴子野《宋略》曰：文帝元嘉十一年三月丙申，禊饮于乐游苑，且祖道江夏王义恭、衡阳王义季，有诏会者咸作诗，诏太子中庶子颜延年作序。

② 王元长、萧子显《齐书》曰：武帝永明九年三月三日，幸芳林园，禊饮朝臣，敕王融为序，文藻富丽，当代称之。

梁简文帝《三日侍宴林光殿曲水诗》勾勒出乐游苑林光殿的建筑形象："帷宫对广掖,层殿迓高岑。"梁沈约《三日侍林光殿曲水宴应制诗》更详尽地描绘乐游苑禊赏景物间的巧妙组合："帐殿临春簟,帷宫绕芳荟,渐席周羽觞,分墀引回濑。"

《邺中记》载北齐邺城华林园的流杯堂,更是华靡："此堂亦以珉石为柱础,青石为基,白石为地基,余奢饰尤盛。盖橼头皆安八出金莲花,柱上又有金莲花十枝,银钩挂网,以御鸟雀焉。"

由以上资料可见,魏晋南北朝的禊殿、禊堂形式丰富多彩,虽多为体量较大的层殿高堂,但均具开敞轻盈的姿态,跨水临流,与周围环境实现了良好对话。

亭

亭在汉代本是驿站建筑,相当于基层行政机构,到魏晋时,演变为一种风景建筑。文人名流在城市近郊的风景胜地游览聚会、诗酒相酬,亭的建置提供了遮风避雨、稍事休息的地方,也成为点缀风景的手段。

魏文帝于明津作诗曰："遥遥山上亭,皎皎云间星。远望使心怀,游子恋所生。"

晋殷仲文《送东阳太守诗》："虚亭无留宾,东川缅透迤。"

宋谢灵运《归涂赋》："发青田之枉渚,逗白岸之空亭。"

北周庾信《应令诗》："浦喧征棹发,亭空送客还。"

上引诗文显示,当时郊野风景点中亭的建置,已注意与周围景观的映照关系。并且,文人们日渐体悟出亭虚、空的空间本质,赋予其"虚者,心斋也"[1]的审美内涵。亭简洁空灵的建筑形象与魏晋崇尚洗练的审美意趣相契合,被认为是能充分实现人与自然互融的理想建筑,并自此被引入园林,逐渐发展成至关重要的点景建筑。北魏华林园、陈代乐游苑等著名园林中均出现了亭式建筑。

《洛阳伽蓝记·城内》载："华林园中有大海,即魏天渊池,……世宗在海内作蓬莱山,……山北有玄武池,山南有清暑殿,殿东有临涧亭。"

梁武帝之弟,湘东王萧绎在他的封地首邑江陵的子城中建湘东苑。《太平御览》卷一九六引《渚宫故事》载该苑："东有禊饮堂,堂后有隐士亭,……北有映月亭。……前有高山,……山上有阳云楼……北有临风亭。"

《景定建康志》载："陈太建七年秋闰九月,甘露三降乐游苑,诏于苑内覆舟山立甘露亭。"

魏晋南北朝园林中的亭虽然尚未直接与禊赏主题挂钩,但其虚、空、融会人与自然的审美价值已逐渐被揭橥和肯定,而禊赏也重在通过与自然的充分交流而体悟人生,可以说,二者在审美精神层面上不谋而合,这无疑为风行后世的流杯亭的

---

[1]《庄子·人世间》,载于(清)王先谦:《庄子集解》,35页,北京,中华书局,1987。

最终成型奠定了坚实的基础。唐始,亭与禊赏迅速结合,流觞曲水被精致微缩,予以抽象化甚至程式化、符号化,纳进被视作"心斋"的亭中,流杯亭成为园林禊赏建筑的经典模式,为历代造园家所青睐和传承。唐禁苑(三苑)中北临渭水的临渭亭、平泉别墅流杯亭是史料中记述的著名禊赏建筑。而明清遗存的大量著名园林禊赏景观,如宁寿宫花园禊赏亭、北京潭柘寺猗玕亭等也均以流杯亭为主导建筑。

魏晋南北朝时期,伴随自然审美的自觉,禊事被赋予了深刻的文化内涵和审美意义并成为皇家园林中重要的创作主题。在时代性审美文化的推动下,御苑禊赏景观由浩大铺张而日渐简约写意,重点突出郊野禊事"曲水流觞"的典型场景和"与天地万物上下同流"的审美境界,最终塑就了后世园林中"方寸像沧溟"①的流杯沟和"高不倍寻,广不累丈"②的流杯亭等精要的禊赏景观,以最空灵洗练的建筑形式表达出丰富的文化信息,最大程度地实现了人与自然的和谐互融。

四、其他园林活动

在东晋南朝皇家园林中举行的活动,除了文会外,还有武习、仪礼公事等。另外,由于南朝崇佛之风日盛,御苑中还有相应的佛堂等宗教建筑并举行讲经等宗教活动。

1. 武习

除了前文所述的在玄武湖和上林苑中常进行阅武和练兵外,乐游苑也进行一些其他形式的武习活动,如《太平御览·卷三百五十四》记载:

羊侃字祖忻,尝从梁主宴乐游苑。时少府启两刃槊成,长二丈四尺三寸。梁主因赐侃河南国紫骝马令试之。侃执槊上马,左右击刺,特尽其妙,观者登树。梁主曰:"此树必为侍中折矣。"俄而果折,因号此槊为"折树槊。"

2. 仪礼公事

东晋南朝的皇家园林,还用于听讼、延见臣下、听儒臣进讲、行射礼、接待外国使节等,这也都是魏晋以来在皇家园林中进行的传统活动。

3. 宗教活动

东晋南朝时佛教大兴,许多皇帝都是虔诚的佛教徒,如东晋元、明二帝,南朝宋文帝、孝武帝、齐高帝、齐武帝、梁武帝、梁简文帝等③,他们在宫苑中建造专供礼佛、讲经或译经的殿堂,进行宗教活动。例如,东晋太元六年(381年),孝武帝"初

---

① 方干:《路支使小池(七律)》,载于《全唐诗·卷六五一》,7474 页,北京,中华书局,1983。
② 白居易:《冷泉亭记》,载于顾学颉,校点,《白居易集·卷第四十三》,944 页,北京,中华书局,1979。
③ 参见李国荣:《佛光下的帝王》,北京,团结出版社,1995。

奉佛法,立精舍于殿内,引诸沙门居之"①。
而宋孝武帝大明年间在华林园建造的曜灵
前后殿,以及梁武帝拆除原华林园主殿后
建造的重云殿,都是讲经说法的地方。

宋谢庄有《八月侍华林曜灵殿八关斋
诗》曰:

玉樽乘夕远,金枝终夜舒。澄淳玄化
阐,希微寂理孚。

梁武帝多次在重云殿讲经说法,《梁
书·本纪第一》记之曰:

兼笃信正法,尤长释典,制《涅盘》
《大品》《净名》《三慧》诸经义记,复
数百卷。听览余闲,即于重云殿及同泰寺
讲说,名僧硕学,四部听众,常万余人。

所作《十喻诗幻诗》曰:

挥霍变三有,恍惚随六尘。兰园种五
果,雕案出八珍。对见不可信,熟视事非
真。空生四岳想,徒劳七识神。着幻是幻
者,知幻非幻人。

梁武帝还组织高僧在华林园翻译佛
典。《续高僧传》卷一《僧伽婆罗传》载:

以天监五年被敕征召于扬都寿光殿、
华林园、正观寺、占云馆、扶南馆等五处
传译,讫十七年,都合一十一部,四十八
卷,即《大育王经》《解脱道论》等是也。
初翻经日,于寿光殿,武帝躬临法座,笔
受其文,然后乃付译人尽其经本。敕沙门
宝唱、慧超、僧智、法云及袁昙允等相对
疏出,华质有序,不坠译宗。天子礼接甚
厚,引为家僧。②

第四节　十六国皇家园林

自公元304年匈奴族刘渊攻晋建立汉
国起,在北方和西北、四川等地先后有匈
奴人刘曜、赫连勃勃、沮渠蒙逊建立的前
赵、夏、北凉,羯族人石勒、石虎建立的
后赵,鲜卑人慕容觥、慕容垂、慕容德、
秃发乌孤建立的前燕、后燕、南燕、南凉,
氐族人苻坚、吕光建立的前秦、后凉,羌
族人姚苌建立的后秦,巴氏人李雄建立的
成汉和汉族人张寔、李暠、冯跋建立的前
凉、西凉、北燕。至439年北魏灭北凉止,
135年间先后出现了汉族和五个少数民族
建立的十六个政权,史称五胡十六国时期。

这十六国先后都建有都城,有刘渊汉
国的平阳,前赵刘曜、前秦苻坚、后秦姚
苌的长安,成汉李雄的成都,前凉张寔、
后凉吕光、北凉沮渠蒙逊的姑臧,后赵石
勒的襄国,后赵石虎的邺城,前燕慕容觥、
北燕冯跋的龙城,后燕慕容岳的中山,南
燕慕容德的广固,西秦乞伏国仁的苑川,
西凉李暠的酒泉,南凉秃发乌孤的金城,
夏赫连勃勃的统万。这些都城大部分是在
原有都城(如邺、长安)、州郡城(如姑臧、
成都、襄国等)的基础上改建拓建的,只

①许嵩:《建康实录》,张忱石,点校,268页,中华书局,1986。
②在梁武帝的主持下,中外名僧对大批佛教书籍进行了编集和注释。据不完全统计,这个时期选集注释的佛
教经典,按时间顺序先后有《众经要抄》88卷、《华林佛殿众经目录》4卷、《众经目录》4卷、《经律异相》
55卷、《名僧传并序目》31卷、《众经饭供圣僧法》5卷、《众经护国高神名录》3卷、《众经诸佛名》3卷、《般
若抄》12卷、《大般涅盘子注经》72卷、《义林》80卷、《众经忏悔灭罪方》3卷、《出要律仪》20卷、《法
集》140卷、《续法轮论》70余卷、《大般涅盘经讲疏》101卷、《大集经讲疏》16卷。

有极少数是创建的（如统万）。十六国时，各国都城大多建有苑囿，如石虎在邺城建华林苑、桑梓苑，张轨在凉州建东苑、西苑，以及后燕慕容熙在龙城建的龙腾苑等。

一、后赵皇家园林

1. 邺城华林苑

曹魏经营的邺城宫苑在西晋八王之乱时被毁，石虎定都于邺后在曹魏故基上重建宫殿。后赵的宫城是对曹魏宫城格局的继承和发展，另外还参照了魏晋洛阳的建造方式。其中，曹魏宫城中原有的两条轴线被沿用下来，原文昌殿所在轴线建成正殿太武殿建筑群，其东侧并列着听政殿建筑群。而城西的原曹魏铜雀园则有了较大改动，石虎以凤阳门和门内大道为轴线，兴建九华宫，重修西城三台，形成新的宫殿区，并将此轴线变成邺都的城市主轴[1]。（图3-7）

石虎华林苑在邺城北，《晋书·卷一

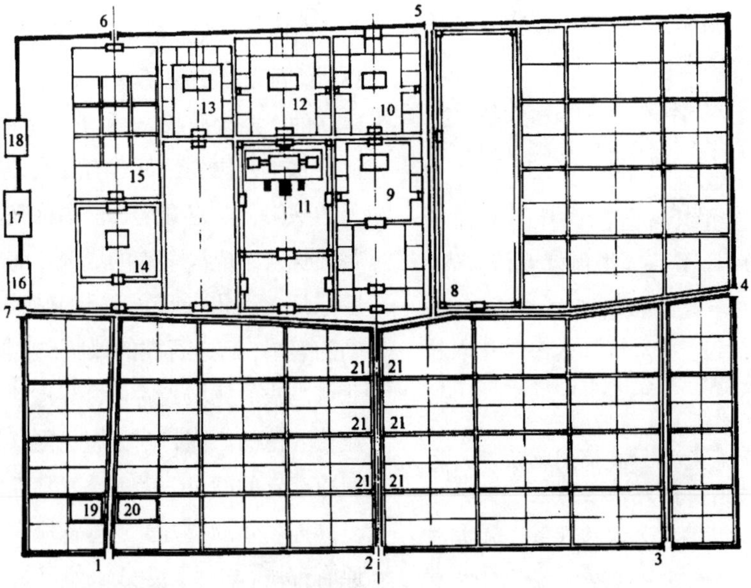

华林园

1.凤阳门 2.中阳门 3.广阳门 4.建春门 5.广德门 6.厩门 7.金明门 8.东宫 9.朝堂 10.晖华殿 11.太武殿 12.金华殿 13.琨华殿 14.显阳殿 15.九华宫 16.金凤台 17.铜雀台 18.冰井台 19.太社 20.太庙 21.衙署

图3-7 后赵邺城及皇家园林位置示意图
（引自傅熹年《中国古代建筑史·第二卷》第60页《十六国后赵石虎邺城平面复原示意图》）

[1]参见傅熹年：《中国古代建筑史·第二卷·三国、两晋、南北朝、隋唐、五代建筑》，第二版，84~86页，北京，中国建筑工业出版社，2009。

○七·载记第七·石季龙下》记载：

时（建武十二年）沙门吴进言于季龙曰："胡运将衰，晋当复兴，宜若役晋人以厌其气。"季龙于是使尚书张群发近郡男女十六万，车十万乘，运土筑华林苑及长墙于邺北，广长数十里。……乃促张群以烛夜作。起三观、四门，三门通漳水，皆为铁扉。……凿北城，引水于华林园。城崩，压死者百余人。

石虎华林苑是仿照洛阳华林园兴建的，园中有些摆设甚至直接取自洛阳宫苑，例如，《陔馀丛考·卷十九》记载：

后赵石虎又徙洛阳飞廉、钟虡之类于邺之华林园，则又仿魏明帝，而徙魏明帝物耳。

苑中结合水体营造了一些观赏性极强的景观，例如：《初学记》卷四引陆氏《邺中记》曰：

华林园中千金堤，作两铜龙，相向吐水，以注天泉池[1]，通御沟中。三月三日，石季龙及皇后、百官，临池会。

华林苑中种植着各种果树，为了引种运输方便，石虎让人做了一种特殊的工具车，如《太平御览·卷九百六十四》引《邺中记》所描述的：

石虎有华林园，种众果。[2]民间有明果，虎作虾蟆车，四樽掘根，面去一丈，深一丈，合土载之，植之无不生。

2. 邺城桑梓苑

桑梓苑在邺城西，明代崔铣撰写的

《彰德府志·邺都宫室记》引《邺中记》曰：

邺城西三里有桑梓苑，（苑内）有宫临漳水。凡此诸宫，皆有夫人侍婢。又并有苑囿，养獐、鹿、雉、兔、虎，数游宴于其中。

《太平御览》卷955引《石虎邺中记》云：

（桑）梓苑中，尽种桑，三月三日及蚕时，虎皇后将宫中数千出采桑，游戏其下。

《水经注·浊漳水》注也对此有所记载：

赵氏临漳宫，宫在桑梓苑，多桑木，故苑有其名。

3. 邺城玄武池，灵芝池

魏晋的玄武池和灵芝池被沿用下来，《晋书·卷一○七·载记第七·石季龙下》记载：

扬州送黄鹄雏五，颈长一丈，声闻十余里，泛之于玄武池。郡国前后送苍麟十六，白鹿七，季龙命司虞张曷柱调之，以驾芝盖，列于充庭之乘。

4. 行宫园林

石勒始建后赵时是建都于襄国（今河北邢台市），石虎统治时才迁都邺城，但襄国仍是后赵的重要城市。为方便往返，石虎在两城间每隔四十里设一所行宫，以供休息，还在襄国到邺城的道路两旁种植

---

①天泉池原名应该是"天渊池"，唐代《初学记》引载时避讳改称"天泉"。
②石虎园中有西王母枣，冬夏有叶，九月生花，十二月乃熟，三子一尺；又有羊角枣，亦三子一尺。华林园有春李，冬华春熟。石虎苑中有勾鼻桃，重二斤（半）。石虎苑中有安石榴，子大如碗盏，其味不酸。

了遮阴的榆树。这可以看作是后代行宫园林的滥觞。史料对此有所记载：《初学记》卷8引陆翙《邺中记》曰：

> 襄国邺路，千里之中，夹道种榆，盛暑之月，人行其下。[1]
>
> （石虎尝）自襄国至邺，二百里辄立一（行）宫，宫有一夫人，侍婢数十，黄门宿卫，石虎下辇即止。（又有钟鼓禽兽，而置官司吏卒监守之）。凡季龙所起内外大小殿九，台、观、行宫四十四所。[2]

二、后燕御苑龙腾苑

慕容熙立国后燕，定都于龙城，据有辽西地区。龙城境域狭隘，民户不多，可是他却大兴土木，建造了规模颇大的御苑龙腾苑，《晋书》记载[3]：

> 慕客熙大筑龙腾苑，广袤十余里，役徒二万人。起景云山于苑内，基广五百步，峰高十七丈。又起逍遥宫、甘露殿，连房数百，观阁相交。凿天河渠，引水入宫。又为妻苻氏凿曲光海、清凉池。

从描述上看，十六国的御苑基本是效法晋宫洛阳华林园兴造的。这些苑囿主要包括游观景点、园圃、猎场等内容，在创作思想和手法上较魏晋洛阳没有太大突破。

第五节　北朝皇家园林

一、北魏皇家园林

公元5世纪初至6世纪末，鲜卑族以拓跋部为核心，在中国北半部建立魏国，后为北齐、北周所代，和中国南部汉族建立的宋、齐、梁、陈南北对峙，史称此期为南北朝时期。

鲜卑是东汉末匈奴衰落以后在中国北部兴起的一个民族，东起辽东，西至西域。鲜卑分为若干部，拓跋部在诸部中兴起较后，经多次兼并，扫平十六国残余，统一中国北半部。398年，拓跋珪南下占有黄河以北广大地区，定都平城，称帝，改国号为魏。493年，魏孝文帝元宏进入中原，迁都洛阳，改易鲜卑旧俗，建立汉化的北魏政权。534年，北魏分裂为东魏和西魏，同年十月，控制东魏政权的高欢拆毁洛阳宫殿城市，迁都邺，538年，洛阳城被高欢彻底烧毁。

（一）平城宫苑

1. 园林概况

北魏平城故址在今山西省大同市。

---

[1]《艺文类聚》卷88引《石虎邺中记》。
[2]《初学记》卷八引陆翙《邺中记》，《彰德府志·邺都宫室志》注引《邺中记》，《太平御览》卷173引《邺中记》。
[3]《晋书·卷一二四·载记第二四·慕容熙记》。

398 年，拓跋珪建都于此，都城分南北两部分，北为宫殿苑囿区，南为居里。都城南东西三面建外郭。

平城禁苑在都城北，北魏道武帝天兴二年（公元 399 年）兴建，称鹿苑。它南起都城北墙，北抵长城，东到白登山，西到西山，周廓数十里。

兴建之初，凿渠引武川水注入苑中，疏为三沟，分流宫城内外，苑内开挖了鸿雁池[1]。401 年，建造了石池和鹿苑台[2]。之后，把苑区内划分为北苑和西苑，其中，西苑有广大的狩猎区。413 年至 418 年间，在北苑建鱼池和蓬台，在西苑建造离宫[3]。421 年，扩大苑区，把东面的白登山也包人苑内，后称东苑[4]。453 年，建天渊池[5]。献文帝统治期间（公元 466—471 年），在北苑建崇光宫[6]。471 年，在北苑中建鹿野浮图[7]。477 年起永乐游观殿于北苑，穿神渊池[8]。479 年以后，更在北方的方山建文石室、灵泉殿、灵泉池等，实际上把平城以北广大地域都划为禁苑[9]。

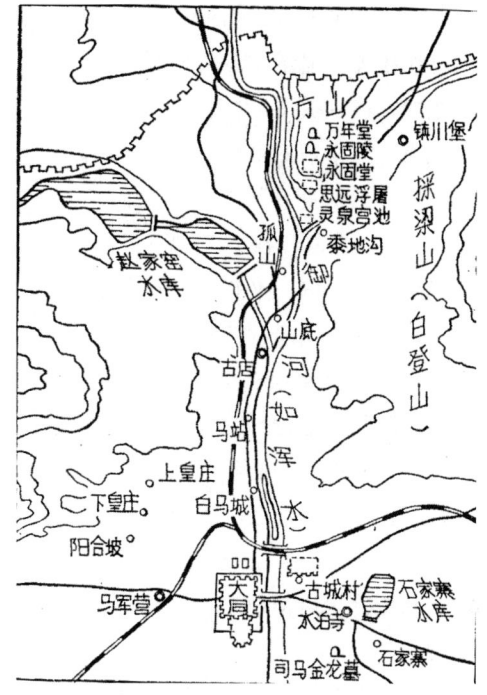

图 3-8　平城方山永固陵位置示意
（引自《大同方山永固陵》，载《文物》1978（7））

① 《魏书·卷二·太祖纪第二》载：（天兴二年）以所获高车众起鹿苑，南因台阴，北距长城，东包白登，属之西山，广轮数十里。凿渠引武川水注之苑中，疏为三沟，分流宫城内外。又穿鸿雁池。
② 《魏书·卷二·太祖纪第二》载：（天兴四年）五月，起紫极殿、玄武楼、凉风观、石池、鹿苑台。
③ 《魏书·卷三·太宗纪第三》载：（永兴五年）癸丑，穿鱼池于北苑。……（泰常元年）十一月甲戌，车驾还宫，筑蓬台于北苑。49 页。《魏书·卷三·太宗纪第三》载：（泰常三年）冬十月戊辰，筑宫于西苑。
④ 《魏书·卷三·太宗纪第三》载：(泰兴六年三月）发京师六千人筑苑，起自旧苑，东包白登，周回三十余里。
⑤ 《太平御览·卷一百二》载《后魏书》曰：（兴安）二年二月，发京师五千人穿天渊池。
⑥ 《魏书·卷二十一》载：时显祖于苑内立殿，敕中秘群官制名。……宜曰"崇光"。奏可。
《魏书·释老志》载：（471 年）高祖践位，显祖移御北苑崇光宫，览习玄籍。
⑦ 《魏书·释老志》载：高祖践位，显祖移御北苑崇光宫，览习玄籍。建鹿野佛图于苑中之西山。
⑧ 《魏书·卷七上高祖纪第七上》载：（太和元年九月）庚子，起永乐游观殿于北苑，穿神渊池。
⑨ 《魏书·卷七上高祖纪第七上》载：（太和三年）五月丁巳，帝祈雨于北苑，闭阳门，是日澍雨大洽。……六月辛未，……起文石室、灵泉殿于方山。
《资治通鉴》136，《齐记》2：永明四年（486 年）夏四月，"癸酉，魏主如灵泉池。"胡三省注云："魏于方山之南起灵泉宫，引如浑水为灵泉池，东西一百步，南北二百步。"

对方山的开发，与整个平城的环境布局密切相关，显示出古代苑囿开发与城市规划的整体性关系。方山在平城北五十里，是一座上为平顶的高山，在平城可以遥见之。冯太后时期开始开发。太和三年（公元479年）六月，在方山脚下开灵泉池，建灵泉殿为苑囿，又在山上建文石室。同年八月，在方山道武帝故垒处建思远寺。太和五年（公元481年），冯太后选定方山为自己的墓地，开始在山顶上预建陵园，太和八年（公元484年）建成，号永固陵。这样，在方山就形成一条南北轴线，自山下灵泉殿向北，御路登山，依次有思远寺和永固陵，陵后稍偏东北又有建而未用的孝文帝陵，称万年堂[1]。这条轴线和山下的灵泉殿、北宫、北苑相接，遥指平城，使方山成为平城北方的屏蔽。(图3-8)

452年魏文成帝即位后，大兴佛教。460年左右开始开凿武州塞石窟，即著名的云冈石窟。471年，魏献文帝在北苑中建鹿野浮图。《魏书·卷一百一十四·释老志》记载：

> 高祖践位，显祖移御北苑崇光宫，览习玄籍。建鹿野佛图于苑之西山，去崇光右十里，岩房禅堂，禅僧居其中焉。

这是在皇家苑囿中建佛教建筑的较早记载。此后，南北朝皇家宫苑中都纷纷建设佛教建筑，这种做法一直延续到清代宫苑。

2. 援典命名透射出的园林文化内涵

史料中有关于平城宫苑中殿堂命名时援用典故的记载，如《魏书·卷三十三·列传第二十一》所载述：

> 时显祖于苑内立殿，敕中秘群官制名。（司马）叡曰："臣闻至尊至贵，莫崇于帝王；天人抱损，莫大于谦光。伏惟陛下躬唐虞之德，存道颐神，逍遥物外。宫居之名，当协叡旨。臣愚以为宜曰'崇光'。"奏可。

崇光殿所在的崇光宫，是建于北苑内的离宫，是魏献文帝退位后的居所[2]。值得引起重视的是，该宫命名为"崇光"，是具多重寓意的，它透射出当时北魏皇室复杂的权力倾轧和辅政的士人集团在无奈中借园林景点命名而援用史典，希望警示时事、借古鉴今等丰富的历史文化信息，在距其近两千年后的今天，仍令人品味无穷。

---

[1] 方山北魏遗址近年已发现。方山是一平顶的高山，前为陡崖。自南向北，依次建有思远灵图、永固堂、永固陵、万年堂。思远灵图是一有回廊环绕的塔院，塔基方形，长40米，宽30米，原是很大的塔庙。塔院北200米陡坡前沿建有永固堂，又称文石室，是一长方形建筑基址，前有石碑龟趺。堂西又有基址。永固堂北600米为冯太后墓，封土为方底圆顶，东西124米、南北117米，残高22.87米。内部为砖砌墓室，分前室、甬道和墓室三部分。在冯太后永固陵北800米处微偏东又有土冢，方60米，残高约13米，即孝文帝预建的陵墓，后称万年堂。封土内也是砖砌墓室，形制与永固陵相同。

参见傅熹年：《中国古代建筑史·第二卷·三国、两晋、南北朝、隋唐、五代建筑》，76页，北京，中国建筑工业出版社，2001。

大同市博物馆，山西省文物工作委员会：《大同方山北魏永固陵》，载《文物》，1978（7），29~36页。

[2]《魏书·卷一百一十四·释老志》："高祖践位，显祖移御北苑崇光宫，览习玄籍。"

从上文所引的《魏书》原文可知，在确定命名时，司马叡阐释了"崇光"所包含的两方面涵义：其一，"崇"是强调帝王的"至尊至贵"；其二，"光"意指"谦光"。"谦光"典出《易·谦》所述："谦，尊而光。""尊"通"撙"（王引之《经义述闻·周易下》），指"退让"之意。"谦光"意为"退让而显示光明美德"。前句的"天人挹损"就是指天人之道的重"谦"，典出孔子对《易·谦》中"天道亏盈以冲谦"的进一步阐释，孔子曰："天道亏盈而益谦，……人道恶盈而好谦。谦者，挹事而损者也。持盈之道，挹而损之。"（[汉]《韩诗外传》）"挹"原意是舀水，通"抑"，"挹而损之"意指减损和退让。《荀子·宥坐》记载了孔子借宥坐之欹器"虚则欹，中则正，满则覆"的特点来告诫学生要重视"挹损之道"：

> 孔子观于鲁桓公之庙，有欹器焉，孔子问于守庙者曰："此为何器？"守庙者曰："此盖为宥坐之器。"孔子曰："吾闻宥坐之器者，虚则欹，中则正，满则覆。"孔子顾谓弟子曰："注水焉！"弟子挹水而注之，中而正，满而覆，虚而欹，孔子喟然而叹曰："吁！恶有满而不覆者哉！"子路曰："敢问持满者有道乎？"孔子曰："聪明圣知，守之以愚；功被天下，守之以让；勇力抚世，守之以怯；富有四海，守之以谦。此所谓挹而损之之道也。"

这种欹器水装少了就倾斜，水装多了就翻倒，只有水位居中时才稳立不动。孔子以此教导学生执着盈满是危险的，保持适中和谦恭退让，才能守住四海之富，才

是聪明圣知之人，这就是"挹损之道"。

"崇光"的命名，从最表层来看似乎只是在称颂献文帝退位让贤的美德。但对"崇"的强调和"挹损"的提示却透露出了被迫不甘的信息。的确，"崇光"之深意远不止于简单的退隐，它实际是暗指对太后擅权的不满和献文帝被迫退位的无奈，是对当时北魏皇室政权倾轧的讽喻。

北魏建国初期，在皇位继承上以父死子继制取代拓跋部内传统的兄终弟继制，引发了为争夺皇位而频繁爆发的宫廷政变，鲜卑族母权制遗俗在权力斗争的夹缝中乘机而兴。献文帝时，文明太后冯氏势力膨胀，一度临朝听政。但为时不久，迫于献文帝背后宗室势力的压力，她不得不放弃听政之权。不过，文明太后还是运用手段，于471年逼迫献文帝禅位给仅仅4周岁的拓跋宏，是为孝文帝；但王公大臣们认为皇帝年幼，坚持拥献文帝为太上皇，仍然主持朝政，与太后抗衡。最后，文明太后为满足掌权的野心，终于在476年杀死献文帝，临朝听政。

可见，"崇光"的深层含义是，在被迫退位的献文帝及其支持者的心中，献文帝仍是至尊至贵的帝王、太上皇，只是暂时采取了谦守挹损之道，以退隐园林来自保和待时[1]。《魏书·显祖纪》所载献文帝让位时君臣的言论可见其一斑：

> 丁未，诏曰："朕承洪业，运属太平，淮岱率从，四海清晏。是以希心玄古，志存澹泊。躬览万务，则损颐神之和；一日

---

[1] 值得注意的是，崇光殿在延兴三年被冯太后改名为"宁光殿"，这更说明了"崇"的深刻寓意。

或旷，政有淹滞之失。但子有天下，归尊于父；父有天下，传之于子。今稽协灵运，考会群心，爰命储宫，践升大位。朕方优游恭己，栖心浩然，社稷义安，克广其业，不亦善乎？百官有司，其祗奉胤子，以答天休。宣布宇内，咸使闻悉。"于是群公奏曰："昔三皇之世，澹泊无为，故称皇。是以汉高祖既称皇帝，尊其父为太上皇，明不统天下。今皇帝幼冲，万机大政，犹宜陛下总之。谨上尊号太上皇帝。"乃从之。

司马叡接着称颂献文帝"躬唐虞之德"[1]和"存道颐神，逍遥物外"，同样表达了谦守待时的意思。表面上看，是以献文帝的退位比附尧舜禅让举贤的美德；而深入考究，实际是在讽喻冯太后的恶行，表达臣子仍拥戴献文帝为王的心情。他援引的是孔子的学生子思关于"唐虞之道"[2]的思想理论：

尧舜之行，爱亲尊贤。爱亲故孝，尊贤故禅。……六帝兴于古，咸由此也。……古者虞舜笃事瞽叟，乃弋其孝；忠事帝尧，乃弋其臣。爱亲尊贤，虞舜其人也。

可见，司马叡实际上是在讽喻冯太后就像舜的父亲瞽叟，有凶残杀子的图谋；同时指出献文帝却像舜一样不计其恶，尊奉孝道，所以才暂时退位。而遵循舜的这种谦守，是终能如其一般兴而成帝的。崇光殿的布置，也是以特殊的方式在暗喻着献文帝仍是至高无上的"帝王"身份，《魏书·卷六·帝纪第六·显祖纪》载"太上皇帝徙御崇光宫，采椽不斫，土阶而已。国之大事咸以闻"。"采椽不斫，土阶而已"，这是仿效尧舜"堂高三尺，土阶三等，茅茨不剪，采椽不斫"[3]的宫室风格，这种布置，重点在于强调献文帝高如先古帝王的君主身份和地位，标举其简朴恬淡的德行风尚。

可见，崇光宫的命名是富含着深刻的历史和文化意义的。北魏时期园林中的援典题名之风自此日趋发展和完善，之后的魏孝文帝在华林园建设中更是大大发挥了这一极具文化品位的造园风尚，明确指出园林景点"名目要有其义"。撷取相关经史艺文的原型，并以解释学的方式援典题名，来深化园林景观的文化主题和审美意境，这种造园手法历代传承，至清代园林达到了蔚为大观的境地，成为世所瞩目的中国古典园林的独特创作意匠。

更进一步，通过这个例证，我们可以站在历史时政和文化内涵的角度上，更清楚地认识到中国古典园林在古代社会的特殊地位和作用。亦即，园林与宫殿、园林与堂宅在文化意义上是一种互补共生的礼乐复合关系，无论是帝王还是士人，在不满或失意于朝政时事时，都选择栖寄身心于优游园林之乐。而中国古典园林之所以产生并长期存在，就是因为它承载着这样一个十分特殊的政治使命。循此思路，我们不难得出这样的初步论断：中国古典园林的产生和繁盛，是与中国古代封建政治制度的基本特质和发展趋势密切相关的，

---

①唐和虞，是尧和舜为王时的国号。唐虞之德指尧舜的美德。
②载于"郭店竹简"中。
③《汉书·卷六十二·司马迁传》曰：墨者亦上尧舜，言其德行曰："堂高三尺，土阶三等，茅茨不剪，采椽不斫。……"

正因其作为社会政治和文化特殊载体的功能，中国园林才表现出许多区别于异国的独特风格和内涵。

3.园林活动

从总体上看，平城广大的御苑区以生产性的园圃和猎场为主，虽然苑内有离宫，但游赏娱乐建筑偏少，性质近于汉代的苑。据《南齐书》记载，北魏前期曾使宫人织绫锦、种菜、养鸡、鹅、鱼、羊、马等贩卖，实际就是在苑囿中从事生产的奴隶。由于皇家苑囿与农牧生产的密切关系，皇帝的祈雨祭天仪式有时都直接在御苑中举行，例如，《魏书·卷七上》记载：

（太和三年）五月丁巳，帝祈雨于北苑，闭阳门，是日澍雨大洽。

另外，平城的苑囿还作为操练军队之处，《魏书·卷五十四》记载：

宜发近州武勇四万人及京师二万人，合六万人为武士，于苑内立征北大将军府，选忠勇有志干者以充其选。下置宫属，分为三军，二万人专习弓射，二万人专习戈盾，二万人专习骑槊。修立战场，十日一习。采诸葛亮八阵之法，为平地御寇之方，使其解兵革之宜，识旌旗之节，器械精坚，必堪御寇。

（二）洛阳宫苑

建都平城以后，经过近一百年的发展，魏国的政治、经济、军事形势都发生巨大变化。这时鲜卑的武力已渐衰落，立国主要靠汉族的支持，所以在政权形式和统治方法上需要减弱鲜卑的特色。493年，

北魏孝文帝决定进入中原，迁都洛阳，改易鲜卑旧俗，实行汉化，在汉族传统名都洛阳建立汉化了的北魏政权。重建的洛阳是在魏晋洛阳的基础上，吸收曹魏邺城、南朝建康以及十六国以来各名都的优点建设的。它规划严整，布置有序，增建了外郭以拓展居住区，与建康同为此时期最宏大的都城，并对以后的北齐邺都南城和隋唐长安城有重大影响。洛阳宫苑也是整个城市规划中不可分割的一部分，与城市总体生态环境、战略防御和供给需求有着密切关系。它和整个城市的建设一样，吸取了曹魏和南朝的经验，结合功能需求营构了丰富多样、流传后世的园林景观。

1.洛阳都城宫苑群在城市规划中的重要地位

（1）城市格局

北魏洛阳城是在魏晋洛阳废墟上重建的，由穆亮、李冲、董爵负责规划和实施。建造之初，先修复魏晋金墉城和华林园为临时宫殿。太和十九年（公元495年）八月金墉宫建成，九月，六宫和文武官员正式迁都洛阳。

重建的洛阳以原魏晋洛阳城为内城，在它的东、南、西、北四面拓建里坊，形成外郭。内城东西六里，南北九里；包括外郭则为东西二十里，南北十五里。

从功能分区上看，洛阳城北半部中心是宫城，宫北为内苑华林园，宫东为太仓，

宫东北是太子东宫预留地，宫西是武库，西北角是可供踞守的金墉城。整个北半部基本上为宫城、苑囿、府库所占，地形又高于南部，明显是个聚集了大量军资粮草有坚可守的统治堡垒。宫城南门阊阖门南对南城宣阳门，纵贯其间的铜驼街仍是全城的南北主轴线，在铜驼街东西两侧夹道而设衙署庙社。外围的里坊衬托并拱卫着宫城[1]。

洛阳城内的功能分区与便于事变时踞守有着明显的联系，值得重视的是，洛阳内城的宫苑群，不仅作为城市环境美化要素，还在整体布局上环拱护卫着宫城，并且，各园苑内的池渠水体相互通连，进而与整个都城内部水网以及外部漕运水系连成一体，结合太仓、武器库等重要城市设施，构成了全城军事防御和物资储备、供应系统中至关重要的组成部分。

（2）都城宫苑群

洛阳城的主要宫苑集中在内城北部的宫城区，从西、北、东三面环绕着宫室，其中，西有西游园，西北是金墉宫，北面有华林园，东部是苍龙海（翟泉）。

首先，从城市环境角度上看，它们组成了一个绿化隔离圈，为宫室区营造了风景优美的人工山水环境。进而，在城市功能方面，它们与城市储备、供应以及防御系统紧密地结合在一起，并非如人们一般认识的那样仅与皇室成员游乐宴饮有关。

北魏迁都洛阳后，城市供水的明渠和供应补给的运河成为维持城市生命的重要问题。孝文帝南迁之初就有意发展漕运，曾说"我以平城无漕运之路，故京邑民贫。今迁都洛阳，欲通四方之运"[2]。

汉、魏、晋洛阳沟渠运河的情况，史不详载，从零星材料可知，汉代曾在洛阳之东修漕渠，自洛口西至上东门（北魏之建春门），在门旁建仓，但苦于水量不足。洛阳的地势是北倚邙山，南临洛水，北高南低，夹在西北面的穀水和南面的洛水之间。自穀水可引水入城并东流入洛，但水量不足，因此需要在西面上游堰洛水以济穀水。东汉建武二十四年（公元48年），张纯完成了堰洛入穀工程，终于开通漕运。建春门外阳渠石桥的石柱上有东汉阳嘉四年（公元135年）铭，说此渠"东通河济，南引江淮，方贡委输，所由而至"（《水经注·穀水》）。则在东汉时，这条运渠可以东行入洛水，由洛口入黄河，再转通江淮，是洛阳的重要水路供应线。而《太平御览·居处部·仓》引《述征记》说"旧于王城之东北开渠，引洛水，名曰阳渠，东流经洛阳，于城之东南然后北回，通运至建春门，以输常满仓"。可见西晋时仍保持这条运输线，称为阳渠。北魏太和二十年（公元496年）修复了这项引洛

---

[1]参照傅熹年《中国古代建筑史·第二卷·两晋、南北朝、隋唐、五代建筑》，洛阳市文物局编《汉魏洛阳故城研究》，以及相关古籍整理。

[2]《资治通鉴》卷40，《齐纪》6，明帝建武二年（495年）四月条，4374页。

水济榖水的工程，以保持城内水渠和城东运河的水量，维持漕运。

同时，在堰洛济榖对城市供水和农业生产也起着重大作用。《水经注·榖水》引杨佺期《洛阳记》曰："千金堨，旧堰榖水，魏时更修此堰，谓之千金堨。积石为堨而开沟渠五所，谓之五龙渠。"《太平御览》引《晋后略》曰："张方围京邑，决千金堨水，沟渠枯涸，井多无泉。"说明城市供水在很大程度上依靠堰榖水而成。另外，《晋书·卷四·帝纪第四·孝惠帝》记载张方入洛，"决千金堨，水碓皆涸。乃发王公奴婢手春给兵稟，一品已下不从征者、男子十三以上皆从役"。说明了可以利用堰水落差，在渠道沿线装置水碓，为粮食加工服务。洛阳城郭内一些园林也利用水体，架设水力机械配合生产，如北魏宣武帝元恪敕建的景明寺，园中"碾硙春簸，皆用水功"（《洛阳伽蓝记·城南》）。《洛阳伽蓝记》以赞美的语气讲述"千金堨"一名之由来时说："计其水利，日益千金，因以为名。"即表明堰洛通漕等水利工程的显著社会效益。

洛水引入榖水后，除环城一周为城壕外，又分三路自城壕入城，在各宫苑形成大的水域，依靠它们起到蓄水调节功能。第一路自西城阊阖城门入城，沿御道东流，抵宫城西门千秋门后，分为二支。一支利用曹魏时入九龙殿的旧渠在西游园形成碧海曲池，又进入宫殿区环绕殿堂，然后出阊阖宫门，分两股夹门前御道南下，在太庙、太社之间注入南渠。另一支顺宫城西墙南下，至城角东转，流过宫城正门阊阖宫门和其东的司马门，顺东阳门内御道东行出城，注入阳渠。第二路在西明门处入城，沿门内御道东流，横过太社、太庙之前，出青阳门注入城壕。这段水渠又称南渠。第三路在北城大夏门处入城，流经华林园，形成天渊池、玄武池、扶桑海、流觞池等水域，而后东流，在建春门附近聚为翟泉，再东出注入阳渠。金墉宫在西北，宫内的绿水池也是与榖水连通的。《洛阳伽蓝记·城内》对宫苑水域的美观性和实用性作出了全面的评价：

凡此诸海，皆有石窦流于地下，西通榖水，东连阳渠，亦与翟泉相连。若旱魃为害，榖水注之不竭；离毕滂润，阳榖泄之不盈。至于鳞甲异品，羽毛殊类，濯波浮浪，如似自然也。

各宫苑的水域总是和一些储备建筑结合设置的。例如，城东的翟泉紧邻太仓西南；华林园天渊池周边有九华台、藏冰室、临危台，华林园北是军事用地阅武场；西游园碧海曲池泮有储冰的凌云台；金墉宫即曹魏金墉城，原本就是防御性小城，北魏迁洛之初，修复其为临时宫殿，作绿水池，在池泮曹魏故台上构霄榭，城墙上也建造列观以供瞭望。

可见，北魏洛阳宫苑群的总体格局是结合城市环境和功能需求而精心布置的，这种做法被后世继承和发展，北宋宫苑以及保存至今的明清北京景山、西苑宫苑群，无疑和洛宫一脉相承。（图3-9）

2. 华林园

（1）园林布局

华林园在宫城北，综合《水经注》和《洛阳伽蓝记》的记载，园址大约比曹魏时稍南移，舍曹魏时傍北城墙而筑的景阳山于园外，在原曹魏天渊池之西南新筑土山，仍名景阳山。以山池为主景，恢复旧台馆、添建新建筑。

天渊池原为曹魏黄初五年（公元224年）开凿，池中有黄初六年建的九华台，北魏孝文帝时在台上新建清凉殿。宣武帝时，又在池中新建蓬莱山，山上建仙人馆、钓台殿。池中各建筑用架空的飞阁连通。

池南有曹魏时始建的茅茨堂，堂前有茅茨碑。景阳山在天渊池西南方，东西翼为义和岭、垣娥峰。山上分别建景山殿、温风室、露寒馆，也以飞阁相通。景阳山北有玄武池；山南有百果园。果园按品种区别，各自成林，每种林中都建一堂，这是曹魏两晋时的旧布置，在北魏时又加以恢复。果园的西边又有流觞池、扶桑海等大小水体，彼此毗连，构成丰富的园林景观。

《洛阳伽蓝记·城内》记之曰：

华林园中有大海，即汉天渊池，池中犹有文帝九华台。高祖于台上造清凉殿，世宗在海内作蓬莱山，山上有仙人馆。上有钓台殿，并作虹蜺阁，乘虚来往。至于三月禊日，季秋巳辰，皇帝驾龙舟鹢首游于其上。海西有藏冰室，六月出冰以给百官。海西南有景山殿。山东有羲和岭，岭

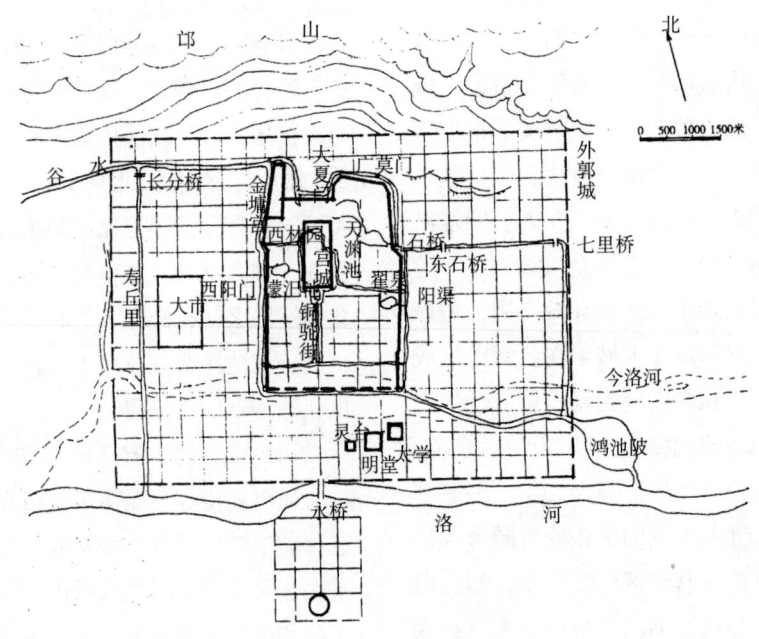

图 3-9　北魏洛阳城水系及皇家园林分布示意图
（引自王铎：《北魏洛阳规划及其城史地位》"北魏洛阳城水系规划图"，载洛阳市文物局，洛阳白马寺汉魏故城文物保管所，《汉魏洛阳故城研究》，492 页，北京，科学出版社，2000）

上有温风室；山西有姮娥峰，峰上有露寒馆，并飞阁相通，凌山跨谷。山北有玄武池，山南有清暑殿。殿东有临涧亭，殿西有临危台。

景阳山南有百果园，果列作林，林各有堂。有仙人枣，长五寸，把之两头俱出，核细如针。霜降乃熟，食之甚美。俗传云出昆仑山，一曰西王母枣。又有仙人桃，其色赤，表里照彻，得霜即熟。亦出昆仑山，一曰王母桃也。

柰林南有石碑一所，魏明帝所立也，题云"苗茨之碑。"高祖于碑北作苗茨堂。永安中年，庄帝习马射于华林园，百官皆来读碑……。

柰林西有都堂，有流觞池，堂东有扶桑海。凡此诸海，皆有石窦流于地下，西通榖水，东连阳渠，亦与翟泉相连。若旱魃为害，榖水注之不竭；离毕滂润，阳榖泄之不盈。至於鳞甲异品，羽毛殊类，濯波浮浪，如似自然也。

《水经注·榖水》也有相关记载：

（渠水）又东历大夏门下，故夏门也。……门内东侧际城，有魏文帝所起景阳山，馀基尚存。…… 渠水又东，枝分南入华林园，历疏圃南。圃中有古玉井，井悉以珉玉为之，以缁石为口，玉作精密，犹不变古，璨焉如新。又瑶华宫南，历景阳山北，山有都亭，堂上结方湖，湖中起御坐石也。御坐前建蓬莱山，曲池接筵，飞沼拂席。南面射侯夹席，武峙背山。堂上则石路崎岖，岩嶂峻险，云台风观，缨峦带阜。游观者升降阿阁，出入虹陛，望之状兔没鸢举矣。其中引水，飞皋倾澜，瀑布或枉渚，声溜潺潺不断。竹柏荫于层石，绣薄丛于泉侧，微飙暂拂，则芳溢

于六空，入为神居矣。其水东注天渊池，池中有魏文帝九华殿，殿基悉是洛中故碑累之，今造钓台于其上。池南置魏文帝茅茨堂，前有茅茨碑，是黄初中所立也。其水自天渊池，东出华林园，径听讼观南，故平望观也。

（2）景观构筑手法

1）叠石

在华林园中，出现了叠石为山的手法，《魏书卷九三·列传·第八十一》记载：

（茹皓）迁骠骑将军，领华林诸作。皓性微工巧，多所兴立。为山于天渊池西，采掘北邙及南山佳石。徙竹汝颍，罗莳其间；经构楼馆，列于上下。树草栽木，颇有野致。世宗心悦之，以时临幸。

结合《水经注·榖水》的记载可见，这座建于天渊池西侧的山，造型十分丰富，其上：

石路崎岖，岩嶂峻险，云台风观，缨峦带阜。

并注意到塑造出"岭"[①]、"峰"[②]等山体的不同形态，如《洛阳伽蓝记·城内》中载：

山东有羲和岭，岭上有温风室；山西有姮娥峰，峰上有露寒馆，并飞阁相通，凌山跨谷。

可见，此时的造园家对自然的观察已经比较细致，并转化为较丰富的艺术手法运用到园林构筑中。茹皓是随父入魏的南朝降人，受南朝文化熏陶[③]。他"多所兴

---

①岭：平而长的山脉。

②峰：高而尖的山头。

③《魏书·列传·八十一》：茹皓，字禽奇，旧吴人也。

立"，说明许多创作手法在北魏洛阳是属于创新性的，而总体风格是"颇有野致"，可见，是将当时南朝山水审美中追求"非工复非匠，云构发自然"（谢道韫《登山》）的意趣带到了洛阳。

2）理水

华林园中的水景是十分丰富的，以天渊池这个巨大的水域为主体，西北有玄武池，西南有流觞池、扶桑海，彼此呼应。结合水体的不同特征，营构岛、台、殿、坛等不同的临水建筑。例如，天渊池"中犹有文帝九华台，高祖于台上造清凉殿。世宗在海内作蓬莱山，山上有仙人馆，上有钓台殿，并作虹霓阁，乘虚来往"。在大的水面中建体量大的台和山（岛），水中建蓬莱山、山上起仙人馆的做法，体现了北魏皇家园林中仍延续秦汉宫苑中以此表达的海上求仙意识，但可能是迫于园林规模的限制，由秦汉的"一池三山"转变为一池一山的格局。不过，通过在岛上建造"乘虚来往"的殿阁等建筑，仍能体现仙界的意味。

在一些小的水域如流觞池、扶桑海、流化渠等处，则塑造"曲池接筵，飞沼拂席"的景观，充分强调建筑的亲水性。而"引水飞皋，倾澜瀑布，或枉渚声溜，潺潺不断"的描述则体现了园中缓、急、高、下等丰富多样的水景处理手法。

3）花木配置

园中的花木栽植，十分注意与山水景观的结合和呼应，例如"采掘北邙及南山佳石。徙竹汝颖，罗莳其间""竹柏荫于层石，绣薄丛于泉侧，微飙暂拂，则芳溢于六空，入为神居矣"。从这些描述中可见，园中植物品种与相应景物的搭配方式已达到比较精微的程度，充分考虑了各自的形态和性质特征，竹柏与山石相伴，花草则与清泉为侣，可谓恰到好处。

园中还有品种繁多的果树林，每个品种的树林中都建有一堂，这是延续了西晋宫苑的做法。

4）建筑风格

华林园中的建筑类型较多，如表3-2所示。

表3-2　华林园中建筑类型

类　型	名　称
台	九华台，临危台
殿	清凉殿，钓台殿，景山殿，清暑殿，观德殿
堂	芳茨堂，果林中林各有堂
阁	霓虹阁
馆	仙人馆，露寒馆
室	温风室，藏冰室
亭	临涧亭
庑	步元庑，游凯庑

从这些建筑的相关描述中可以发现一个比较突出的特点，即各建筑经常以廊道相连，组成高下错落的建筑群，例如"飞阁相通，凌山跨谷""并作虹霓阁，乘虚来往""游观者升降阿阁，出入虹陛，望之状凫没鸾举矣"这类建造方式，可以说是对秦汉宫苑中"复道凌空""阁道相通，不在于地"等建筑形态的承继。

另外，从"山北有玄武池，山南有清暑殿。殿东有临涧亭，殿西有临危台"的描述中可见，此处的"亭"已不是指作为行政机构的建筑群，而是与殿、堂等同类的临涧而设的点景建筑。

（3）园景命名

《魏书·卷一九中·列传第七中·景穆十二王列传·任城王》中，记载了北魏孝文帝元宏援典斟酌景名来表达园林建筑创作与审美意匠的事例：

（高祖）引见王公侍臣于清徽堂。高祖曰："此堂成来，未与王公行宴乐之礼。后东阁虎堂粗复始就，故今与诸贤欲无高而不升，无小而不入。"因之流化渠，高祖曰："此曲水者亦有其义，取乾道曲成，万物无滞。"次之洗烦池。高祖曰："此池中亦有嘉鱼。"澄曰："此所谓'鱼在在藻，有颁其首'。"高祖曰："且取'王在灵沼，于牣鱼跃'。"次之观德殿。高祖曰："射以观德，故遂命之。"次之凝闲堂。高祖曰："名目要有其义，此盖取夫子闲居之义。不可纵奢以忘俭，自安以忘危，故此堂后作茅茨堂。"谓李冲曰："此东庑曰步元庑，西曰游凯庑。此堂虽无唐尧之君，卿等当无愧于元、凯。"冲

对曰："臣等既遭唐尧之君，不敢辞元、凯之誉。"

在上述对园林景观命名的阐释中，孝文帝采撷了《周易》《诗经》《礼记》等儒学经典中的相关原型，结合天道规律、为王之道和个人修养等内容加以引申，以点化和升华园林建筑的审美境界。以下是对命题的逐个剖析。

1）流化渠

高祖解释为"取乾道曲成，万物无滞"。这是援引《周易·系辞上》中"乾以易知"和"《易》与天地准，故能弥纶天地之道。……范围天地之化而不过，曲成万物而不遗，通乎昼夜之道而知，故神无方而《易》无体。"的论述。由观流化渠中的曲水，来体验天道无处不在、变化流行的自然规律，达到天人合一的审美境界。

2）洗烦池

高祖首先说："此池中亦有嘉鱼。"实际是提起了关于《诗经》的联想，《诗经·小雅》中有《南有嘉鱼》的诗篇，描述鱼儿在水中愉游的样子。《毛序》解其为"乐与贤也。太平君子至诚，乐与贤者共之也。"大臣元澄以《诗经·小雅·鱼藻》中"鱼在在藻，有颁其首"来附会高祖，这是描写周幽王在镐京宴饮安乐的诗，但《毛序》中实际将其解为对周幽王宴饮无度的讽刺。所以高祖没有同意元澄的解释，而另取了《诗经·大雅·灵台》中："王在灵沼，于牣鱼跃"之意，因为这是描写民众拥戴有德之君的诗文。诗中记述了文王受命，民众拥戴他的美好德行，一起建好了灵台灵沼，当文王游览到灵沼时，

满池的鱼儿都跳跃欢迎他的情形。[1]高祖以这个典故来阐释洗烦池,是为了表述自己希望成为象周文王一样的有德之君的理想。

3)观德殿

取义"射以观德",即《礼记·射义》中所述:"故射者,进退周还必中礼"[2]。内志正,外体直,然后持弓矢审固。持弓矢审固,然后可以言中,此可以观德行矣。这个殿可能是建在习射的场所,高祖援引礼记之典,提醒大家注重品德的修养。

4)茅茨堂

茅茨堂原名凝闲堂,高祖说,"凝闲"是取"孔子闲居"(《礼记·孔子闲居》)之义,但君主不应该过于养尊处优,会有"纵奢以忘俭,自安以忘危"之嫌,所以改名为"茅茨堂"。史料记载,魏文帝时就在华林园建了茅茨堂,后来可能毁掉了。"茅茨"取义古书对上古帝王尧、舜简朴德行的赞扬:"堂高三尺,土阶三等。茅茨不剪,采椽不斫。饭土簋,啜土刑。粝粱之食,藜藿之羹。夏日葛衣,冬日鹿裘。"(《汉书·卷六十二·司马迁传》)高祖以此为名,为了标示自己尚简治国的品行,也有警示世人居安思危的含义。

5)步元庑,游凯庑

"元、凯"是指高阳氏和高辛氏时期各有的八大才子,被世人成为"八凯"和"八元"。他们的族人历代传承美德,到舜为王时,启用了"八凯"和"八元"的族人作为大臣管理政务,在他们的辅佐下,国家内平外成。因此,"元、凯"是指喻有功德的得力臣子。从高祖为东西庑命名"步元""游凯"时,与重臣李冲[3]的一段对答可以看出,高祖不仅是以李冲来比"元、凯",更有借此自比尧舜的寓意。李冲因此马上附会了高祖的想法说"臣等既遭唐尧之君,不敢辞元、凯之誉"。

由上述剖析可见,高祖具有精深的文化造诣,《魏书·高祖纪》载其"雅好读书,手不释卷。《五经》之义,览之便讲,学不师受,探其精奥。史传百家,无不该涉。善谈《庄》《老》,尤精释义。才藻富赡,好为文章,诗赋铭颂,任兴而作"。而史臣也评价他为一个不同于北魏先前诸皇的皇帝,因为先王都"以威武为业",而高祖独"以文明摄事"。这实际上是高祖推行汉化政策的必由之路,而他在洛阳宫苑中大量援引儒家经典来命名和言志,也是为了更全面地融入到汉文化中,以便稳固地立足于中原汉地,实现对汉民族人民的统治。由此,我们再次深深地感觉到,园林的确是帝王寄托政治和人生理想的精神家园,魏孝文帝通过对园景的命名和阐释,充分表达了自己"内圣外王"的人生理想。

---

①《毛序》解之曰:《灵台》,民始附也。文王受命,民乐其有灵德以及鸟兽昆虫焉。

②《礼记·射义》:古者诸侯之射也,必先行燕礼。卿大夫士之射也,必先行乡饮酒之礼。故燕礼者,所以明君臣之义也。乡饮酒之礼者,所以明长幼之序也。

③李冲是高祖所倚重的朝廷重臣,他在高祖迁都洛阳的举措中是最主要的支持者和策划者,并且还负责洛阳城的规划和营建。

（4）园林活动

史料中记载了皇室成员在华林园中进行宴饮、游赏、讲武、听讼等各种活动情况：

（太和）二月辛丑，帝幸华林，听讼于都亭。(《魏书·卷七十·帝纪第七上·高祖纪》)

（太和二十一年秋七月）甲戌，讲武于华林。庚辰，车驾南讨。(《魏书·卷七十·帝纪第七上·高祖纪》)

永安中年，庄帝习马射于华林园。(《洛阳伽蓝记·城内》)

（胡）太后与肃宗幸华林园，宴群臣于都亭曲水，令王公已下各赋七言诗。太后诗曰："化光造物含气贞。"帝诗曰："恭己无为赖慈英。"王公已下赐帛有差。(《魏书·卷十三·皇后列传第一》)

综合以上文献资料，对北魏洛阳华林园有以下初步认识：北魏华林园是在曹魏宫苑的基础上进行营构的，仍以水域为主体来组织园林景观。出现了叠石为山的创作手法，在园林理水和植物配置、建筑组合方面都有较成熟的经验，亭已作为点景建筑出现在园林中。园林景观命名具有了较为深刻的文化内涵，园林作为帝王寄托其政治和人生理想的精神家园的特征愈加凸显。

3. 西林园

西林园在城西千秋门内横街之北，这里是魏宫凌云台和九龙殿故地。阳渠水自千秋门入宫后，在此汇集为池，称"碧海曲池"。池中建有灵芝钓台，池四面各有殿，西名九龙殿，北名嘉福殿，南名宣光殿，东面一殿其名失载。四殿和池中的灵芝钓台都有阁道架空相通。碧海曲池之西有宣慈观和凌云台。凌云台始建于曹魏时，原为木构，至西晋时已改筑为砖石台。西林园内有大片林木。《洛阳伽蓝记·城内》记之曰：

千秋门内道北有西游（林）园，园中有凌云台，即是魏文帝所筑者。台上有八角井，高祖于井北造凉风观，登之远望，目极洛川；台下有碧海曲池；台东有宣慈观，去地十丈。观东有灵芝钓台，累木为之，出于海中，去地二十丈。风生户牖，云起梁栋，丹楹刻楠，图写列仙。刻石为鲸鱼，背负钓台，既如从地踊出，又似空中飞下。钓台南有宣光殿，北有嘉福殿，西有九龙殿，殿前九龙吐水成一海。凡四殿，皆有飞阁向灵芝往来。三伏之月，皇帝在灵芝台以避暑。

史料中有关于园中宴饮游射活动的记载：

后肃宗朝太后于西林园，宴文武侍臣，饮至日夕。(《魏书·皇后列传》)

（胡太后）幸西林园法流堂，命侍臣射，不能者罚之。又自射针孔，中之。大悦，赐左右布帛有差。(《魏书·皇后列传》)

4. 金墉宫

金墉宫始建于曹魏时期，在洛阳城西北角，原名金墉城（图3-10），本来是起战备防御作用的小城，高祖刚迁都洛阳时，在修宫殿区之前先了修葺此处，作为临时居所。《水经注·穀水》记之曰：

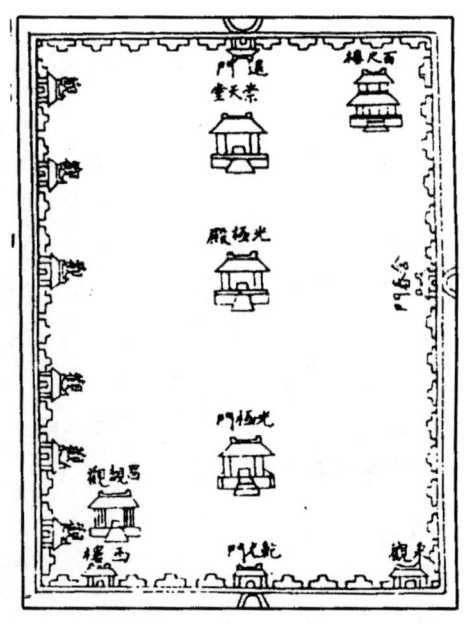

《元河南志》中的北魏洛阳金墉城

图 3-10 《元河南志》所绘北魏洛阳金墉城

（引自王铎《北魏洛阳规划及其城史地位》"北魏洛阳城水系规划图"绘制，载《汉魏洛阳故城研究》第497页。）

　　皇居创徙，宫极未就，止跸于此。……南曰乾光门，夹建两观，观下列朱桁于堑，以为御路。东曰含春门，北有退门。城上西面列观，五十步一睥睨屋，台置一钟，以和漏鼓。西北连庑荫，塘比广榭，炎夏之日，高祖常以避暑。为绿水池一所，在金墉者也。

　　《洛阳伽蓝记·城内》也记载了北魏金墉宫的建设情况：

　　有金墉城，即魏氏所筑。晋永康中，惠帝幽于金墉城。东有洛阳小城，永嘉中所筑。城东北角有魏文帝百尺楼[①]，年虽久远，形制如初。高祖在城内作光极殿，因名金墉城门为光极门。又作重楼飞阁，遍城上下，从地望之，有如云也。

　　这时该城完全是以万岁别宫的资格出现，兴建了殿庑等建筑，还开挖了绿水池，形成了具有良好居住条件的庭园环境。

---

①百尺层楼用于防御眺望。段鹏琦先生认为："百尺层楼的防卫作用也是显而易见的。关于魏文帝百尺楼的建筑特点，《水经·穀水注》引《晋宫阁名》曰："金墉有崇天堂即此。地上架木为榭，故曰楼矣。"此种层楼式高大建筑模型，东汉晚期墓出土甚多，墓葬壁画中也时有所见，有的还和大型宅院结合为一体，其中架木为榭者占相当大的比例。它们或建于平地，或造于池中，少数楼上塑歌舞俑，更多的则是描绘主人端坐上层楼内，家奴负粮攀梯而上；层层楼上悬挂武器或者塑武士持弓守卫形象。有的楼下还有骑马者巡逻。这些无疑都是东汉以至魏初尺楼一类建筑用于防卫的绝好证明。引自段鹏琦：《汉魏洛阳城的几个问题》，载于洛阳市文物局，洛阳白马寺汉魏故城文物保管所编，《汉魏洛阳故城研究》，464～472页，北京，科学出版社，2000。

文献中已直呼其为金墉宫，《魏书·高祖纪》中载"太和十九年八月金墉宫成，甲子，引群臣历宴殿堂"，便是证明。

金墉城由曹魏时主要作为战备之需[1]到北魏时转变成别宫，实际是经历了魏末和西晋的过渡的。曹叡统治时期，就有大臣建议在急需时将其暂时作为离宫使用，《三国志·魏书·陈群传》载，皇女淑夭亡，明帝欲移住许昌，陈群以为不可，上疏曰："臣以为……若必当移避，缮治金墉城西宫及孟津别宫，皆可权时分止。"

值得注意的是，自魏末以降，金墉城这后一方面作用随着时间的推移而日渐明显地增长。《读史方舆纪要》汇集有关材料，记述魏末至西晋时事云："(魏齐王芳)嘉平六年，司马师废其主芳，迁于金墉；延熙二年，魏主禅位于晋，出舍金墉城。晋杨后及愍怀太子至贾后之废，皆迁金墉。永康二年，赵王伦篡位，迁惠帝自华林西门出居金墉城，改曰永昌宫。其后每有废置，辄于金墉城内。"金墉这一原以防卫为主要目的建造的城池，转而成了容纳废帝废后的宫，并有了正式的宫名。

北魏之初将其作为皇帝临时住所后，金墉宫的形制更加接近宫城格局，据《汉魏南北朝墓志集释》所载墓志，后魏诸帝之妃嫔夫人如文成帝夫人于仙姬、献文帝成嫔、宣武帝第一贵嫔夫人司马显姿、贵华夫人王普贤都曾居金墉，从她们死后得

以分别葬于"山陵之域"、葬于西陵(即长陵)或"陪葬景陵"来看，其身份绝非居金墉之西晋废帝废后可比拟。上列史实说明，较之永昌宫，后魏金墉宫建筑级别显然大有提高，其在实际生活中的作用也远在前者之上，可谓具有园林化环境的离宫。

5. 翟泉

翟泉水域传说春秋时就存在，魏晋传承，北魏时高祖命名其为"苍龙海"。《洛阳伽蓝记》中描述水："水犹澄清，洞底明静，鳞甲潜藏，辨其鱼鳖。"如前所述，翟泉不但有优美的景观，而且紧邻太仓，对运粮水道的水位起着重要的调节作用。

北魏洛阳城附近应该也有一些苑囿，例如，《魏书·景穆十二王列传·任城王》中记载：

> 高祖至北邙，遂幸洪池，命澄侍升龙舟，因赋诗以序怀。

但史料中没有关于特别修建的大规模皇家苑囿的记载，故此本文从略。

6. 小结

北魏都平城时，宫苑面积大，风格较粗放，带有近似于秦汉苑囿的特征。迁都洛阳以后，在魏晋宫苑旧貌上加以改造，成为一个比较完善的皇家宫苑体系。北魏

---

[1] 傅熹年先生也肯定金墉城的防御功能：金墉西面城墙上楼观相连，城内东北角建高楼(百尺楼)，防守非常严密。这应是效法邺城在西侧建铜雀三台为防守据点的传统加以发展而形成的。在东汉时是没有的。参见傅熹年：《中国古代建筑史·第二卷·三国、两晋、南北朝、隋唐、五代建筑》，第二版，9页，北京，中国建筑工业出版社，2009。

洛阳宫苑的一些构筑手法成为了后代宫苑的范本，对中国古典园林的发展和成熟起到重要的推进作用。

其一，结合城市环境和功能需求来布置洛阳宫苑群的总体格局。不但为城市营造了风景优美的人工山水环境，而且与整个都城内部水网以及外部漕运水系连成一体，结合太仓、武器库等重要城市设施，构成了全城军事防御和物资储备、供应系统中至关重要的组成部分。这种在整体布局上环拱护卫着宫城的格局，在一定程度上是当时战乱时局的产物。但其兼顾功能和美观的创作思想，不仅在园林史上，而且在城市规划史上，都具有重大的意义。其成为后世宫城建设效法的典范，明清皇城的环境规划意匠就与之一脉相承。

其二，从在池中增筑蓬莱山，山上建仙人馆的情况看，秦汉以来一池三山以象征蓬莱仙境的布局传统仍在起作用，苑囿布置仍受求仙思想影响。园林中各建筑以阁道连通，凌空往来，也是在摹仿传说中仙居的形态。但北魏推行汉化，倾慕和学习南朝的文化，魏孝文帝等帝王也具有较高的文化修养，因此北魏的宫苑中也透露出一定深度的文化内涵和自然化的审美意趣。例如，北魏华林园中诸多园景的命名，都援引经典、富含深意，达到提点和升华园林审美意匠的作用，彰显了园林中的"圣王"气象。而委任南人茹皓所修"颇有野致"的山水景观，受到了世宗的赞赏，则是帝王重文意识的写照。

其三，以丰富多变的水体为主角来组织园林景观，叠石为山，把亭作为点景建筑，都属于当时具有创新性的园林艺术成就。

二、东魏北齐皇家园林

1. 邺城宫苑

北魏在永熙三年（公元534年）分裂为东魏和西魏。东魏迁都于邺，在曹魏、石赵邺城之南新建了都城，史称邺南城。550年，东魏禅于北齐。北齐仍以邺为都城，大兴宫室园林。

邺南城是南北朝时期唯一一座按照规划平地新建的都城，可视为反映这一时代规划水平和理想都城的代表作。它东西宽460步（约662米），南北长900步（约1296米），在格局上以北魏洛阳城为蓝本，使之更加整齐和条理化，宫城和御街在城市南北向几何中线上。由于东晋十六国至南北朝期间中国处于分裂状态，每一个政权都要力图表示自己是正统王朝的继承者，所以其都城都要在不同程度上以魏晋洛阳为模式，不能逾越，这是这一时期的历史局限性，邺南城虽是平地新建，也不能脱其旧窠。

东魏邺南城建有华林园，其位置史籍无明文，从所载诸事看，仍应在城内宫之北面，园东门临街，和洛阳的情况近似[1]。

---

①参见傅熹年：《中国古代建筑史·第二卷·三国、两晋、南北朝、隋唐、五代建筑》，第二版，154页，北京，中国建筑工业出版社，2009。

北齐武成帝时,又改建增饰,称玄洲苑。后又在城西建仙都苑,苑中筑五座土山以象五岳,山间有河湖,象四渎入四海,中间汇成大池,称"大海"。在"中岳嵩山"的南北各翼以小山,二山之东西侧各建山楼,用云廊(阁道之类)相连。大海之北有飞鸾殿,面阔十六间,五架,最为豪华;大海之南有御宿堂,附有若干小殿堂,与飞鸾殿南北相望。大海中有水殿,周回十二间,四架,平坐广二丈九尺,下面用二支殿脚船承托,浮于水中。四海中,西海岸有望秋、临春二殿,隔水相望;北海中有密作堂,也是用殿脚船承托的水殿,高三层,堂内设伎乐偶人和佛像、僧人,以水轮驱动机械,使偶人奏乐、僧人行香,极为巧妙,为前所未有,是黄门侍郎崔士顺所制[1]。北海附近还有两处特殊的建筑群:一处是城堡,高纬命高阳王思宗为城主据守,高纬亲率宦官、卫士鼓噪攻城以取乐;另一处是"贫儿村",仿效城市贫民居住区的景观,齐后主高纬与后妃宫监装扮成店主、店伙、顾客,往来交易三日而罢。其余楼台亭榭之点缀,则不计其数。

(图3-11)

此外,在东魏末年高澄执政时,曾在邺城以东建山池,称"东山"[2],多次在此游宴。北齐时,又在邺北城以外,铜雀台西,建游豫园,周回十二里,内有葛屦山,山上建台。园中有池,池"周以列馆,中起三山,构台,以象沧海"[3]。

明代崔铣所撰《彰德府志·邺都宫室志》也记录了邺都的一些宫苑情况,如:

引《邺都故事》载:"齐文宣天保七年,于铜雀台西、漳水之南筑此园(游豫园),以为射马之所。"

引《邺中记》载:(流杯)此堂亦以珉石为柱础;青石为基,白石为地基,余奢饰尤甚。盖橡头皆安八出金莲花,柱上又有金莲花十枝,银钩挂网,以御鸟雀焉。

2. 晋阳宫苑

北齐定晋阳为别都,进行大规模的营建。《元和郡县图志》卷十三太原府晋阳条引姚最《序行记》载:"高洋天保中,大起楼观,穿筑池塘,飞桥跨水。自洋以下,皆游集焉。至今为北都之盛。"《北齐书·卷

---

①《历代宅京记》卷12,邺下,邺都南城条,华林园、玄洲苑部分。中华书局标点本第186页。转引自傅熹年《中国古代建筑史·第二卷》第154页。

又,密作堂"上层作佛堂,傍列菩萨及侍卫力士。佛坐帐上刻作飞仙,循环右转,又刻画紫云飞腾,相应左转,往来交错,终日不绝",有学者认为这是"转轮经藏"的早期形态。见张十庆《中日佛教转轮经藏的源流与形制》载张夏合主编《建筑史论文集》第11辑,60~71页,北京,清华大学出版社,1999。

②《北齐书·卷十一列传第三·河南王孝瑜传》载:"文襄(高欢长子高澄)于邺东起山池游观,时俗眩之。孝瑜(澄之子)遂于第作水堂、龙舟,植幡稍于舟上,数集诸弟宴射为乐。武成幸其第,见而悦之,故盛兴后园之玩。于是贵贱慕学,处处营造。"同书《文宣帝纪》云:"尝于东山游宴,以关陇未平,投杯震怒,……"同书《崔昂传》云:"显祖(高洋)幸东山,百官预宴,升射堂。"

按:据此可知高澄在邺东所起山池名"东山"。

③《历代宅京记·邺下》载:"游豫园:周回十二里,内包葛屦山,作台于上。"

《历代宅京记·邺上》载:"《隋书·食货志》曰:……又于游豫园穿池,周以列馆,中起三山,构台,以象沧海。"

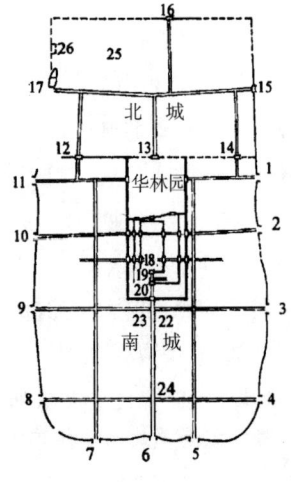

图 3-11　东魏、北齐邺城皇家园林位置示意图
（引自傅熹年《东魏、北齐邺城南城平面复原图》，载于《中国古代建筑史·第二卷》，第104页）

1. 昭德门	2. 上春门	3. 中阳门	4. 仁寿门
5. 启夏门	6. 朱明门	7. 厚载门	8. 止秋门
9. 西华门	10. 乾门	11. 纳义门	12. 凤阳门
13. 永阳门	14. 广阳门	15. 建春门	16. 广德门
17. 金明门	18. 阊阖门	19. 端门	20. 止车门
21. 华林园	22. 大司马府	23. 御史台	24. 太庙
25. 铜雀园	26. 三台		

八·帝纪第八·后主纪》载后主高纬时，"又于晋阳起十二院，壮丽逾于邺下。所爱不恒，数毁而又复。夜则以火照作，寒则以汤为泥，百工困穷，无时休息。凿晋阳西山为大佛像，一夜然油万盆，光照宫内。又为胡昭仪起大慈寺，未成，改为穆皇后大宝林寺，穷极工巧，运石填泉，劳费亿计，人牛死者不可胜纪。"

综观北齐宫苑，由于其统治阶级以北方少数民族为主，因此受北方和西域各族影响较大，好举行种种宴射和"胡戏""胡舞""胡乐"，其游赏苑囿也有更强的娱乐性内容，与南朝以及基本汉化了的北朝皇家园林风格有一定的差异。

其中，以仙都苑规模最为宏大，其象征五岳、四海、大海的山水总体布局是在秦汉皇家园林体象天地、标扬"帝王奄有四海"的大一统思想基础上的发展。这种造苑囿主题被历代延承，如隋炀帝建东都西苑，凿池为五湖四海，以及清御苑圆明园后湖景区象征"禹贡九州"的九岛环列格局，都是这一传统的承继和发扬。同时，北齐另一重要宫苑游豫园，却仍采用秦汉宫苑"一池三山"格局，表现蓬莱求仙意象。这说明，在北齐，帝王的求仙、长生意识和统占江山的思想，都被以象征性手法反映在皇家园林的营构中，园林则成了帝王思想的最忠实载体。皇家园林的这种象征意义随封建制度的发展而日益杂糅和成熟，清代皇家园林是为代表，如西苑代表的一池三山蓬莱意象，圆明园后湖景区象征的"禹贡九州"，避暑山庄及其外围环园的"天朝"寓意等。

此外，仙都苑内的各种建筑物形象丰富，如像贫儿村摹仿民间的村肆、密作堂宛若水上飘浮的厅堂、园中类似城堡的建筑等等。这些，在皇家园林的历史上都具有一定的开创性意义，为后世宫苑所延承和发展。

三、西魏北周皇家园林

534年北魏分裂后，魏孝武帝西奔宇文泰，于长安立国，是为西魏。556年末禅位于周，仍建都长安。西魏宫苑位置、规制已不可考。北周建国之初曾大兴宫苑，后武帝尚简，拆毁宫殿之华美绮丽者。后虽又经宣帝复兴土木，但隋代周时皆破坏之[1]。史料中对此期皇家园林的记载甚少，有待进一步挖掘考略。

---

[1]参见傅熹年：《中国古代建筑史·第二卷·三国、两晋、南北朝、隋唐、五代建筑》，第二版，95~96页，北京，中国建筑工业出版社，2009。

第四章

士人园林

两汉时期，皇家苑囿在园林系统中占绝对统治地位，仅有少数贵胄富商兴建私家园林。到魏晋南北朝，私家园林以士人园林的面目凸显出来并空前发展，产生了巨大而深远的影响。魏晋南北朝门阀政治、庄园经济等特殊的社会背景和空前活跃的文化氛围，促发了士人对"山水"这一审美对象的深入开掘，形成山水审美的社会风尚，与山水为伴的生活模式成为士人安顿身心的理想选择，士人园林日渐发展兴盛。魏晋时期的士人园林虽然仍多以庄园的形式出现，但在审美意趣和艺术风格上已与两汉私家园林不可同日而语；至南北朝，生产功能在士人园林中更加退居次要，园林进一步发展为士人娱游赏会和修身养性的文化生活场所。随着山水审美的深入发展，士人们在园林意匠和创作风格上推陈出新，开园林小型化和景观写意化之先河，为后世文人园的成熟和跃居中国古典园林体系的主导地位奠定了坚实的基础。

同时期的皇家园林，由于帝王深染士风以及延请士人主持造园，在总体风格上深受士人园林的影响；发端于两晋南北朝的寺观园林也在一定程度上脱胎于私家园林，是宗教生活与士人园林的结合；同时，衙署园林、公共园林等园林类型，都围绕着士人活动而初显雏形；私家园林中的贵族和富商园，均追随士人园风格。可以说，在魏晋南北朝这样一个园林发展承上启下的转折时期，士人园林担当着举足轻重的角色，在园林风格上日居主导地位，大大促进了其他园林类型的发展和完善。

第一节　魏晋南北朝士人园林的成因

士人园林作为士文化的忠实载体，能够以一种独立的类型，在传统建筑和园林体系中存在，是值得引起充分关注的。这反映出士与士文化在中国传统社会中占据十分特殊和重要的地位。园林的本质是精神居所，士人园林的本质即为士人寄托个体精神自由和理想人格追求的特殊场所。士人园林的产生，是士文化发展的必然结果，它一经成型，就成为了士文化的综合载体，园林的布局、造景等艺术手法和技巧，都是士人精神的外在表现形式。

一、士与士文化的特殊社会地位

中国古代的"士"，是指精通文献和宗法传统的知识分子，若从孔子算起，中国"士"的传统延续了两千五百年。孟子曾经强调指出："无恒产而有恒心者，唯士为能"（《孟子·梁惠王》）。文化和思想的传承与创新，自始至终都是士的中心任务[①]。

春秋以前，"士"都处在整个宗法

①潘灏源：《愿为君子儒 不作逍遥游：清代皇家园林的士人思想与士人园》，天津，天津大学，1页，1998。

贵族中的最下层。春秋以后，随着传统宗法制度的解体，士从对卿大夫的依附关系中分离出来，以俸禄为纽带转向于依附诸侯，并对封建君主制国家负责，成为"士大夫"的前身。这样，在整个社会结构中，一方面，由于政治和经济的束缚，士人阶层必须服从皇权的绝对制约；另一方面，士人阶层的利益直接与封建国家利益合为一体，他们作为社会文化最主要的占有者与创造者，也由此成为影响和制约皇权的重要因素。唯有这些精通文献与古老传统的士人，才被认为有资格在仪式上与政治上，正确地指导国家的统辖制度与帝王正确的生活态度；也只有士人对社会道义、个体人格理想的追求和实践，才能警示皇权统治弊病，延缓政权危机[1]。

春秋以后，士人逐步进入统治阶层，承自儒家的鲜明的济世理想，使他们无论出处穷通，都有着批判和改造现实社会的理想与热情；他们的文化取向也随之成为所处时代文化发展的主流，在很大程度上代表了时代的最高文化水平。同时，与社会主流文化力求协调的皇权，也对士文化不断扶掖和倡导，在一定程度上，皇家文化容纳、乃至接受和遵循了士文化的代表性观念，并贯穿、体现于皇家文化的各个方面。

二、士人的理想人生与山水审美

如前文所述，士人是社会文化和思想的传承与创新者，是社会道德理想的体现者，是国家机器的维护和调节者。士人阶层所肩负的重大使命，要求他们至少在精神上能够超越社会关系的局限，批判不符合道德理想的现象，努力使社会和道德理想充分化为现实。在中国封建政治体制里，士的政治地位既不是终身，也不是世袭。他们"学而优则仕"，却又常常在尖锐激烈的斗争中受到排挤和打击，荣辱穷达，变化不居。因此，士需要一种超然的人生观，标榜精神自由和独立，从政治羁绊、物欲、名位，甚至一些虚伪的礼法名教中完全解放出来而获得自由，以求在旦夕祸福中获得不可或缺的心理平衡。其基本的生存理想就是，无论仕或隐，都能保持精神的自由、实现心性的超越。

本文第二章已论述，士人的个体人格完善与山水审美有着密切的关系，这主要归功于孔孟儒学所做的贡献。孔子倡导的个人修养最高境界就是达到"乐"的审美升华，也就是物我相融、与宇宙万物生命寄其同情的超越境界。如前文反复提及的

---

① 余英时：《士与中国文化》，34～51页，上海，上海人民出版社，1987。王毅：《园林与中国文化》，138~194页，上海，上海人民出版社，1990。

乐山乐水①、川上意象②、曾点气象③、"上下与天地同流"④等等命题，都体现了理想人格与山水之美的内在联系。在士人的心目中，理想的自然生活与山水环境有着必然和紧密的联系。山水环境反映着天理和谐之美,忘我地投入与自然界的交融中，就能涤荡性情，回归人的美好本性，在审美的心灵实现人格的超升。⑤士人将山水审美作为生命体验和理想人格追求方式，无论是游弋、择居于自然山水间，或是在居所经营人工山水环境，亲近山水的生活方式始终为士人所钟爱。这种对安顿身心的山水化居处场所的向往和追求，自先秦起就萦绕在士人心中，成为一种社会心理积淀，是士人园林萌发的潜在动力。

三、魏晋南北朝士人园林勃兴的历史契机

士人园林是指由士人们经营的、以山水审美为主题的游憩、居住场所⑥。士人园林在魏晋的勃兴，得益于社会政治、经济、文化合力的推动作用；实际是山水审美在魏晋空前发展、并与士人生活密切结合的产物。关于魏晋南北朝的社会和文化背景，本文第一章已经作了详细的阐述；山水审美的发展历程及其对园林的影响，也在第二章中进行了重点剖析。这些时代特征为士人园林勃兴提供的历史契机，可概括为以下几方面。

1. 山水审美热潮的推动

政治动乱酿成了社会秩序的大解体，两汉的官方思想文化体系被批判和摈弃，魏晋士人思想上获得解放，主体意识觉醒，社会思想文化氛围空前活跃。士人思维方式的突破性发展和对现实社会和人生的深入思考，促进了其人生观和审美观在传统文化基础上的变革和演进，以及对理想人格和生活方式的自觉追求和积极践行。由此，被作为士人生命体验和理想人格追求方式的山水审美，得到空前的开掘和发展，渗透到士人文化和生活的方方面面。士人们不但游弋山水、择居于山水间⑦，甚至

---

①《论语·雍也》指出："仁者乐山，智者乐水。"即山以其伟岸宽阔而见仁厚，水以其无处不至和流动变幻而见智慧，用山水自然比拟人的品格和德性。

②《论语·子罕》："子在川上曰：'逝者如斯夫！不舍昼夜。'"是以观水比道，即透过自然界的四时变化和万物运作，直视天地和人生生生不息的"道"——生命的超越精神。

③《论语·先进》提到的孔子与曾点的共同志趣："暮春者，春服既成，冠者五六人，童子六七人，浴乎沂，风乎舞雩，咏而归。"这是儒家追求的畅情山水，实现个体与天地自然和谐统一的美的最高境界。

④《孟子·尽心上》中提到："夫君子所过者化，所存者神，上下与天地同流。"

⑤详见本章第二节所述。

⑥参见周维权：《中国古典园林史》，2 版，3 页，北京，清华大学出版社，1999。

⑦如：（许询）好泉石。清风朗月，举酒永怀。……乃策杖披裘，隐于永兴西山。凭树构堂，萧然自致。……既而，移噪屯之岩，常与沙门皮幢及谢安石、王羲之等同游往来。……（孙绰）居于会稽，游放山水，十有余年。（《建康实录》卷 8）

在居所经营人工山水①，力求在与山水万物的亲近和交流中安顿身心，实现精神的超越。这种山水游弋、栖居林泉的士人生活风尚和社会潮流，大大激发了士人园林的蔚然勃兴。（图4-1）

［北魏］孝昌宁懋石室 人物画像·车马出行（引自《中国美术全集·石刻线画》）

［北魏］孝昌宁懋石室 人物画像·园林伎乐（引自《中国美术全集·石刻线画》）

图4-1　魏晋南北朝士人山水生活场景（1）

①如嵇康"家有盛柳树，乃激水以圜之，夏天甚清凉，恒居其下傲戏"。（《太平御览·卷389·人事部三十》）引《文士传》；东晋会稽王司马道子建康宅园（东第）"筑山穿池，列树竹木，功用钜万"。（《建康实录》卷十）

［北魏］孝昌宁懋石室 人物画像·园林说教（引自《中国美术全集·石刻线画》）

［北魏］孝昌宁懋石室 人物画像·园林说教和宴饮（引自傅熹年《中国古代建筑史》第二卷，第151页）

图4-1　魏晋南北朝士人山水生活场景（2）

2.门阀政治和庄园经济的塑造

汉末小农经济崩溃、庄园经济发展，魏晋政局的动荡和分裂更促进了庄园这种家族性聚居的生产和生活组织形式的大量出现。庄园是集军事防御、物资生产、生活起居于一身的自给自足的封建堡垒，如孙吴世族庄园"僮仆成军，闭门为市，牛羊掩原隰，田池布千里。……园囿拟上林，馆第僭太极"（《抱朴子·吴失篇》），在乱世中足以自保，故此，庄园主的势力空前强大。这些庄园主中，有很大一部分是累世为官的士族门阀，争权者或执政者为夺取和巩固政权，在政治和经济上都必须倚重这些士族门阀。因此在魏晋时期，士族的地位十分显赫，在文化上也是最具影响力的角色。但同时，政权的频繁更迭也使卷入时务的士族面临着出处不定的境地，他们思考和发展了传统隐逸观，确立出处同归的隐逸思想，借优游山水以排遣烦忧、调剂情绪，无论仕或隐，都希望能在山水审美中安顿身心。士族们所经营的拥有良田和山水美景的庄园，为他们的这种精神生活需求提供了物质依托，此时的庄园，由纯粹的生产生活基地转而日渐增添了游憩、观赏等功能。例如原为视察田庄、地利的"行田"活动，在东晋时逐渐与游弋山水、文人聚会相联系，从而在这种经济行为中注入了文化活动的因素；反之，行田也为士人的亲近山水、体察山水自然形貌提供了一条直接而便利的途径。可见，此期士族庄园的审美文化气息愈加浓重，成为魏晋士人园林的最初表现形态。典型如西晋石崇河阳别业（金谷园）："其制宅也，却阻长堤，前临清渠，柏木几于万株，流水周于舍下。有观阁池沼，多养鱼鸟。"（石崇：《思归引序》，载于《文选》卷45）（图4-2）

[西晋]纵鹰猎兔 甘肃嘉峪关市 4 号墓
（引自《中国美术全集·墓室壁画》）

[北凉]农耕 甘肃酒泉市丁家闸五号墓
（引自《中国美术全集·墓室壁画》）

图 4-2　魏晋南北朝庄园场景

3. 江南山水美景的激发

东晋南朝偏安江南，江南秀美的山水景象更激发了士人赏玩游弋的热情。如史料所载：

顾长康从会稽还，人问山川之美，顾云："千岩竞秀，万壑争流，草木蒙笼其上，若云兴霞蔚。"（《世说新语·言语》）

（谢安）与王羲之及高阳许询、释门支遁游处，出则渔弋山水，入则言咏属文。

（《晋书·谢安传》）

南迁士族纷纷占山固泽，尽情逍遥于山水林泉之中，极尽畅情赏心之乐。由此引发了以山水审美为主题的士人园林、山水诗、文、画等山水文学和艺术成果的大量涌现。它们相互影响，彼此阐发，汇成了蔚为大观的魏晋南北朝山水美学和山水艺术成就。（图4-3）

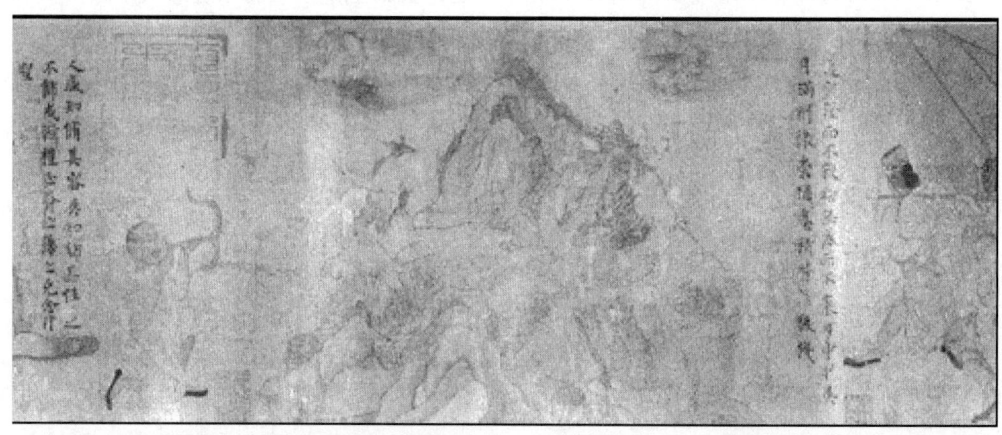

［东晋］顾恺之 《女史箴图》（宋摹本）中的山水形象（引自《中国美术全集·魏晋南北朝绘画》）

大树 北凉墓壁画 甘肃酒泉丁加闸五号墓
（引自《中国美术全集·墓室壁画》）

［东晋］顾恺之 《洛神赋图》（宋摹本）
（藏于故宫博物院）

图4-3 魏晋南北朝山水美学

4. 新兴审美意趣的促进

魏晋玄学的"辩名析理"思维方式，渗透到士人文化的各个方面，他们对艺术所作的本体论探究，引发了审美观照方式的突破性发展，使人们得以深入认识和把握审美对象的本质特征，在艺术创作中超越简单的形象摹仿，转向表现艺术作品的内在神韵。诸如"传神写照""澄怀味像""畅神""山水以形媚道而仁者乐"等等，都是绘画、园林审美中的重要命题，着重追求形、神统一，用黑格尔的话说，就是使外表形象成为"心灵的表现"[1]。这些美学原则有力地促进了园林审美意匠的创新和景观营造手法的丰富，最为突出的表现就是写意化风格的勃兴。例如，将对山水和建筑空间形象的整体节律的把握，反映到园林构筑中。在有限的基地中，采取"以大观小""小中见大"的理念，营构全景式的、丰富多样的园林山水建筑景观，注重相互位置的经营，形成纡余委曲而又变化多端的、流动性的园林整体空间形象。如北魏姜质在《庭山赋》中描述张伦的庭园景观：

> 尔乃决石通泉，拔岭岩前。斜与危云等并，旁与曲栋相连。下天津之高雾，纳沧海之远烟。纤列之状如一古，崩剥之势似千年。若乃绝岭悬坡，蹭蹬蹉跎。泉水纤徐如浪峭，山石高下复危多。五寻百拔，十步千过，则知巫山弗及，未审蓬莱如何。

魏晋园林建筑营构中大量出现的"敞南户以对远岭，辟东窗以瞩近田"（谢灵运《山居赋》）、"罗曾崖于户里，列镜澜于窗前"（谢灵运《山居赋》）等借景、对景、框景手法，也明显得益于对山水自然的整体性关注。

另外，写意手法还表现为"写个性之意"，即在认识和概括山水个性特征的基础上，以相对抽象、局部或微缩化的手法，营造个性化的园林景观，渲染独特的园林氛围。园林中常见的点景题名、赏石之趣，以及"庭起半丘半壑，听以目达心想"[2]等手法，皆属此类。

第二节　魏晋南北朝士人园林概况

一、总体风格

魏晋南北朝士人园林与两汉私家园林相比较，由于建园意匠的差异，在总体风格上有较大不同。以同是建于洛阳的东汉梁冀园[3]和西晋石崇金谷园（又称河阳

---

①黑格尔：《美学》第一卷，朱光潜，译，201页，北京，商务印书馆，2011。
②北魏姜质《庭山赋》，写北魏司农卿张伦宅园假山。
③梁冀为东汉开国元勋梁统的后人，顺帝时官拜大将军，历事顺、冲、质、桓四朝。桓帝又赐以定陶、咸阳、襄县、乘氏四县为其食邑。他当政的20余年间先后在洛阳城内外及附近千里的范围内，修建大量园宅。

别业）①为例，作简要对比。

梁冀园：

广开园圃，采土筑山，十里九坂，以象二崤，深林绝涧有若自然，奇禽驯兽飞走其间。冀寿共乘辇车张羽盖，饰以金银。游观第内，多从倡伎，鸣钟吹管，酣讴竟路，或连继日夜以骋娱恣。（《后汉书·梁冀列传》）

石崇园：

年五十，以事去官。晚节更乐放逸，笃好林薮，遂肥遁于河阳别业。其制宅也，却阻长堤，前临清渠。百木几千万株，流水周于舍下。有观阁池沼，多养鱼鸟。家素习技，颇有秦赵之声。出则以游目弋钓为事，入则有琴书之娱。又好服食咽气，志在不朽，傲然有凌云之操。（石崇：《思归引序》，载于《文选》卷45）

由以上史料可见，东汉梁冀的园林是以显示财富和游宴享乐为兴建目的的。洛阳整体地形平坦，无较大山丘，梁冀为彰显财力气势，不惜"采土筑山，十里九坂，以象二崤"。这与帝王苑囿中体象自然山川的经营意匠同出一辙，主要是权、财占有欲的直接体现。与之相异，西晋石崇虽然同样是巨富之家，但建园的目的却在于"乐放逸，笃好林薮，遂肥遁"。他没有

特意堆筑土山，而是充分因借濒临金水的自然条件②，以理水为主，组织植物和建筑景观，营造出"却阻长堤，前临清渠。柏木几千万株，流水周于舍下。有观阁池沼，多养鱼鸟"的园林格局。另外，二者园中虽然都有娱游活动，但梁冀时代比较俗媚奢恣，而石崇时则有追求雅致的倾向，乐衷"游目弋钓"和"琴书之娱"。由此可知，魏晋时勃兴的士人园，在总体风格上较两汉有了较大的转变。

就整个魏晋南北朝时期看，在东晋以前，士人园林处于发展初期，在普及程度和造园手法上，都较东晋为弱，呈现集生产、宴乐、娱游于一身的特征，仍显奢丽有余而清雅不足。而东晋以后，晋室偏安江南，自然山水之地利，更为山水审美艺术的全面发展创造了良好条件，士人园林进入了兴盛时期，在士人阶层中广为普及，引为时尚。此时的士人园在创作思想上侧重对山水自然的深入理解，通过静观赏玩，引发对诗情哲理的联想和对人生的体悟，以排遣寄兴、陶冶性灵；在总体风格和艺术手法上则趋于清雅和精致。北朝的士人园基本袭自东晋南朝，也十分兴盛。③

①石崇未退隐前已经有庄园在金谷涧，作为供散心的"别馆"使用。《晋书·卷三十三·列传第三·石崇》载："（石崇）拜卫尉，有别馆在河阳之金谷。在故洛阳城西北。"石崇所作《金谷诗序》记曰："余以元康六年，从太仆卿出为使持节、监青徐诸军事、征虏将军，有别庐在河南县界金谷涧中，去城十里。"退隐后又就此大加经营而为金谷园（又名河阳别业）。

②《水经注·谷水》载：谷水又东，左会金谷水。水出太白原，东南流历金谷，谓之金谷水。东南流迳晋卫尉卿石崇之故居。

③《洛阳伽蓝记》记载：北魏洛阳城西"自退酤以西，张方沟以东，南临洛水，北达芒山，其间东西二里，南北十五里，并名为寿丘里，皇宗所居也，民间号为王子坊。"其间"帝族王侯，外戚公主，擅山海之富。居川林之饶，争修园宅，互相夸竞。……高台芳榭，家家而筑，花林曲池，园园而有"。

二、园林概况

魏晋南北朝的士人园林基本可分两类。其一是郊野的山居别业园林，在早期，经营者多为退隐的朝臣和高门士族，他们凭借丰厚的家产，占有山林良田，充分结合有利的自然环境兴建山居，"肥遁"于此。齐梁之际，随着高门士族的没落和士庶的日趋混淆，山居园林的规模渐小，风格则更趋萧散，手法也因此精致，"小中见大"等审美方式被运用于园林景观构筑中。其二是城市的宅园，多是在朝权臣的居所，由于自然条件限制，以挖池堆山等人工景观的构筑居多，但审美取向上仍与山居一致，推崇"有若自然"。

以下是魏晋南北朝士人园林简表（表4-1），从中可以对此期士人园林的历时性发展特征有一个直观的了解和认识。

表 4-1　魏晋南北朝士人园林简表

年代	园与园主	地点	园景	文献出处
曹魏	曹爽宅园	洛阳城内	宅内后园，宅为有门楼、角楼、望楼的设防宅	《三国志·曹爽传》
孙吴	世族庄园	—	僮仆成军，闭门为市，牛羊掩原隰，田池布千里。……园圃拟上林，馆第僭太极	《抱朴子·吴失篇》
孙吴	陆机、陆云	吴地拳县华亭别墅	吴由拳县郊外墅也，有清泉茂林	《世说新语·尤悔》
魏晋之际	嵇康宅园	谯之铚县。（河内山阳县）	家有盛柳树，激水以圜之，夏天甚清凉，恒居其下傲戏	《太平御览·卷389·人事部三十》引《文士传》
西晋	石崇河阳别业，又名梓泽、金谷园	洛阳河阳金谷	其制宅也，却阻长堤，前临清渠，柏木几于万株，流水周于舍下。有观阁池沼，多养鱼鸟。金谷涧中，或高或下，有清泉茂林，众果竹柏药草之属，莫不毕备。又有水碓、鱼池、土窟，其为娱目欢心之物备矣	石崇《思归引序》，载于《文选》卷45。《世说新语·品藻》第九，刘孝标注引石崇《金谷诗序》
西晋	潘岳园	洛水之傍	退而闲居洛水之涘。身齐逸民，名缀下士。背京溯伊，面郊后市。……爰定我居，筑室穿池。长杨映沼，芳枳树篱。游鳞瀺灂，菡萏敷披。竹木蓊郁，灵果参差。……若乃园宅殊制，田圃异区	潘岳《闲居赋》载于《全上古三代秦汉三国六朝文·全晋文》卷九十

年代	园与园主	地点	园景	文献出处
西晋	张华园	—	归郏鄘之旧里，托言静以闲居。育草木之蔼蔚，因地势之丘墟。丰蔬果之林错，茂桑麻之纷敷。……扬素波以濯足，沂清澜以荡思。低徊住留，栖迟庵蔼。存神忽微，游精域外。"	张华《归田赋》
西晋	左思园	东山	经使东山庐，果下自成榛。前有寒泉井，聊可莹心神	左思《招隐诗》
晋	庾阐宅园	建康	宅邻京郊，宇接华郭。聿来忘怀，兹焉是讬。……前临塘中，眇目长洲。晨渠吐溜，归潮夕流。顾有崇台高观，凌虚远游。若夫左瞻天宫，右盻西岳。蓊飞彤素，岭敷翠绿。朝霞时清，沧浪靡浊	庾阐《闲居赋》
东晋	王导西园	建康	园中果木成林，又有鸟兽麋鹿	《晋书·列传六十四》（后该园作为招隐郭文处）
东晋	谢安山居、墅	会稽东山	高卧东山	《晋书·列传四十九》
		建康土山	土山营墅，楼馆林竹甚盛	
东晋	纪瞻园	建康乌衣巷	立宅于乌衣巷，馆宇崇丽，园池竹木有足赏玩焉	《晋书·列传三十八》
东晋	谢玄山居	会稽始宁县	故选神丽之所，以申高栖之意。经始山川，实基于此	谢灵运《山居赋注》载于《全上古三代秦汉三国六朝文·全宋文》卷三十一
东晋	谢玄山居	会稽车骑山	右滨长江，左傍连山。平陵修通，澄湖远镜。于江曲起楼，楼侧悉是桐梓，森耸可爱，居民号桐亭楼。……山中有三精舍，高甍凌虚，垂檐带空。俯眺平林，烟杳在下	《水经注·卷40》孟之望《东山志》
东晋	孙绰园	会稽东山	乃经始东山，建五亩之宅，带长阜，倚茂林	孙绰《遂初赋》载于《全上古三代秦汉三国六朝文·全晋文》卷八十一
东晋	顾辟疆园	吴郡	王子敬（献之）自会稽经吴，闻顾辟疆有名园	《世说新语·简傲》

年代	园与园主	地点	园景	文献出处
东晋	会稽王司马道子宅园（东第）	建康	筑山穿池，列树竹木，功用钜万	《建康实录》卷十
东晋	王穆之园	会稽始宁县大巫湖	义熙中，王穆之居大巫湖，经始处所犹在	谢灵运《山居赋》注。载于《全上古三代秦汉三国六朝文·全宋文》卷三十一
东晋	王羲之山居	会稽嵊县（旧称剡县）瀑布山	书楼墨沼	［唐］裴通《金陵观晋右军书楼墨池记》载于《浙江通志》卷四十五
东晋	谢混庄园	浙江上虞县东山、会稽、吴兴、琅玡	资财钜万，园宅十余所	《宋书·谢弘微传》（谢弘微是谢混之侄）
东晋	陶潜园宅	上京山（在星子县西，庐山南）	（上京山）当湖之滨，一峰最秀，其东西云山烟水数百里，浩渺萦带，皆列几席间。登东阜以舒啸，临清流而赋诗。方宅十余亩，草屋八九间。榆柳荫后檐，桃李罗堂前	《星子县志》陶潜《归田园居》之四
东晋	许询北干园	萧山县北干山	凭林筑室，萧然自致。许询有诗云："萧条北干园"	《嘉泰志·山》
东晋	白道猷山居	新昌沃洲山	连峰数十里，修林带平津，茅茨隐不见，鸡鸣知有人	《高僧传》
东晋	葛洪山居	余姚县太平山	葛洪石室，室广数丈，高丈余	《乾隆绍兴府志》卷五
南朝宋	谢灵运始宁别业	会稽始宁县	九泉别涧，五谷异岊。……抗北顶以葺馆，瞰南峰以启轩。罗层崖于户里，列镜澜于窗前……修竹葳蕤以翳荟，灌木森丛以蒙茂。萝蔓延以攀援，花芬薰而媚秀。日月投光于柯间，风露披清于岫岫。夏凉寒燠，随时取适。……此焉卜寝，玩水弄石……	谢灵运《山居赋》载于《全上古三代秦汉三国六朝文·全宋文》卷三十一

年代	园与园主	地点	园景	文献出处
南朝宋	谢灵运石门精舍	豫章郡（今江西）石门山（庐山西南麓）	疏峰抗高馆，对岭临回溪。长林罗户穴，积石拥阶基。连岩觉路塞，密竹使径迷	谢灵运《登石门最高顶》
南朝宋	郗氏庄园	会稽始宁县五奥、漫石	建精舍	谢灵运《山居赋》注
南朝宋	王敬弘庄园、山墅	会稽始宁县白烁尖	下有良田，……经始精舍	谢灵运《山居赋》注
		余杭舍亭山	林涧环周，备登临之美。经营山宅，有终焉之志	《宋书·王敬弘传》《杭州府志》卷二十六
南朝宋	孔灵符庄园	浙江肖山永兴	家本丰，产业甚广。又于永兴（肖山县境）立墅，周回三十三里，水陆地二百六十五顷，含带二山，又有果园九处	《南史》卷二十七，《孔靖传附孔灵符传》
南朝宋	戴颙园	吴下	聚石引水，植林开涧，少时繁密，有若自然	《宋书·列传五十三·隐逸列传》
南朝宋	徐湛之宅园	—	产业甚厚，室宇园池，贵游莫及	《南史·列传五》
南朝宋	徐湛之陂峰	广陵（今扬州）	广陵旧有高楼，湛之更修整之，南望钟山。城北有陂泽，水物丰盛。湛之更起风亭、月观、吹台、琴室，果竹繁茂，花药成行，招集文士尽游玩之适	《南史·列传五》
南朝宋	阮佃夫宅园	建康青溪	宅舍园池，诸王邸第莫及。……于宅内开渎，东出十许里，塘岸整洁，泛轻舟，奏女乐	《南史·列传六十七》
南朝宋	竟陵王刘诞宅园	建康	造第立舍，穷极工巧，园池之美冠于一时，多聚材力之士实之	《南史·卷十四竟陵王诞传》
南朝宋	建平王刘宏宅园	建康鸡笼山	立第于鸡笼山，尽山水之美	《南史·卷十四·宋宗室及诸王下》
南朝宋	沈庆之园舍	建康娄湖	有园舍在娄湖。……广开田园之业	《南史·卷三十七·沈庆之传》
南朝宋	邵陵王园	建康娄湖	邵陵王于娄湖立园	《南史·卷二十·谢弘微传附谢举传》

年代	园与园主	地点	园景	文献出处
南朝宋	刘勔园名"东山"	建康	初，勔高尚其意，托造园宅，名为"东山"，颇忽时务	《南齐书·高帝上》
	刘勔	建康钟山之南	经始钟岭之南，以为栖息。聚石蓄水，仿佛丘中，朝士爱素者多往游之	《南史·列传第二十九》
南齐	茹法亮宅园	建康	宅后为鱼池、钓台、土山、楼馆，长廊将一里，竹林花药之美，公家苑囿所不能及	《南史·列传六十七》
南齐	吕文度宅园	建康	广开宅宇，盛起土山，奇禽怪树，皆聚其中	《南史·列传六十七》
南齐	吕文显宅园	建康	并造大宅，聚山开池	《南史·列传六十七》
南齐	孔珪宅园	会稽	居宅盛营山水，（园中）列植桐柳，多构山泉，殆穷真趣	《南史·列传三十九》
南齐	谢朓宅园	—	结宇夕阴街，荒幽横九曲。迢递南川阳，逶迤西山足。辟馆临秋风，敞窗望寒旭。风碎池中荷，霜剪江南菉	谢朓《治宅诗》
南齐	豫章王肖嶷宅园	建康	后堂后有楼，又有后园，园中起土山，号桐山	《南史》卷四十三
南齐	萧晔	建康	名后堂山为"首阳"	《南齐书》卷三十五
南齐	临川王萧映宅栖静园	建康	（武帝问映）"王邸亦有嘉名不？"映曰："臣好栖静，因以为称。"	《南史》卷四十三
南齐	褚伯玉山居	会稽嵊县（旧称剡县）瀑布山	于此山置金庭观。太平馆、疏山轩等建于太白南山。（瀑布山又称太白山）	《南齐书·高逸传》
南齐	杜京产山居	余姚县太平山	构宇太平之东，结架菁山之林，援以幽奇，别有基址栖集	陶弘景《太平山日门馆碑》载于《浙江通志》卷四十四。
南齐	顾欢	会稽剡县天台山	于剡天台山开馆聚徒，受业者常近百人	《南史·卷七十五》
		会稽始宁东山	与杜京产开舍授学于东山下	《嘉泰志》卷十

年代	园与园主	地点	园景	文献出处
梁	朱异及诸子宅园	建康潮沟、青溪	起宅东陂，穷乎美丽。 自潮沟列宅至青溪，其中有台池玩好，每暇日与宾客游焉	《南史·列传五十二》
梁	徐勉园	建康东田（钟山脚下西南部）	营小园者，……欲穿池种树，少寄情赏。……为培塿之山，聚石移果，杂以花卉，以娱休沐，用托性灵。……华楼回榭，颇有临眺之美	《梁书·列传十九》徐勉《为书戒子崧》
梁	沈约园	建康东田	立宅东田，瞻望郊阜。 凭轩栗木末，垂堂对水周。……艾叶弥南浦，荷花绕北楼。送日隐层阁，引月人轻帏	《宿东园》《休沐寄怀诗》载于《先秦汉魏晋南北朝诗·梁诗卷六》
梁	刘慧斐离垢园	庐山	居东林寺，又于山北构园一所，号曰离垢园，时人称离垢先生	《南史·列传第六十六·隐逸下》
梁	张孝秀	庐山	居于东林寺。	《南史·列传六十六·隐逸下》
梁	北林院	庐山	庾楼下有水亭，月榭，凉厅，燠室，山涧石池，号北林院。可分东西二林之胜也	《古今图书集成·职方典·第八百七十七卷》
宋	刘悛	—	宅盛修山池	《南史·卷三十九·刘悛传》
梁	裴之横田墅	芍陂	与僮属数百人，于芍陂大营田墅，遂致殷积	《梁书·卷二十八·列传二十二·裴之横传》
梁	到溉园	建康	溉第居近淮水，斋前山池有奇礓石，长一丈六尺	《南史·卷二十五》
梁	到㧑庄园	—	资借豪富……宅宇山池，伎妾姿艺，皆穷上品	《南史·卷二十五》
梁	庾诜	—	性托夷简，特爱林泉。十亩之宅，山池居半	《梁书·处士列传·庾诜传》
梁	刘孝标金华山庄	东阳郡（在会稽西部）	所居三面，皆迴山周绕，有象郭邦。前则平野萧条，目极通望。东西带二涧，四时飞流泉。……悬溜泻于轩甍，激湍回于阶砌	刘峻（孝标）《东阳金华山栖志》，载于《全上古三代秦汉三国六朝文·全梁文·卷五十七》。
梁	何胤山居	会稽秦望山	山有飞泉，西起学舍。即林成援，因岩为堵。别为小阁室，寝处其中……。山侧营田二项，讲隙从生徒游之	《梁书·卷五十一·列传四十五处士传·何点传》

年代	园与园主	地点	园景	文献出处
陈	韦载庄园	江乘县白山（今江苏句容县北）	有田十余顷，在江乘县之白山。至是遂筑室而居	《陈书·列传十二》
陈	孙瑒宅园	建康	家庭穿筑，极林泉之致。合十余船为大舫，于中立池亭，植荷芰，每良辰美景，宾僚并集，泛长江而置酒，亦一时之胜赏焉	《南史·列传五十七》
陈	张讥宅园	—	所居宅营山池，植花果	《陈书·儒林列传·张讥传》
陈	江总宅园	建康青溪	幽庭野气深。山疑刻削意，树接纵横阴。涧渍长低筱，池开半卷荷	《春夜山庭诗》，《夏日还山庭诗》，载于《先秦汉魏晋南北朝诗·陈诗卷八》
陈	永阳王宅园	建康	丛台造日，淄馆连云，锦墙列缋，绣地成文，……梅梁蕙阁，桂栋兰枌。竹深盖雨，石暗迎曛。激流疑疏，构峰似削。苔滑危磴，藤攀耸嵝。树影摇窗，池光动幕	江总《永阳王斋后山亭铭》载于《先秦汉魏南北朝诗·陈诗卷八》
北魏	高阳王元雍宅园	洛阳	其竹林鱼池，侔于禁苑，芳草如积，珍木连阴	《洛阳伽蓝记》卷三，高阳王寺条
北魏	清河王元怿宅园	洛阳	土山钓台，冠于当世。斜峰入牖，曲沼环堂	《洛阳伽蓝记》卷四，冲觉寺条
北魏	河间王元琛宅园	洛阳	沟渎塞产（曲折），石磴瞵蚗，朱荷出池，绿萍浮水，飞梁跨阁，高树出云	《洛阳伽蓝记》卷四，河间寺条
北魏	广平王元怀宅园	洛阳	堂宇宏美，林木萧森，平台复道，独显当世	《洛阳伽蓝记》卷四，平等寺条
北魏	王彧宅园	洛阳	彧性爱林泉，又重宾客。至于春风扇扬，花树如锦，晨食南馆，夜游后园。僚宷成群，俊民满席，丝桐发响，羽觞流行，诗赋并陈，清言乍起。莫不饮其玄奥，忘其褊吝焉。是以入彧室者谓登仙也。荆州秀才张裴裳为五言，有清拔之句云："异林花共色，别树鸟同声。"	《洛阳伽蓝记》卷四，法云寺条

年代	园与园主	地点	园景	文献出处
北魏	司农卿张伦宅园	洛阳	园林山池之美，诸王莫及。伦造景阳山，有若自然。其中重岩复岭，嵚崟相属，深溪洞壑，逦迤连接。高林巨树，足使日月蔽亏，悬葛垂萝，能令风烟出入。崎岖石路，似瓮而通，峥嵘涧道，盘纡复直。是以山情野兴之士，游以忘归	《洛阳伽蓝记》卷二，昭德里条
北魏	冯亮	—	雅爱山水，又兼巧思，结架岩林，甚得栖游之适。……林泉既奇，营制又美，曲尽山居之妙。	《魏书·逸士传》
北魏	夏侯道	洛阳	（世宗时，夏侯道迁）于京城之西，水次之地，大起园池，殖列蔬果，延致秀彦，时往游适，妾妓十余，常自娱兴。	《魏书·夏侯道迁传附子夏侯夬传》
西魏	庾季才庄园	—	宅一区，水田十顷。	《隋书·艺术·庾季才传》
东魏	祖鸿勋雕山庄	范阳	在"县之西界"，"其处闲远，水石清丽，高岩四匝，良田数顷"，且内有宅舍，"即石成基，凭林起栋。萝生映宇，泉流绕阶。月松风草，缘庭绮合；日华云实，傍沼星罗"；园中还有"桃李"，更杂以椿、柏，显然是一个自给自足性的经济细胞	《北齐书·卷四十五·列传三十七·文苑传》
北齐	魏收宅园	—	积崖疑造化，导水通神功	魏收《后园宴乐》诗
北齐	高澄园（高欢长子）	邺城	于邺东起山池游观，时俗眩之。孝瑜（澄之子）遂于第作水堂、龙舟，植幡稍于舟上，集诸弟宴射为乐。武成幸其第，见而悦之，故盛兴后园之玩。于是贵贱慕教，处处营造	《北齐书·卷十一·列传三·河南康舒王孝瑜传》
北周	庾信小园	—	尔乃窟室徘徊，聊同凿坯。桐间露落，柳下风来。……犹得敧侧八九丈，纵横数十步，榆柳三两行，梨桃百余树。拔蒙密兮见窗，行敧斜兮得路。……崎岖兮狭室，穿漏兮茅茨。檐直倚而妨帽，户平行而碍眉。……一寸二寸之鱼，三竿两竿之竹	庾信《小园赋》

续表

年代	园与园主	地点	园景	文献出处
北周	韦夐	—	志尚夷简，……所居之宅，枕带林泉，对玩琴书，萧然自乐，时人号为居士焉	《周书·卷三十一·列传二十三·韦夐传》
北周	萧大圜	—	（大圜）心安闲放，尝言之曰：……面修原而带流水，伊郊甸而枕平皋，筑蜗舍于丛林，构环堵于幽薄。近瞻烟雾，远睇风云，……果园在后，开窗似临花卉；蔬圃居前，坐檐而看灌畦。二顷以供饘粥，十亩以给丝麻。侍儿五三，可充红织；家僮数四，足代耕耘。沽酪牧羊，协潘生之志；畜鸡种黍，应庄叟之言。……烹羔豚而介春酒，迎伏腊而候射时	《周书·卷四十二·列传三十四·萧大圜传》

第三节　魏晋南北朝士人园林特征

由前文论述可知，士人园林发展之初，是与士人的社会地位和经济实力直接相关的，当时的园林依托于世族庄园，是其中的一个组成部分。从史料有关西晋石崇金谷园的记载可见，其中有很多农田、果林、鱼池、家禽等生活物资生产内容的描述①，而且园林活动中宴饮等享乐性成分占很大比重。东晋晋室东渡后，门阀士族势力依旧强大，占山固泽，兴建名为山居、丘园的庄园。以江南秀美的自然条件为基础，在山水审美风尚的影响下，庄园中的园林构筑趋向与环境的紧密结合，审美意趣也日渐清丽雅致，园林活动以个人清修、文会、集会讲经和行田视地利②等形式为主，宴饮笙歌的内容较少出现。齐梁之际，高门士族没落，士庶日趋混淆，山居的规模渐小，风格则更趋萧散，手法也因此精致。城市宅园的风格演变与山居园林基本一致，挖池堆山等园林艺术手法日益成熟，以"有若自然"为审美标准。

以下择取魏晋南北朝园林各发展阶段的五个典型实例，从园居理想、造园手法、园林活动等方面加以分析和比较，以进一步总结此期士人园林的特征和发展轨迹。所选园林有：（西晋）石崇金谷园；

①西晋潘岳在《闲居赋》中指出了庄园的丰富组成要素："若乃园宅殊制，田圃异区。"
②以王、谢为首的北来世家大族为了避免和江东世家大族在经济上发生冲突，多把庄园安置在浙东一带。《晋书·王羲之传》记载：羲之……与……谢万书曰："当与安石（谢安石）东游山海，并行田视地利，颐养闲暇。衣食之余，欲与亲知时共欢谦，……其为得意，可胜言邪！……"可见他们的往往借一同"行田视地利"即视察庄园生产情况，来"颐养闲暇"以及"与亲知时共欢谦"。

（晋宋）谢灵运始宁山居；（梁）刘孝标东阳金华山居；（北周）庾信小园；（北魏）张伦宅园。

一、园林概貌（表 4-2）

表 4-2　魏晋南北朝士人园林特征比较

园	西晋石崇金谷园
地点	河南县界金谷涧中，去城十里。（洛阳城西）
自然条件	濒临金水①。 或高或下，有清泉茂林
园居理想与造园意匠	别馆、别庐②。 年五十，以事去官。晚节更乐放逸，笃好林薮，遂肥遁于河阳别业
造山	没有自然山川，也不曾筑山
理水	却阻长堤，前临清渠。 流水周于舍下。有观阁池沼
动植物及其他	众果竹柏药草之属。 金田十顷，羊二百口，鸡猪鹅鸭之类，莫不毕备。 又有水碓、鱼池、土窟，其为娱目欢心之物备矣
建筑	观阁、凉台③、阁馆、楼④
园林活动	昼夜游晏，屡迁其坐。或登高临下，或列坐水滨。时琴瑟笙筑，合载车中，道路并作。及住，令与鼓吹递奏，遂各赋诗，以叙中怀。或不能者，罚酒三斗。感性命之不永，惧凋落之无期。 出则以游目弋钓为事，入则有琴书之娱。又好服食咽气，志在不朽，傲然有凌云之操。复见牵羁，婆娑于九列，困于人间烦黩，常思归而永叹。
评述	合理利用自然环境。针对无高山但临金水的客观条件，以理水为主，组织营造园林景观。 是包含生活物资生产的庄园园林。 举行宴饮聚会

---

① 《水经注·榖水》载：榖水又东，左会金谷水。水出大白原，东南流历金谷，谓之金水。东南流，径晋卫尉卿石崇之故居也。

② 石崇未退隐前已经有庄园在金谷涧，作为供散心的"别馆"使用。《晋书·卷三十三·列传第三·石崇》载："（石崇）拜卫尉，有别馆在河阳之金谷。在故洛阳城西北。"石崇所作《金谷诗序》记曰："余以元康六年，从太仆卿出为使，持节监青、徐诸军事、征虏将军，有别庐在河南县界金谷涧中，去城十里。"退隐后又就此大加经营而为金谷园（又名河阳别业）。

③ 《晋书·卷三十三·列传第三·石崇》载："时崇在金谷别馆，方登凉台，临清流，妇人侍侧。"

④ 《晋书·卷三十三·列传第三·石崇》载："崇正宴于楼上，……（绿珠）因自投于楼下而死。"

续表

依据文献	《晋书·卷三十三·列传第三》 石崇《思归引序》，载于《文选》卷45 《世说新语·品藻》第九，刘孝标注引石崇《金谷诗序》
园	**晋宋谢灵运始宁山居**
地点	会稽始宁县东山
自然条件	若乃南北两居，水通陆阻。 南山则夹渠二田，周岭三苑。九泉别涧，五谷异巘，群峰参差出其间，连岫复陆成其坂。众流溉灌以环近，诸堤拥抑以接远。远堤兼陌，近流开湍。凌阜泛波，水往步还。还回往匝，枉渚员峦。呈美表趣，胡可胜单。 北山……栈道倾亏，蹬阁连卷。复有水迳，缭绕回圆，泫泫平湖，泓泓澄渊。孤岸竦秀，长洲纤绵。……及其二川合流，异源同口。赴隘入险，俱会山首。濑排沙以积丘，峰倚渚以起阜。石倾澜而捎岩，木映波而结薮。……（往反经过，自非岩涧，便是水迳，洲岛相对，皆有趣也。）
园居理想与造园意匠	仰前哲之遗训，俯性情之所便。奉微驱以宴息，保自事以乘闲。愧班生之凤悟，惭尚子之晚研。年与疾而偕来，志乘拙而俱旋。谢平生于知游，栖清旷于山川。 谢郊郭而殊城旁。然清虚寂寞，实是得道之所也。 眇遁逸于人群，和寄心于云霓
造山	利用自然山川，注意园林景观与山体的结合
理水	临浚流，列僧房，……抱终古之泉源，美膏液之清长。 缘路初入，行于竹迳，半路阔，以竹渠涧。既入东南傍山渠，展转幽奇，异处同美。……正北狭处，践湖为池。……东北枕壑，下则清川如镜，倾柯盘石，被奥映渚。西岩带林，去潭可二十丈许，茸基构宇，在岩林之中，水卫石阶
动植物及其他	其竹则二箭殊叶，四苦齐味。 其木则松柏檀栎。 植物既载，动类亦繁。鱼……辑采杂色，锦烂云鲜。唼藻戏浪，泛符流渊。……鸟则鸥鸿鸥鹩，鸳鹭鸫□，鸡鹊绣质，鹤鹳绶章。 修竹葳蕤以翳荟，灌木森沈以蒙茂。萝蔓延以攀援，花芬薰而媚秀。 北山二园，南山三苑。百果备列，乍近乍远。罗行布株，迎早侯晚。……杏坛、柰园，橘林、栗圃，桃李多品，梨枣殊所。枇杷林檎，带谷映渚。椹梅流芬于回峦，卑柿被实于长浦。 畦町所艺，含蕊藉芳，蓼蕺葼芋，荇菲苏姜。缘葵眷节以怀露，白薤感时而负霜。寒葱标情以陵阴，春藿吐苕以近阳。 寻名山之奇药，越灵波而憩辕。采石上之地黄，摘竹下之天门。撷曾岭之细辛，拔幽涧之溪荪。访钟乳于洞穴，讯丹阳于红泉

续表

建筑	尔其旧居，罿宅今园，□槿尚援，基井具存。曲术周乎前后，直陌蠹其东西。岂伊临溪而傍沼，乃抱阜而带山。考封域之灵异，实兹境之最然。茸骈梁于岩麓，栖孤栋于江源。敞南户以对远岭，辟东窗以瞩近田。田连冈而盈畛，岭枕水而通阡。（茸室在宅里山之东麓，东窗瞩田，兼见江山之美。三间故谓之骈梁。门前一栋，枕几几上，存江之岭，南对江上远岭。此二馆属望，殆无优劣也。） 建招提於幽峰，冀振锡之息肩。 非龟非筮，择良选奇。翦榛开逕，寻石觅崖。四山周回，双流逶迤。面南岭，建经台。倚北阜，筑讲堂。傍危峰，立禅室。临浚流，列僧房。对百年之高木，纳万代之芬芳。抱终古之泉源，美膏液之清长。谢丽塔于郊郭，殊世间于城旁。欣见素以抱朴，果甘露于道场。（云初经略，躬自履行，备诸苦辛也。罄其浅短，无假于龟筮，贫者既不以丽为美，所以即安茅茨而已。是以谢郊郭而殊城旁。然清虚寂寞，实是得道之所也。） 抗北顶以茸馆，瞰南峰以启轩。罗曾崖于户里，列镜澜于窗前。因丹霞以赪楣，附碧云以翠椽。视奔星之俯驰，顾□之未牵。鹍鸿翻蓊而莫及，何但燕雀之翩翻。沈泉旁出，潺湲于东檐，桀壁对峙，碇龙于西雷。……（南山是开创卜居之处也。从江楼步路，跨越山岭，绵亘田野，或升或降，当三里许。途路所经见也，则乔木茂竹，缘畛弥阜，横波疏石，侧道飞流，以为寓目之美观。及至所居之处，自西山开道，迄于东山，二里有余。南悉连岭叠嶂，青翠相接，云烟霄路，殆无倪际。从迳入谷，凡有三口。方壁西南石门世□南□池东南，皆别载其事。缘路初入，行于竹逕，半路阔，以竹渠涧。既入东南傍山渠，展转幽奇，异处同美。路北东西路，因山为障。正北狭处，践湖为池。南山相对，皆有崖岸。东北枕壑，下则清川如镜，倾柯盘石，被墺映渚。西岩带林，去潭可二十丈许，茸基构宇，在岩林之中，水卫石阶，开窗对山，仰眺曾峰，俯镜浚壑。去岩半岭，复有一楼。回望周眺，既得远趣，还顾西馆，望对窗户。缘崖下者，密竹蒙逸，从北直南，悉是竹园。东西百丈，南北百五十五丈。北倚近峰，南眺远岭，四山周回，溪涧交过，水石林竹之美，岩岫隈曲之好，备尽之矣。刊翦开筑，此焉居处，细趣微玩，非可具记，故较言大势耳。）
园林活动	苦节之僧，明发怀抱，事绍人徒，心通世表。是游是憩，倚石构草。 山作水役，不以一牧。资待各徒，随岁竞逐。阡岭刊木，除榛伐竹。抽笋自篁，摘箬于谷。杨胜所拮，秋冬葍获。野有蔓草，猎涉蘑荬。……六月采蜜，八月扑果。 此焉卜寝，玩水弄石。迹即回眺，终岁罔致。伤美物之遄化，怨浮龄之如借。 寻名山之奇药，越灵波而憩辕。采石上之地黄，摘竹下之天门。撷曾岭之细辛，拔幽涧之溪荪。访钟乳于洞穴，讯丹阳于红泉。 安居二时，冬夏三月。远僧有来，近众无阙。法鼓朗响，颂偈清发……山中兮清寂，群纷兮自绝。周听兮匪寂，得理兮俱悦。……（众僧冬夏二时坐，谓之安居，辄九十日。众远近聚萃，法鼓、颂偈、华、香四种，是斋讲之事。析说是斋讲之议。乘此之心，可济彼之生。南倡者都讲，北机者法师，山中静寂，实是讲说之处。兼有林木，可随寒暑，恒得清和，以为适也。）
评述	合理利用自然环境。结合江南山水特征组织营造园林景观。采用"凭、倚、傍、依、临、对"等手法，将建筑与山水自然地融合。 是包含生活物资生产的庄园园林。 进行行田视地利活动。 主要用于清修，无宴会记载。 有僧房等佛教建筑，与僧侣结交，组织讲经活动
依据文献	谢灵运《山居赋》，载于《全上古三代秦汉三国六朝文·全宋文》卷三十一

园	梁刘孝标东阳金华山居
地点	东阳郡金华山（会稽西部）
自然条件	所居东阳郡金华山，东阳实会稽西部，是生竹箭。山川秀丽，皋泽泱郁。若其群峰叠起，则接汉连霞，乔林布濩，则春青冬绿，迥溪映流，则十仞洞底，肤寸云谷，必千里雨散。信卓荦爽垲，神居奥宅。
园居理想与造园意匠	子生自原野，善畏难狎，心骇云台朱屋，望绝高盖青组。且沾濡雾露，弥愿闲逸。每思濯清瀬，息椒丘，寤寐永怀，其来尚矣。 盛论箱庾，高谈谷稼。嗯嚛讴歌，举杯相抗。人生乐耳，此欢岂訾。若夫蚕而衣，耕而食。日出而作，日入而息。晚食当肉，无事为贵。不求于世，不忤于物，莫辨荣辱，匪知毁誉。浩荡天地之间，心无怵惕之警。岂与秮生齿剑，杨子坠阁，较其优劣者哉
造山	利用自然山川，注意园林景观与山体的结合
理水	所居……东西带二涧，四时飞流泉。清澜微霢，滴沥生响。白波跳沫，汹涌成音。尊漕渎引流，交渠绮错。悬溜泻于轩甍，激湍回于阶砌。供帐无绠汲，盥漱息瓶盆
动植物及其他	枫栌椅栿之树，梓柏桂樟之木，分形异色，千族万种。结朱实，包绿果，杩白带，抽紫茎。肃蠚苯尊，捎风鸣籁，垂条阖户，布叶房栊。中谷涧滨，花蕊攒列。至于青受缓谢，萍生泉动，则有都梁含馥，攘香送芬，长乐负霜，宜男泫露，芙蕖红华照水，皋梦缥叶从风。凭轩永眺，蠲忧亡疾。丘阿陵曲，众药灌丛。地髓抗茎，山筋抽节。金盐重于素璧，玉豉贵于明珠。可以养性消疴，还年驻色。不藉崔文黄散，勿用负局紫丸。翱翔群凤，风胎雨鷇。绿翼红毛，素缨翠鬣。肃肃毛羽，关关好音。皆驯狎园池，旅食鸡鹜。若乃鸡日伺辰，响类钟鼓。鸣蜚候曙，声像琴瑟。玄猿薄雾清啭，飞猹乘烟永吟，嘈嘈嚛亮，悦心俞娱耳。谅所以跨蹑管龠。 寺观之前，皆植修竹，檀栾萧瑟，被陵缘阜。竹外则有良田，区畛通接。山泉膏液，郁润肥腴。邓白决漳，莫之能拟。致红粟流溢，兔雁充庖。春鳖旨膳碧鸡，冬覃味珍霜鹉。巾取于丘岭，短褐出自中园。寒蒋逼侧于池湖，菅蒯骈填于原隰。养给之资，生生所用，无不阜实藩篱，充牣崖墈
建筑	金华之首，有紫岩山，山色红紫，因此为称。靡迤坡陀，下属深渚，蠞岏巉嶙，上亏日月。登自山麓，渐高渐峻。垒路迫隘，鱼贯而升。路侧有绝涧，闾闾庪谷。俯窥木杪，焦原石邑，匪独危悬。至山将半，便有广泽大川，皋陆隐赈，予之葺宇，实在斯焉。所居三面，皆迥山周绕，有象郛郭。前则平野萧条，目极通望。东西带二涧，四时飞流泉。清澜微霢，滴沥生响，白波跳沫，汹涌成音，尊漕渎引流，交渠绮错。悬溜泻于轩甍，激湍回于阶砌。供帐无绠汲，盥漱息瓶盆。 韬轶笙簧，宅东起招提寺，背岩面壑，层轩引景，遝宇临崖。博敞闲虚，纳祥生白。左瞻右睇，仁智所居。 寺东南有道观，亭亭崖侧，下望云雨。蕙楼茵榭隐映林篁。飞观列轩，玲珑烟雾。……观下有石井，峰峄中涧，雕琢刻削，颇类人工。躍流溹泻，济涌浃咽，电击雷吼，骇目惊魂。寺观之前，皆植修竹，檀栾萧瑟，被陵缘阜。 凭轩永眺，蠲忧亡疾

续表

园林活动	故硕德名僧，振锡云萃，调心七觉，诋诃五尘。郁列戒香，浴滋定水。至于熏炉夜蒸，法鼓旦闻，予则跙躔抠衣，躬行顶礼。询道哲人，钦和至教。每闻此河纷梗，彼岸永寂。熙熙然若登春台而出宇宙，唯善是乐，岂伊徒言。 岁始年季，农隙时闲，浊醪初酝，醽清新熟。则田家野老，提壶共至。班荆林下，陈樽置酌。酒酣耳热，屡舞喧呶。盛论箱庾，高谈谷稼。喁噱讴歌，举杯相抗。人生乐耳，此欢岂訾。若夫蚕而衣，耕而食。日出而作，日入而息。晚食当肉，无事为贵
评述	旨趣和手法与谢灵运始宁墅类似。但刘孝标不是像谢灵运一样的世族出身，史载其"峻率性而动，不能随众沉浮"[①]，是个特立独行的人。因此他的山居不像谢氏那样兼备富庶丰硕，超然出世的隐逸情怀会更重些
依据文献	刘峻（孝标）《东阳金华山栖志》，载于《全上古三代秦汉三国六朝文·全梁文》卷五十七
园	北周庾信小园
地点	不详
自然条件	数亩弊庐，寂寞人外。 草树溷淆，枝格相交，山为篑覆，地有堂坳
园居理想与造园意匠	可以疗饥，可以栖迟。 若夫一枝之上，巢父得安巢之所；一壶之中，壶公有容身之地。况乎管宁藜床，虽穿而可坐；嵇康锻灶，既烟而堪眠。岂必连闼洞房，南阳樊重之第；绿墀青琐，西汉王根之宅。 聊以拟伏腊，聊以避风霜。虽复晏婴近市，不求朝夕之利；潘岳面城，且适闲居之乐。况乃黄鹤戒露，非有意于轮轩；爰居避风，本无情于钟鼓。则兄弟同居，韩康则舅甥不别，蜗角蚊睫，又足相容者也
造山	基地有低矮的山，不以为景。未另筑山
理水	似无较大的天然水体可凭借
动植物及其他	有棠梨而无馆，足酸枣而非台。犹得欹侧八九丈，纵横数十步，榆柳两三行，梨桃百余树。拔蒙密兮见窗，行欹斜兮得路。蝉有翳兮不惊，雉无罗兮何惧。草树溷淆，枝格相交，山为篑覆，地有堂坳。藏狸并窟，乳鹊重巢，连珠细菌，长柄寒匏。 鸟多闲暇，花随四时。 一寸二寸之鱼，三竿两竿之竹。云气荫于丛著，金精养于秋菊。枣酸梨酢，桃□李薁。落叶半床，狂花满屋。 草无忘忧之意，花无长乐之心，鸟何事而逐酒，鱼何情而听琴
建筑	余有数亩弊庐，寂寞人外，聊以拟伏腊，聊以避风霜。 尔乃窟室徘徊，聊同郏坏。……有棠梨而无馆，足酸枣而非台。犹得欹侧八九丈，纵横数十步。榆柳两三行，梨桃百余树。拔蒙密兮见窗，行欹斜兮得路。 崎岖兮狭室，穿陋兮茅茨。檐直倚而妨帽，户平行而碍眉。坐帐无鹤，支床有龟

①《梁书·卷五十·列传第四十四·刘峻传》。

续表

园林活动	试偃息于茂林，乃久羡于抽簪，虽有门而长闭，实无水而恒沈。三春负锄相识，五月披裘见寻。问葛洪之药性，访京房之卜林。草无忘忧之意，花无长乐之心，鸟何事而逐酒，鱼何情而听琴
评述	此园所处的环境中，没有较优美的山水景致。 园林规模较小，但也兼具生活物资生产内容。 建筑较为简陋。主要价值在于开拓了园林"小中见大"的审美趣尚和构筑手法。以"一寸二寸之鱼，三竿两竿之竹"，同样可以营造"可以疗饥，可以栖迟"的物质和精神居所
依据文献	庾信《小园赋》，载于《全上古三代秦汉三国六朝文·后周文》卷十二
园	北魏张伦宅园
地点	洛阳城东外郭昭德里
自然条件	决石通泉
园居理想与造园意匠	心托空而栖有，情入古以如新。既不专流宕，又不偏华尚。卜居动静之间，不以山水为忘。庭起半丘半壑，听以目达心想。进不入声荣，退不为隐放。 夫偏重者爱昔先民之由朴由纯。然则纯朴之体，与造化而梁津。濠上之客，柱下之史。悟无为以明心，托自然以图志。辄以山水为富，不以章甫为贵。任性浮沈，若淡兮无味
造山	司农张纶造景阳山，有若自然。 尔乃决石通泉，拔岭岩前。斜与危云等并，旁与曲栋相连。下天津之高雾，纳沧海之远烟。纤列之状如一古，崩剥之势似千年。若乃绝岭悬坡，蹭蹬蹉跎。泉水纡徐如浪峭，山石高下复危多。五寻百拔，十步千过，则知亚山弗及，未审蓬莱如何。 孤松既能却老，半石亦可留年。 "园林山池之美，诸王莫及。"园中主景景阳山，"有若自然"。其中重岩复岭，嵚崟相属，深溪洞壑，逦迤连接。高林巨树，足使日月蔽亏，悬葛垂萝，能令风烟出入。崎岖石路，似壅而通，峥嵘涧道，盘纡复直。" 菊岭与梅岑，随春之所悟
理水	泉水纡徐如浪峭
动植物及其他	烟花露草，或倾或倒，霜干风枝，半耸半垂，玉叶金茎，散满阶坪。然目之绮，烈鼻之馨，既共阳春等茂，复与白雪齐清。 羽徒分泊，色杂苍黄。绿头紫颊，好翠连芳。白鹤生于异县，丹足出自他乡。皆远来以臻此，藉水木以翱翔。不忆春于沙漠，遂忘秋于高阳。 菊岭与梅岑，随春之所悟
建筑	—

园林活动	岂下俗之所务，实神怪之异趣，能造者其必诗，敢往者无不赋。或就饶风之地，或入多云之处，□菊岭与梅岑，随春之所悟。远为神仙所赏，近为朝士所知，求解脱于服佩，预参次于山隆。……别有王孙公子，逊遁容仪，思山念水，命驾相随，逢岑爱曲，值石陵歌。 若不坐卧兮于其侧，春夏兮共游陟，白骨兮徒自朽，方寸兮何所忆。 是以山情野兴之士，游以忘归
评述	是城市宅园。为塑造山林气氛而营构假山。手法较为成熟，运用了"小中见大"的审美方式，所谓"五寻百拔，十步千过，则知巫山弗及，未审蓬莱如何"，"庭起半丘半壑，听以目达心想"。 以追求山林野趣的自然气息为目标，满足身在朝堂却能"卜居动静之间，不以山水为忘"的心理需求
依据文献	《洛阳伽蓝记》卷二，昭德里条

二、士人园林特征评述

1. 园居理想

如前文所述，士人园林是山水审美在魏晋空前发展、并与士人生活密切结合的产物，士人园林的主题就是山水审美。山水环境的积极意义是使人从中获得精神的愉悦；从负面讲，山水环境是以士人社会失意后人生幸福的补偿形式出现的，成为了士人漂泊心态的归宿，使其通过与自然的亲和获得审美享受，以使心灵得到安顿，使人格得到康复和升华。因此，无论仕或隐，魏晋南北朝士人的园居理想，就是在优美的环境中安顿身心，并通过山水审美而修身养性，实现精神的超越。

从表4-2所列著名士人对自己园居目的和理想的表达中，可以清晰地体会到士人园作为精神居所的本质特征，如石崇的园居目的："乐放逸，笃好林薮，遂肥

遁"。谢灵运则更详细地表述了在园居生活中逐渐安顿心性的过程，他的园居心境与生活先从避世隐居开始："奉微驱以宴息，保自事以乘闲"；到优游山水的陶冶情操："谢平生于知游，栖清旷于山川"；至最终达及与宇宙万物沟通的精神超越："眇遁逸于人群，和寄心于云霓"。刘孝标则更倾心于田园式的园居生活，他"弥愿闲逸"，认为"盛论箱庾，高谈谷稼。……人生乐耳，此欢岂訾"，希望在"日出而作，日入而息"的生活体验中实现"不求于世，不忤于物，莫辨荣辱，匪知毁誉。浩荡天地之间，心无怵惕之警"的精神超越。庾信则精要地概括了士人园林满足士人物质生活和精神生活两方面需求的重要功能："可以疗饥，可以栖迟"。张伦的宅园是以构筑人工景观为主的城市士人园林，该园的景观经营意匠，始终围绕和力求凸显"精神居所"这一园林本质："庭起半丘半壑，听以目达心想。进不入声荣，

图 4-4 ［唐］孙位《七贤图》上海博物馆藏
（引自《中国美术全集·隋唐绘画》）

图 4-5 ［五代］卫贤《高士图》局部 故宫博物院藏
（引自《中国美术全集·隋唐绘画》）

退不为隐放。"他追求自然化的山水园景，以期在园林审美中修身求志："卜居动静之间，不以山水为忘"，"悟无为以明心，托自然以图志。辄以山水为富，不以章甫为贵"。（图4-4，4-5）

2.造园手法

（1）纡余委曲的园林空间

与秦汉宫苑着重体现庞大而完整的山水体系、各种景观"视之无端，察之无涯"的充盈之美不同；魏晋南北朝的士人园林倾向营造"纡余委曲，若不可测"的空间感受，在繁多而复杂的景观因素之间建立起和谐而富于变化的矛盾平衡关系。

如本书第二章所述，这种审美取向与魏晋时期对传统宇宙时空观的深入发掘有密切关系。中国人的时间和空间概念相伴而生，空间感觉总是伴随着时间感知，是往复循环地流动，充满节奏和乐感。侧重抽象思维的魏晋玄学，空前关注对宇宙规律的探讨和把握，这种思维方式渗透到建筑和园林领域，就表现为对景观物整体性的把握和对空间关系处理的注重。魏晋南北朝的士人园林不再以各种景观的巨大体量和数量来填充园林空间，而是在深入把握各种景观形态的规律性和审美价值的基础上，把峰峦、崖壑、泉涧、湖池、建筑、植被等等的丰富形态与其在空间上的远近、高下、阔狭、幽显、开阖、巨细等无穷的奥妙组合穿插在一起，形成纡余委曲而又变化多端的空间造型，具备了自然山水的空间神韵。

如谢灵运庄园的空间营造：

九泉别涧，五谷异岩嶂，群峰参差出其间，连岫复陆成其坂。众流既灌以环近，诸堤拥抑以接远。远堤兼陌，近流开端，……还回往匝，汪渚员峦。既入东南傍山渠，展转幽奇，异处同美。路北东西路，因山为障；正北狭处，践湖为池。南山相对，皆有崖岸，东北枕壑，下则清川如镜。……去潭可二十丈许，葺基构宇，在岩林之中，水卫石阶，开窗对山，仰眺曾峰，俯镜浚壑。

造园家在这里妥善利用了泉、涧、谷、峰、岫等丰富的自然景观，用人工建筑要素如桥、堤、路、池、阶、建筑等将其组织起来，形成"还回往匝""展转幽奇"的空间艺术。

又如张伦庭园的景观：

尔乃决石通泉，拔岭岩前。斜与危云等并，旁与曲栋相连。下天津之高雾，纳沧海之远烟。纤列之状如一古，崩剥之势似千年。若乃绝岭悬坡，蹭蹬蹉跎。泉水纤徐如浪峭，山石高下复危多。五寻百拔，十步千过，则知巫山弗及，未审蓬莱如何。（北魏姜质《亭山赋》）

此园建于城市中，规模不比山居之宏大，为营造丰富多变的空间感受，园林造景中采用了"以大观小""小中见大"的手法，所谓"五寻百拔，十步千过"，通过小尺度的人工景观写自然山水之意，以表现蕴含在山水背后的循环往复的天地万物运作之道。

（2）自然山体利用

魏晋南北朝士人园林对于自然山体利用之充分是前所未有的。首先是大范围地貌条件的选择，大如谢灵运的始宁山居："面山背阜，东阻西倾"；"近西则杨、宾接峰，唐皇连纵"，"远东则天台、桐柏、方石、太平、二韭、四明、五奥、三菁（自

注：二韭、四明、五奥皆相连接，奇地所无，高于五岳，便是海中三山之流）；以及刘孝标的金华山居："山川秀丽，皋泽泱郁。若其群峰叠起，则接汉连霞……至山将半，便有广泽大川，皋陆隐赈，予之葺宇，实在斯焉"。小如庾信的小园"山为篑覆，地有堂坳"；江淹"两株树，十茎草之间"的庭园："今所凿处，前峻山以蔽日，后幽晦而多阻"，都无不十分注意园林与周围峰峦间的映接和过渡。

更重要的是深入认识和把握自然山体的美学特征，将其与园景营构和氛围渲染中的艺术技巧相结合，例如刘孝标描写金华山居及周围寺观构筑与自然山体的巧妙结合：

所居三面，皆迥山周绕，有象郭郭。前则平野萧条，目极通望。

宅东起招提寺，背岩面壑，层轩引景，遝宇临崖。博敞闲虚，纳祥生白。

寺东南有道观，亭亭崖侧，下望云雨。蕙楼茵榭隐映林篁。飞观列轩，玲珑烟雾。

分析以上三者特征可见，园主的住所群山环抱，视野所及是平野萧条，这种平远舒畅的景观与幽居山林的平和心境十分契合；而宅东的招提寺面壑临崖，笼罩在空灵、虚静的氛围中，符合僧人静修求悟的需求；道观则亭立崖侧，下望云雨，轻盈的飞观隐现于烟雾中，颇有仙居意味，显然与道家的求仙意识紧密配合。不同的功能和意境需求，需要结合不同形态的自然山体进行表达和渲染，这种园林景观构筑艺术在魏晋南北朝已较为发达。（图4-6）

（3）造山构石

魏晋南北朝的造园艺术并不满足于对自然山体的直接利用，为了配合城市宅园无自然山体凭借的天生缺憾，也为了创造出更富于艺术气息的山林景观，东晋、南朝士人园大兴造山和构石之风。例如，张伦宅园即以造山闻名，因此有文人姜质专门为之撰写《亭山赋》，详细描了园林中营造的丰富山林景观。综合诗文和史料记载可知，张伦宅园的造山，是以"有若自然"为首要原则的，园中山景极为丰富，有"重岩复岭，嵚崟相属，深溪洞壑，逦迤连接"；又配合种植了各种植物，以营造山林气氛："高林巨树，足使日月蔽亏，悬葛垂萝，能令风烟出入"；此外，以小路和水道串接岩岭洞壑，构成丰富纤曲的园林空间："崎岖石路，似壅而通，峥嵘涧道，盘纤复直"。在城市宅园有限的基地范围内营造如此丰富的山林景观，造园者巧妙运用了"小中见大"的艺术方法，

通过营建小的、局部的人工景观，重点表现山林的典型特征，写山林之意，以引起观者的整体美感联想和心理共鸣，所谓"庭起半丘半壑，听以目达心想"。如文献载述："决石通泉，拔岭岩前"，这是一幕截取片断却又极为典型的山水组合关系；"纤列之状如一古，崩剥之势似千年"，是通过营造山石久经风霜的自然质感，以渲染园景的自然化气氛。"绝岭悬坡，蹭蹬蹉跎。泉水纤徐如浪峭，山石高下复危多"，这是以山、水、石、阶梯等多种景观要素的巧妙组合，营造深远纤曲的山林空间感受。正如姜质所概括的"五寻百拔，十步千过，则知巫山弗及，未审蓬莱如何"，张伦园林的造山，已自觉而充分地运用了以局部写意整体的园林艺术创作手法。[①]

东晋南朝的士人园林还多利用东南地区的自然条件大兴"构石"之风。后世园林置石之法有特置、群置、散置及叠置之别，这其中许多方法和欣赏习惯不能不追溯到东晋以后。例如效法谢安而造园的

图4-6　［北魏］孝子棺　山水园林景观（引自傅熹年《中国古代建筑史·第二卷》，第171页）

[①]关于魏晋南北朝园林写意手法的发展历程及其与传统思想文化的渊源，详见本文第二章所述。

刘勔即"经始钟岭之南以为栖息，聚石蓄水，仿佛丘中"；这类例子大概是"群置"之始。又如梁代的到溉"第居近淮水，斋前山池有奇礓石，长一丈六尺"，后来此石被"迎置华林园宴殿前"，这也可以说是"特置"的嚆矢。

（4）理水

魏晋时期，士人园中的理水手法已逐渐发展，东晋南渡后，构园于江南泽国，水体之丰富、利用之便利更远胜于前代，这进一步促进了园林理水艺术的发展和完善。

与山景相似，对于水景的艺术处理也首先是从园林周围地貌环境的选择入手，而自然水景之美又往往与自然山景之美浑融凑泊："会稽境特多名山，峰嶂隆峻，吐纳云雾。松栝枫柏，擢干竦条，潭壑镜澈，清流泻注。"东晋以后，世族名士多于此建园，如谢灵运"移籍会稽，修营别业，傍山带江，尽幽居之美"。他在许多诗中也曾对此做过详尽的描写，如从《石门新营所住，四面高山回溪、石濑茂林修竹诗》的诗文题目，即可看出溪、濑萦带其园的佳境。

此时园林水景更为丰富，各种水体逞异竞妍："近南则会以双流，……拂青林而激波，挥白沙而生涟（自注：双流，谓剡江及小江）"，这是写江；"暮春之始，禊于南涧之滨。高岭千寻，长湖万顷，隆屈澄汪之势可为壮矣"这是写湖；"赪岸兮若虹，黛树兮如画，暮云兮千里，朝霞兮千尺，步东池兮夜未久，卧西窗兮月向山"，这是写园池；"会稽孔家起园，列植桐柳，多构山泉，殆穷真趣"，这是泉；"四川周回，溪涧交过，水石林竹之美，岩岫隈曲之好，备尽之矣"，这是溪涧。

值得注意的是，此时人们已普遍意识到多种水体的映衬、变幻、组合在园林中的审美价值，造园者通过构筑堤、岸、阶等人工要素，塑造不同的水体形态和景观，或凿石引流、或围岸聚水、或以建筑点化水景特征，处理手法日趋丰富多样。如石崇金谷园，针对基地无高山但临金水的客观条件，以理水为主，组织营造园林景观："却阻长堤，前临清渠。……流水周于舍下。有观阁池沼"。谢灵运始宁山居则充分结合山水具佳的自然条件，营建丰富水景："正北狭处，践湖为池。……东北枕壑，下则清川如镜，倾柯盘石，被奥映渚。西岩带林，去潭可二十丈许，葺基构宇，在岩林之中，水卫石阶。"刘孝标的金华山庄却因凭倚"够泉"而呈现出生动鲜活的景象："尊漕淡引流，交渠绮错。悬溜泻于轩甍，激湍回于阶砌。供帐无绠汲，盥漱息瓶盆"。即使在张伦以造山为主的城市宅园中，也不忘穿插适量水景营造山水相互襟带之趣："决石通泉，拔岭岩前。……泉水纤徐如浪峭，山石高下复危多"。

（5）植物配置和动物圈养

植物景观在魏晋南北朝士人山水审美和园林艺术中占有十分重要的地位，这与士人常以植物作为人格比附和寄托的审美风尚密切相关。①士人园中的植物景观以松、柏、竹等最具代表性，因其或苍劲，或挺秀，姿质极美，且经寒不凋，观赏、寓意皆宜，如西晋左思名句："经始东山庐，果下自成榛。前有寒泉井，聊可莹心神。峭蒨青葱间，竹柏得其真。"与秦汉宫苑中弥皋被冈、泆溽无际的风格不同，魏晋南北朝士人园中植物景观多尚依致清逸之趣。如孙绰《兰亭诗》："莺语吟修竹"；王融《咏池上梨花诗》中"芳春照流雪，深夕映繁星"等皆是例子。因为此时许多园林还带有农业经营性庄园的性质，所以其植物数量种类尚十分庞杂，如石崇金谷园中"众果竹柏药草之属莫不毕备"；谢灵运始宁山居农业经营的规模更大：

> 其竹则二箭殊叶，四苦齐味。……其木则松栝檀栎。……北山二园，南山三苑。百果备列，乍近乍远。罗行布株，迎早侯晚。……杏坛、柰园，橘林、栗圃，桃李多品，梨枣殊所。枇杷林檎，带谷映渚。椹梅流芬于回峦，卑柿被实于长浦。

刘孝标的金华山居中也是植被繁多："枫栌椅栎之树，梓柏桂樟之木，分形异色，千族万种。结朱实，包绿果，杌白带，抽紫茎。肃矗苯尊，捎风鸣籁，垂条阄户，布叶房栊"。

但此期的一些小型士人园或城市宅园中，已经出现了以花木为艺术景观的植物配置审美倾向，此时花木的数量、品类、造型等更多地依美学需要而定。如江淹的庭园在"两株树，十茎草之间"；"庾信的小园中"三竿两竿之竹"，可见配置之精妙。同时，植物景观还用来划分与组合园林空间。如阮孝绪幼时，"虽与儿童游戏，恒以穿池筑山为乐"，及长，"所居室唯有一鹿床，竹树环绕"。史籍又叙此事为："所居一鹿床为精舍，以树环绕"。这是以竹树围合空间；又有齐文惠太子拓玄圃园，"其中楼观塔宇，多聚奇石，妙极山水，虑上宫望见，乃傍门列修竹，内施高障，造游墙数百间"。这已是在上宫与玄圃间以花木、建筑等为"障景"，从而形成两大景区的分隔与映衬关系了。

与植物配置的情况相仿，魏晋南北朝士人园中的动物也种类众多，如石崇金谷园："金田十顷，羊二百口，鸡猪鹅鸭之类，莫不毕备。……又有水碓、鱼池、土窟，其为娱目欢心之物备矣"。谢灵运始宁别业则："植物既载，动类亦繁。鱼……辑采杂色，锦烂云鲜。唼藻戏浪，泛符流渊"。士人园林中圈养动物，除为满足衣食之需外，还用来观赏，值得重视的是，随士人园林娱情赏心色彩的日益浓重，动物的观赏功用也日渐增强，如刘孝标描述园林中禽鸟的形态和鸣叫声给予他的审美感受："绿翼红毛，素缨翠鬣。肃肃毛羽，关关好音，皆驯狎园池，旅食鸡鹜。……鸣玄候曙，声像琴瑟……悦心娱耳"。而庾信对小园中"鸟多闲暇，花随四时""草无忘忧之意，花无长乐之心，鸟何事而逐

---

①关于魏晋南北朝士人在人物品藻中将自然美景与人物风貌、气质和品行相联想和比拟的相关内容，详见本文第二章所述。

酒，鱼何情而听琴"的场景描述，更表达出园主达及物我交融、天人凑泊的境界，体悟到"鸢飞鱼跃"、生机盎然的自然节律。

（6）建筑构建

魏晋南北朝士人园林雅尚"自然"，但这并不意味着建筑在其间失去存在的价值。士人园林着力表现的"自然"，是指天地万物和谐运迈的状态，因此，园林景观不是要重现天然环境的风貌，而是着重营造天人和谐的景象。而人与自然景观间的和谐在很大程度上是通过建筑与自然景观间的和谐而实现的，这就决定了建筑在园林中的重要地位。

与汉代宫苑建筑"增盘崔嵬、登降炤烂；殊形诡制，每各异观"的美学标准有很大不同，魏晋南北朝士人园林中的建筑以融入自然景观为艺术原则。如西晋石崇金谷园的建筑，采用与水景紧密结合的营建方法："流水周于舍下。有观阁池沼"。东晋许询"好泉石，清风朗月，举酒永怀。……隐于永兴西山。凭树构堂，萧然自致"。又如谢灵运园"面南岭，建经台；倚北阜，筑讲堂。傍危峰，立禅室。临浚流，列僧房。对百年之高木，纳万代之芬芳。抱终古之泉源，美膏液之清长"。这显然已是在根据不同自然景观的特点而构建各自与之相和谐的建筑，而建筑艺术的目的则是如何最有效地实现它对自然景观"依""临""纳""抱"等关系。此时建筑物格调与自然景观的和谐已有了较高水平，如谢朓诗中描写的"飒飒满池荷，

修修荫窗竹。檐隙自周流，房栊闲且肃。苍翠望寒山，峰嵘瞰平陆"，就已不是建筑与某一自然景观间的简单和谐，而是与园外之山、园内之池、窗前之竹等自然景观体系间的复杂和谐了。在此基础上，他们更进一步注意到了建筑内部空间与整个外部空间的层次与和谐，如谢灵运山居："抗北顶以葺馆，瞰南峰以启轩。罗曾崖于户里，列镜澜于窗前。"是园林"对景""框景"等造景手法的早期范例；谢朓《新治北窗和何从事诗》也提及："辟牖期清旷，开帘候风景。泱泱日照溪，团团云去岭。……池北树如浮，竹外山犹影。"与张衡《西京赋》所述"上飞闼而仰眺，正睹瑶光与玉绳。将乍往而未半，怵悼栗而怂兢（李善注：言恐堕也），……流景内照，引曜日月（李善注：言皆朱画华采，流引日月之光，曜于宇内）"，等等，汉人对建筑内外空间关系的认识稍加比较，即可看出两个时代美学标准的变化。中国古典建筑室内与室外空间联系之密切为世界古代建筑所少有，窗及窗景成为中国古典园林的重要艺术手段，在魏晋南北朝士人园林中，我们已经能够看到这种发展趋向的确立。

3.园林活动

庄园，由纯粹的生产生活基地转而日渐增添了游憩、观赏等功能，审美文化气息愈加浓重，成为魏晋士人园林的最初表现形态。

如前文所述，魏晋时期石崇、谢灵

运、孔灵符等高门士族的山居、别业类士人园林，实际就是士族庄园，兼备产业经营性质和游憩、观赏功能，因此，此期士人的园林活动有些与产业经营有着密切的关系。齐梁之际，高门士族没落，士庶日趋混淆，山居的规模渐小，生产活动和游赏功能也逐渐产生了分离的趋势，最终衍化为后世以游赏、居住为主的成熟的士人园林形态。城市宅园迫于客观条件限制，则一开始就较为偏重游赏功能。

（1）行田

在魏晋庄园的经济行为方式中，有一种叫"行田"的视察田庄、地利的活动，通过"行田"可以了解庄园的生产经营情况及周边地域的自然条件、土地状况等，以备进一步开拓产业。在东晋时，纷纷占山固泽的士族文人常有结伴"行田"的行为，将"行田"与游弋山水、文人聚会联系在一起，从而在这种经济行为中注入了文化活动的因素，反之，行田也为士人的亲近山水、体察山水自然形貌提供了一条直接而便利的途径。如东晋孙统《兰亭诗二首》中所述："地主观山水，仰寻幽人踪"。东晋王羲之在《与谢万书》中表述了向往中的文人结伴行田情景：

> 顷东游还，修植桑果，介盛敷荣，率诸子，抱弱孙，游观其间，有一味之甘，割而分之，以娱目前。……比当与安石东游山海，并行田视地利，颐养闲暇。衣食之余，欲与亲知时共欢宴。虽不能兴言高咏，衔杯引满，语田里所行，故以为抚掌之资，其为得意，可胜言邪！（《晋书·王羲之传》）

又如晋宋谢灵运，史载其"尝自始宁南山伐木开径，直至临海，从者数百人。临海太守王琇惊骇，谓为山贼，徐知是灵运乃安"。这种随从数百的大规模山野旅行，显然不是纯粹的山水赏游，更大程度上是视地利的"行田"活动，而在此间兼顾游赏山水美景。谢灵运有许多诗文载述其"行田"活动，直接以"行田"入题的诗有《行田登海口盘屿山》《白石岩下径行田诗》等；其《山居赋》和自注中也有许多关于"行田"活动的描述：

> 山作水役，不以一牧。资待各徒，随节竞逐。陟岭刊木，除榛伐竹。抽笋自篁，摘箬于谷。杨胜所挂，秋冬菹获。野有蔓草，猎涉蘡薁。……六月采蜜，八月扑栗。……寻名山之奇药，越灵波而憩辕。采石上之地黄，摘竹下之天门。撼曾岭之细辛，拔幽涧之溪荪。访钟乳于洞穴，讯丹沙于红泉。

可见，"行田"在魏晋士人山居、别业中可以视为一种较为普遍的园林活动；随着齐梁之际士族庄园的没落，"行田"活动也日渐衰微消亡。

（2）园居清修

士人园林的产生主要是为了满足士人安顿心灵的精神需求，因此士人在园林中主要进行诸如玩水弄石、观鱼赏鸟、吟诗作画、抚琴品茗等侧重静心清修的活动。如石崇对园居生活的描述："出则以游目弋钓为事，入则有琴书之娱。又好服食咽气，志在不朽，傲然有凌云之操"。谢灵运则在山居中"此焉卜寝,玩水弄石"。北魏张伦在宅园中则"心托空而栖有,情入古以如新。既不专流宕,又不偏华尚。卜居动静之间,不以山水为忘。庭起半丘半壑,听以目达心想。进不入声荣,退不为隐放"。

另一部分士人把"日出而作,日落而息"的田园生活视为清修途径,如陶渊明的园居生活:"开荒南野际,守拙归园田。方宅十余亩,草屋八九间。榆柳荫后檐,桃李罗堂前。暧暧远人村,依依墟里烟。狗吠深巷中,鸡鸣桑树颠。户庭无尘杂,虚室有余闲。"(陶渊明《归田园诗》)梁代刘孝标也期望在朴实无华的田园生活体验中实现精神的升华:"田家野老,提壶共至。班荆林下,陈罇置酌。酒酣耳热,屡舞喧呶。盛论箱庾,高谈谷稼。喣嚎讴歌,举杯相抗。人生乐耳,此欢岂訾。"

(3)文会活动与诗画浸润的园林

魏晋士人园林可谓诗画浸润。本书第二章中"嘉会欣时游——游弋山水和士人雅集"部分和第三章中"园林文会之风与曲水流觞"节段已对魏晋南北朝园林中的士人文会作了详细的阐述,金谷园宴集、兰亭集会、斜川之游等著名文会活动,均被后世文人追慕和仿效。在园林文会时,文人们流觞行令、吟诗作赋、夸示浩浩儒雅风流,使士人园林与山水诗文结下了不解之缘。

在魏晋山水审美空前发展的时代潮流推动下,山水诗、山水画和山水园林,都蔚然勃兴;它们追求一致的艺术境界和风格,相互阐发和融合。至南北朝后期,士人园林已呈现出山水园景、诗文画作、书法音乐相映生辉的发展趋势,典型例证如,文人游赏北魏张伦宅园时"能造者其必诗,敢往者无不赋。或就饶风之地,或入多云之处,菊岭与梅岑,随春之所悟"。又如梁代沈约"约效居宅,时新构阁斋,(刘)杳为赞二首,并以所撰文章呈约,约即命工书人题其赞于壁。仍报杳书曰:'生平爱嗜,不在人中,林壑之欢,多与事夺。……君爱素情多,惠以二赞,辞采妍富,事义毕举,句韵之间,光影相照,便觉此地,自然十倍。'"。

(4)其他园林活动

1)游宴

魏晋南北朝士人园林中,不乏歌舞升平的游宴活动。如石崇金谷园中"昼夜游晏,屡迁其坐。或登高临下,或列坐水滨。时琴瑟笙筑,合载车中,道路并作。及住,令与鼓吹递奏,遂各赋诗,以叙中怀。或不能者,罚酒三斗"。北魏夏侯道在洛阳的园林"(迁)于京城之西,水次之地,大起园池,殖列蔬果,延致秀彦,时往游适,妾妓十余,常自娱兴"(《魏书·卷七十一·列传第五十九·夏侯道迁传附子夏侯夬传》)。又北魏王彧宅园"至于春风扇扬,花树如锦,晨食南馆,夜游后园。僚案成群,俊民满席,丝桐发响,羽觞流行,诗赋并陈,清言乍起"。梁代朱异及诸子在建康的宅园"自潮沟列宅至青溪,其中有台池玩好，每暇日与宾客游焉"。陈代孙玚在建康的宅园中，宴集场景极为奢华："家庭穿筑，极林泉之致。……合十余船为一大舫，于中立池亭，植芰荷，良辰美景，宾僚并集，泛长江置酒，亦一时之胜赏焉"。

2）讲经

东晋以降，佛学在中土大兴，许多名士都研习佛学，与佛僧有密切的交往，因此，在士人园林中，不但兴建佛教建筑如僧舍、讲堂、塔、精舍等，还举办讲经集会等活动。例如谢灵运的始宁山居就定期作为讲经场所："安居二时，冬夏三月。远僧有来，近众无阙。法鼓朗响，颂偈清发……山中兮清寂，群纷兮自绝。周听兮匪多，得理兮俱悦。……注：众僧冬夏二时坐，谓之安居，辄九十日。众远近聚萃，法鼓、颂偈、华、香四种，是斋讲之事。析说是斋讲之议。乘此之心，可济彼之生。南倡者都讲，北机者法师，山中静寂，实是讲说之处。兼有林木，可随寒暑，恒得清和，以为适也。"（《宋书·卷六十七·谢灵运传》）（图4-7至图4-10）

第四节　魏晋南北朝士人园林价值评述

魏晋南北朝勃兴的士人园林，从构思、立意和命名，到选址、设计和营造，往往都由士人直接参与完成，它超越了秦汉园林倾向物质满足的特征，成为士人寄托个体精神自由和理想人格追求的精神居所。同士人所追求的高尚的精神居住方式和审美行为相适应，士人造园成为一种高级的艺术创作，集中而典型地表达了士阶层的物质与精神追求，具有深刻的文化内涵和非凡的艺术价值。

其一，中国古代士人的社会理想和人格追求，不但具有最高的社会伦理价值，而且具有极高的美学价值。直接反映这一价值观念的士人园林，冲破官式的政治功利框架及民间的实用功利框架，将艺术审美观照置于突出地位，将人的道德情操修为与审美心境直接联系起来，"是主人生活和性格的某种象征……必定表现和反映主人的日常生活及其抽象的思想"[1]。

其二，士人园林是士大夫在仕与隐、进与退之间寻求精神安顿的场所，是旨在开掘人的自然本性的艺术空间。它更多地强调独立人格的自足圆满，强调"士志于道""观生意""参天地，赞化育"和"为天地立心"的居住内涵，在很大程度上代

---

① 查尔斯·詹克斯：《中国园林之意义》，赵冰，译，载《建筑师》，1987（27）。

图4-7 ［北凉］庄园生活　新疆吐鲁番哈喇和卓古墓区九七号墓（引自《中国美术全集·墓室壁画》）

图4-8 ［北齐］仪卫出行　山西太原王郭村娄叡墓（引自《中国美术全集·墓室壁画》）

图4-9 ［北齐］出行　山东临朐县冶源镇崔芬墓

图 4-10 ［东魏］武定元年石佛碑像 （引自《中国历代纪年佛像图典》，纽约大都会博物馆藏）

表了中国传统居住文化的核心思想。①

其三，士人传统的综合思维方式，有力促成了古代各艺术门类之间广泛的融通。而作为悦情怡性所寄托和热衷的综合文化艺术载体，士人园林同诗文、绘画、音乐等艺术以及包括观赏性动植物培育的园艺学、博物学等等的创造性发展，都结下了不解之缘，从而使士人园体现为中国古代意境最臻精美的诗情画意的居住。

其四，在魏晋南北朝士人的深入开掘下，园林的经营着重围绕着其安顿心灵的本质特征展开，超越了规模和具象形态的局限，强调意境和氛围的渲染，以引起审美联想、产生精神共鸣为最终目的。由此发展出"小中见大""以大观小"等写意化园林艺术创作手法，这些经营匠为其他园林类型广泛借鉴，并对后世园林艺术的发展产生了深远的影响。在园林系统中，士人园林也自此确立了引领创作理念和审美意趣潮流的主导地位。

---

① 关于居住环境与人格修养的关系，孔子提出"里仁为美"的独到见解，《论语·里仁》曰："里仁为美。择不处仁，焉得知？"择居的标准是"仁"，可见居住环境有何等的重要性。孟子进一步阐发了居住环境对人身心修炼的重要作用。《孟子·尽心上》载孟子自范之齐，望见齐王之子，喟然叹曰："居移气，养移体，大哉居乎，夫非尽人之子与！"荀子则直接涉及园林对人格修养——养德的作用，何晏《景福殿赋》注云："荀卿子曰：'宫室台榭，以避燥湿，养德别轻重也。'"

第五章

佛寺和宫观的园林环境

第一节 佛寺园林环境

肇始于东汉的汉地佛寺,在魏晋南北朝日益发展和昌盛。早期的汉地佛寺延承印度佛寺原型,建为当中佛塔,四周房舍围合的格局。两晋南北朝,随着佛教的汉化和盛行,佛寺大量兴造,并呈现出与园林环境紧密结合的趋势。

一、佛寺与园林环境的因缘

1. 山居修持

在佛教中,山水林泉等自然环境是适于静修和思悟之所。据经传记载,释迦牟尼修道之初,至跋伽仙人苦行林中,见园林寂静,心生欢喜,即坐林中树下,观树思维,感天动地,六反震动,演大光明,覆蔽魔宫,后遂成道,于鹿野苑讲经授道[1]。

《楞伽经》也指出:

宴坐山林,下中上修,能见自心妄想流注。

《禅秘要法经》云:

佛告阿难,佛灭度后,佛四部众弟子,若修禅定,求解脱者……当于静处,若坟间,若林树下,若阿兰若处[2],修行甚深,

诸圣贤道。

《付法藏因缘传》卷二[3]载:

山岩空谷间,坐禅而念定,风寒诸勤苦,悉能忍受之。

这些佛教典籍都明确指出了山居禅观是佛教理想的修行模式。(图 5-1)

2. 园林讲经

根据佛经记载,佛陀释迦牟尼有两个最重要的讲经处,都具有一定的园林化环境。一处是舍卫城南的祇园精舍,由拘萨罗国富商须达多(给孤独长者[4])布施。东晋法显在《佛国记》中描述其景观为:

出城南门千二百步,道西,长者须达起精舍。精舍东南向开门户,两厢有二石柱,左柱上作轮形,右柱上作牛形。池流清净,林木尚茂,众华异色,蔚然可观,即所谓祇洹(园)精舍也。

另一处是王舍城的竹林精舍,其中的竹林是迦兰陀长者所施,精舍则由频毗沙罗王出资建造[5]。(图 5-2)

3. 天神世界与佛国净土中的园林环境

佛教根据善恶报应理论和禅定修行结果,勾画出了分为若干等级的世界立体层次,载于佛经之中。其中,高于人界的

---

①赵光辉:《中国寺庙的园林环境》,北京,北京旅游出版社,1987。
②阿兰若:原意为树林,意译为"寂静处""远离处""空家"。
③参见刘慧达:《北魏石窟与禅》,载《中国石窟寺研究》,宿白,文物出版社,1996,331~348 页。
④长者泛指富有者。
⑤杜继文:《佛教史》,10 页,南京,江苏人民出版社,2006。

［西魏］禅修 敦煌石窟 285 窟窟顶东坡局部（引自《中国美术全集·敦煌壁画》）

［西魏］禅修 敦煌石窟 285 窟窟顶北坡局部（引自《中国美术全集·敦煌壁画》）

图 5-1　山居修持图

[北周] 佛、山石及猴、鹊 炳灵寺石窟第 6 窟壁画   [北周] 说法图 麦积山第 127 窟
（引自《中国美术全集·炳灵寺石窟壁画》）   （引自《中国美术全集·麦积山石窟壁画》）

[梁] 普通四年释迦立佛龛（四川省成都市西门外万佛寺遗址出土，四川省博物馆藏）
（引自《中国美术全集·魏晋南北朝雕塑》）

图 5-2 讲经图

天神世界以及至高无上的佛国净土，都被塑造为楼观四起、泉池交流、花木繁茂的园林化环境。例如，在天神世界里，位于须弥山腰的四天王天中，各天王城郭的宫殿情形是：

须弥山王南去四万里，有毗楼勒天王城郭，名善见。广长二十四万里。王处亦有七宝七重壁，七重栏楯，七重交露，七重行树，周匝围绕姝好。门上有曲箱盖交露，下有园观浴池树木，飞鸟相和而鸣。[①]

而须弥山顶的忉利天中，中央是天帝释的宫城，城的中央是宫殿，宫殿四面有四个园观，其中各有美好的林木池泉景观：

须弥山王顶上，有忉利天，广长各三百二十万里。上有释提桓因城郭，名须利。陀延广长二千里，周匝有垣墙。水底皆金沙，水凉且清。浴池周匝，以四宝作重壁，栏楯交露树木姝好。中生青莲华、黄莲华、白莲华、赤莲华，光照二十四里，香亦闻二十四里，浴池周匝有阶。……须陀延城中，有忉利天帝参议殿舍，广长各二万里，高四千里，以七宝作。七重栏楯，七重交露，七重行树，周匝围绕二万里。殿舍上有曲箱盖交露楼观，以水精琉璃为盖，黄金为地，殿舍中柱。……中有天帝释座……两边各十六座。殿舍北有天帝释后宫，广长四万里。皆以七宝作，七重壁，七重栏楯，七重交露，七重树木，周匝围绕甚姝妙。殿舍东有释园观，名麤坚。广大各四万里，亦以七宝作。七重壁、栏楯、交露、树木，周匝围绕甚姝好。门高千二百里，广长八百里。门上有曲箱盖交露楼观，下有园观浴池，中有种种树木叶华实，种种飞鸟相和而鸣。粗麤园观

中有香树，高七十里，皆生华实，劈者出种种香。……殿舍南有天帝释园观，名乐画。……忉利殿东有天帝释园观，名愦乱。……忉利天殿舍西有园观名歌舞。[②]

而高于天神界的佛国净土，更是一片祥和的园林化景观，《大乘无量寿经》和《佛说阿弥陀经》等佛经，描述了众佛所居的弥陀净土风光：

无量寿佛（即阿弥陀佛）讲堂精舍楼观栏楯，亦皆七宝自然化成，复有白珠摩尼以为交络，明妙无比。诸菩萨众所居宫殿亦复如是。……又其讲堂左右，泉池交流，纵广深浅，皆各一等……湛然香洁……岸边无数旃檀香树，吉祥果树，华果恒芳，光明照耀。修条密叶，交覆于池，出种种香，世无能喻。随风散馥，沿水流芳。

由此可见，在佛教教义中，不但修行和讲经处以园林环境为佳，甚至祈求往生的天王或佛国世界都是园林化的。故而，佛寺中营造园林化的环境，显然十分顺理成章。根据文献载录，印度 Gaxa、Sanchi、Sarnathd、Nalanda 等地几处著名的静修处中有大型人工水池和各种果树等园林要素[③]，而东晋法显的《佛国记》中，也记载了几个园林化格局的西域佛寺，这些是外域的园林化佛寺例证。值得重视的是，佛教自东汉传入中国后，逐渐汉化和发展。汉地佛寺的演进则与之同步，至魏晋南北朝，不但在建筑形制和配置上较印度原型发生了重大改变，而且大量结合园林环境进行构筑，形成了独具特色的汉地佛寺形态。（图 5-3）

① ［西晋］沙门法立、法炬译：《大楼炭经·四天王品》。
② ［西晋］沙门法立、法炬译：《大楼炭经·忉利天品》。
③ 参见［意］马里奥·布萨利：《东方建筑》，单军，赵岩，译，段晴，校，北京，中国建筑工业出版社，1999。

图 5-3　四川省成都市西门外万佛寺遗址出土（四川省博物馆藏）

二、魏晋南北朝汉地佛寺园林环境的成因

印度佛教虽有其自身的思想体系，但自两汉之际传入中国起，其本身的教义就一直依附于中国强大的文化力量下，按中国社会的解释和需要来传播。汉代的佛教在中国被理解为道术的一种而流传在社会下层，此时"汉魏佛法未兴，不见其经传"①。魏晋的佛教则利用动荡的时局引发精神寄托需求，同时与玄学的紧密结合，逐渐进入了社会上层阶级。东晋南北朝，随佛经的大量传译，佛教正式以宗教哲学的姿态出现，进一步融会玄学等汉地文化理念而愈加精微和汉化。与汉地佛学发展的轨迹同步，汉地佛寺也经历着由承继外来样式而逐渐汉化的演变历程。

肇始于东汉的汉地佛寺，在魏晋南北朝日益发展和昌盛。早期的汉地佛寺延承印度佛寺原型，建为当中佛塔，周围房舍围合的格局。两晋南北朝，随着佛教的汉化和盛行，佛寺大量兴造，并呈现出与山水自然环境紧密结合的趋势，基本可概括为如下三种情况：

其一，城市里的佛寺逐渐演变为合院建筑组群与山树园池相结合的模式，有些佛寺甚至特别建设了附属园林②。

其二，择址兴建于自然山水中的山林佛寺数量可观。

其三，一部分石窟寺，也兴造于风景优美的山水环境中。

魏晋南北朝汉地佛寺，之所以形成与

①《南齐书·王俭传》载，南齐尚书王俭道："汉魏佛法未兴，不见其经传。"转引自任继愈：《汉唐佛教思想论集》，2版，33页，北京，人民出版社，1973。
②例如北魏洛阳景林寺，详见后文所论。

山水园林环境紧密结合的格局，除了基于佛教教义因缘，还主要有如下几个时代性和社会性动因。

1. 寺院庄园的出现

东晋以降，随佛教在社会的普及，僧侣集团日益庞大，后秦姚兴时期，国家开始设立"僧正、悦众、僧禄"等僧官职位，确立了僧官制度；继之，北朝和南朝统治者沿用此制，设立"道人统""大僧正"等僧官，统领全国僧侣。僧官与政府官吏的待遇没有差别，掌握着宗教权、僧侣管理权和寺院财产支配权，形成了上层僧侣阶层。

随着佛教的兴盛和普及，皇帝和官府赏赐给寺院大量的土地以兴造佛寺，设立福田[1]；士族地主和富商们也纷纷向寺院施舍土地，造寺祈福[2]；部分投靠寺院以求庇荫的自耕农民，不得不把自己的土地上交给寺院[3]；寺院僧侣还开始强占或兼并他人的土地[4]。通过这些途径，大量的土地和财产集中到寺院的上层僧侣手中，南朝梁郭祖琛称当时"僧尼十余万，资产丰沃"，北齐"凡厥良沃，悉为僧有"。上层僧侣逐渐成为了僧侣地主，采用与世俗地主相同的土地经营形式——自给自足的庄园经济组织，故此，寺院的产业被称为"寺庄"[5]。

"寺庄"与世族庄园一样，也拥有良田沃土和山水美景，例如，西魏京师中兴寺："于昆池之南，置中兴寺庄，池之内外，稻田百顷，并以给之，梨枣杂果，望若云合"[6]。又梁庄严寺寺庄内："飞阁穹隆，高笼云雾。通碧池以养鱼莲，构青山以栖羽族。列植竹果，四面成荫；木禽石兽，交横出入"[7]。《洛阳伽蓝记》中也详细载述了许多北魏寺庄的繁荣场景，讫后文详述。可见，兴造于此间的佛寺，必然呈现出与山水环境紧密结合的形态。(图5-4)

①《高僧传·习禅篇》载，北齐邺城云居寺，初敕造寺时"面方十里"，后削减为"面方五里"。赐田之多可以想见。《续高僧传》卷三十《护法篇·西魏京师大僧统中兴寺释道臻传》载：西魏文帝于"京师立大中兴寺，……于昆池之南，置中兴寺庄，池之内外，稻田百顷，并以给之，梨枣杂果，望若云合。"由此可见寺庄产业规模的盛大。在南朝，梁武帝敕建大爱敬寺，把东晋时赐予王导的建康钟山八十顷良田收回，转赐该寺。又在大同年间为扩建阿育王寺而"敕市寺侧人数百家宅第，以广寺域，造诸堂殿并瑞像周回阁等，穷于轮奂焉"(载于《梁书》卷五十四《诸夷·扶南传》)。

②《南史》卷三十《何尚之传》载：敬容从兄何胤，"在若邪山尝疾笃，有书云：'田畴馆宇悉奉僧众，书经并归从弟敬容'"，可见将田产全部捐送寺院。又《释氏通鉴》载王坦之笃信佛法，偕同他人"舍园宅为安乐寺"。又《梁书》卷五十一《处士·张孝秀传》载，梁张孝秀"去职归山，居于东林寺，有田数十顷，部曲数百人，率以力田，尽供山众，远近归慕，赴者如市"。这是又一种类型的以田庄收入输入寺院者，实际也等于以田产入寺。

③由于僧侣享有免除国家租调徭役的特权，许多平民百姓纷纷投依寺院以图规免赋役，所谓"竭财以赴僧，破产以趋佛"。(范缜：《神灭论》，载于《梁书》卷四十八《儒林·范缜传》附)。

④《魏书》卷一一四《释老志》载，北魏孝文帝时的洛阳"自迁都以来，年逾二纪，寺夺民田，三分居一"，至世宗时，僧侣"侵夺细民，广占田宅"。

⑤高敏：《魏晋南北朝经济史》，633~638页，上海，上海人民出版社，1996。

⑥《续高僧传》卷三十《护法篇·西魏京师大僧统中兴寺释道臻传》。

⑦《续高僧传》卷八《释慧超传》。

[北周]须阇提本生　敦煌石窟296窟北壁中屋(1)（引自《中国美术全集·敦煌壁画》）

[北周]须阇提本生　敦煌石窟296窟北壁中屋(2)（引自《中国美术全集·敦煌壁画》）

图5-4　寺庄

2. 吸引信众

伴随佛教在民间的普及,佛寺在经济上已开始有依赖民间的成分,从宣传信仰与香火收益两方面考虑,许多佛寺都注意营建宜人的环境以吸引信众。城市佛寺一般采取园林化的格局,山林佛寺则直接择址兴建于风景优美的自然山水间,具备得天独厚的优势。这些佛寺在一定程度上带有了公共园林的性质,例如北魏洛阳宝光寺,园池甚美,"京邑士子,至于良辰美日,休沐告归,征友命朋,来游此寺。雷车接轸,羽盖成阴。或置酒林泉,题诗花圃,折藕浮瓜,以为兴适"[1]。

3. 士人园林的影响

西晋时,名僧名士同流之风肇始[2],此后,佛教受到士大夫阶层的普遍关注。东晋南北朝,士夫官僚大兴舍宅为寺之风,这些士族豪宅或为带有宅园的城市府邸,或为占据优美山水环境的庄园山居,舍为寺院后,其合院与园池相结合的布局模式在一定程度上成为后世新建佛寺的蓝本。

4. 避世山林

由于政权和佛教的盛衰不定,有些僧人避地而居,倚重地方士族资助,兴立佛寺,聚徒讲学,部分山林石窟寺的兴造以及东晋时江南山林佛寺的大量涌现即与此相关。讫后文详述。

三、城市佛寺的园林化格局

佛教初入汉地时,"以统治阶层为主要宣道目标。多数外来僧人进入中国后,都首先往赴当时的政治中心城市,如东汉魏晋的洛阳、东吴的武昌、建业(东晋建康)以及十六国时期石赵的邺城、苻秦的长安、北凉的姑臧等地。因此,一时一地的政治中心城市,往往是佛寺最先出现和开始发展的地方"[3]。

1. 萌芽期——汉魏西晋

汉魏时期的城市佛寺多由皇帝敕建,国家供养。在形式上延承印度佛寺原型,建为当中佛塔,周围房舍围合的格局。例如,史载魏明帝曹叡时迁洛阳宫西佛图并为之新建的佛寺:"徙(浮图)于道东,为作周阁百间。" 这种在主体四周环绕布置附属建筑的方式,在汉代礼制建筑布

---

[1] 杨衒之:《洛阳伽蓝记·城西》,83 页,长春,时代文艺出版社,2008。

[2] 汤用彤先生有论曰:"西晋阮庾与孝龙(支孝龙)为友,而东晋名士崇奉林(支道林)公,……此其故不在当时佛法兴隆。实则当代名僧,既理趣符老庄,风神类谈客。……故名士乐与往还也。"

[3] 傅熹年:《中国古代建筑史·第二卷·三国、两晋、南北朝、隋唐、五代建筑》,156 页,北京,中国建筑工业出版社,2010。

局中也很常见，易于为汉地官方所接受。

西晋时的佛教中心仍在都城洛阳。这时城内佛寺已有四十二所之多[1]，而形制则未脱离汉魏窠臼。西晋末年，社会动荡，民间崇佛风气日盛，佛教社会基础逐渐坚实，佛寺在经济上已开始有依赖民间的成分。佛寺开始注意营建宜人的环境以吸引信众，这是促使佛寺出现园林化趋向的社会动因之一。僧人受民间供养，资财渐丰[2]。僧人立寺（精舍）讲学的做法也逐渐流行。名僧名士同流之风肇始，佛教日益引起士大夫阶层的关注。

2. 佛寺性质和格局转变期——东晋十六国

东晋十六国时，南北割裂，逐渐形成各自的佛教中心：南方为东晋建康，北方则为后赵邺城及前秦长安。东晋偏安之初，元帝司马睿、明帝司马绍皆奉佛，官贵中也不乏与僧人交往密切之士，如丞相王导、太尉庾亮等人，佛寺陆续兴建。随着佛经的大量译出，说法论道和观习经典等活动的广泛开展，佛寺不再是单纯进行礼拜仪式的场所。为适应新的功能需要，寺内出现了除佛塔之外的另一类主体建筑物，即专供法师讲经、僧徒听讲之用的讲堂（后期亦称法堂）。讲堂是僧人的习会场所，一般不供奉佛像，通常设立在佛塔的后侧，与佛塔形成一条纵向轴线，四周则根据需要建造僧舍[3]。东晋瓦官寺等佛寺，即为此格局[4]。这种以佛塔、讲堂为主体、兼有其他附属建筑的佛寺形态，是佛教和佛寺逐渐汉化的直接表现。（图5-5）而后，由于来往听讲人数的增多，佛寺成为僧众聚散之地，需要修建大批附属僧房加以安置。同时，大乘佛教的兴起，使早期小乘教派所提倡的苦行实践方式发生改变。僧人不必逐日乞食，处野而居，可以有私产、有居处，甚至可以蓄室，出家僧尼逐渐以寺院为单位相对定居，佛寺也开始从佛教的象征体演变而为一种社会组织和经济实体。

成帝、康帝之际（公元325—344年），王、庾谢世，东晋佛教一度转为消沉，部分原本交好的僧人和名士相继隐迹山林，群集游处，相应而建造起一批山林佛寺。容后文详述。

成、康之后，东晋佛教开始兴盛，舍宅为寺的风气随之而起。据《建康实录》

---

① 《洛阳伽蓝记·序》："至晋永嘉（307—313年），唯有寺四十二所"。《魏书·释老志》："晋世，洛中佛图有四十二所矣。"

② 《高僧传》卷四《竺法乘传》："（法乘）依竺法护为沙弥。……护既道被关中，且资财殷富。时长安有甲族欲奉大法，试护道德，伪往告急，求钱二十万。护未答，乘年十三，侍在师侧，即语曰：和上意已相许矣。"

③ 傅熹年：《中国古代建筑史·第二卷·三国、两晋、南北朝、隋唐、五代建筑》，167页，北京，中国建筑工业出版社，2010。

④ "东晋兴宁中（公元364年），晋哀帝诏建瓦官寺，寺内"止堂塔而已"，数年后（公元371年），道安弟子竺法汰居寺，在主体建筑物周围，又增建了大门及其他附属建筑物，使佛寺形态更为严整。"载于《建康实录》卷八《哀帝记》。《高僧传》卷五《竺法汰传》。转引自傅熹年《中国古代建筑史·第二卷·三国、两晋、南北朝、隋唐、五代建筑》，第168页。

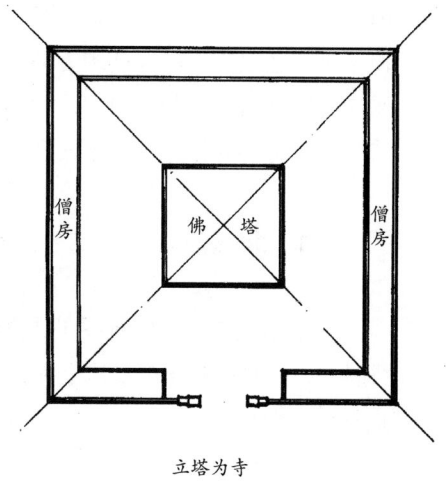
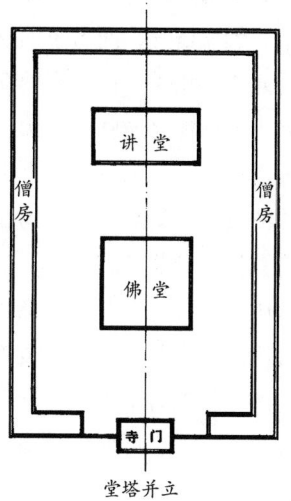

立塔为寺　　　　　　　　　　堂塔并立

图 5-5　汉地佛寺形态示意（引自傅熹年《中国古代建筑史·第二卷》，第 189 页 ）

记载，自康帝至简文帝（公元 343—372 年），共敕准置寺十二所，其中由王公士族舍宅所立者便有七所[1]。当时甚至有相邻数座宅邸并舍为寺的情形[2]。舍宅为寺的做法，是佛教深入士夫阶层的产物，出于为天子、祖先、家族祈（追）福的目的，将宅第舍为佛寺，是东晋士夫阶层在特定条件下所采用的一种佛教信仰方式。这些士族豪宅许多都带有宅园或是具有优美的园林化环境，舍为寺院后，在一定程度上成为后世新建佛寺的蓝本。例如，《高僧传·卷十三·释慧受传》就记载了东晋王坦之舍园为寺的情况：

（慧受）晋兴宁中来游京师。蔬食苦行，常修福业。尝行过王坦之园，夜辄梦于园中立寺。如此数过。受欲就王乞立一间屋处，……王大喜，即以许焉。初立一小屋，……坦之即舍园为寺，以受本乡为名号曰安乐寺。

北方十六国佛寺的建立，以佛教僧人依附皇权为突出特点，城市寺院多为国家供养。后赵、前秦、北凉、北魏、北燕、西秦、后秦诸国境内，佛教都很兴盛，名僧辈出，如释道安等。道安"家世英儒"，"内外群书，略皆遍睹，阴阳算数，亦皆能通"，又长于诗赋文章，熟悉鼎铭撰述，古制斛斗，是一个兼备名士学识风范的高僧。他

---

[1]中书令何充立建福寺（公元 344 年）。隐士许询立祇洹、崇化二寺（公元 347 年）。镇西将军谢尚立庄严寺（公元 348 年）。彭城敬王立彭城寺。中书令王坦之立临秦、安乐二寺（公元 366—370 年）

[2]《高僧传》卷十三《释慧受传》："晋兴宁中来游京师。蔬食苦行，常修福业。尝行过王坦之园，夜辄梦于园中立寺。……坦之即舍园为寺，以受本乡为名号曰安乐寺。东有丹阳尹王雅宅，西有东燕太守刘斗宅，南有豫章太守范宁宅，并施以成寺。"转引自傅熹年《中国古代建筑史·第二卷·三国、两晋、南北朝、隋唐、五代建筑》第 164 页。

出家之初事佛图澄为师，后活动于太行恒山一带，创立塔寺，闻名于河北。冉闵之乱（公元 350 年），道安率徒众南下，应东晋名士习凿齿之邀驻于襄阳，他传道弘法，并遣徒散布江南各地，大大推动了南方佛法的发展，如竺法汰在扬州、昙翼在江陵、慧远在荆州和庐山等，均成立了地方佛法中心。释道安在推动佛教汉化的方面，做出了不容忽视的重要贡献：他在胡族乱华的年代致力于维系汉族正统，以佛教"佐化"自任，促使佛教由出世向入世转化；他将佛学与玄学互融，形成了译介佛典的新方式，是佛教中国化的方法论指导，并使佛教为士人阶层所普遍接受；他在汉地首先制定了僧尼规范，使佛教在中国日趋系统化。经其四散高徒的发扬，佛教的汉化之路愈行愈远，这大大促进了佛寺形态基于本土文化需要的变革和发展，佛寺的园林化也是变革之一。

3. 发展成型期——南北朝

佛教经晋代普及于社会，至南北朝（公元 420—589 年）全面持续高涨。据《魏书·释老志》《历代三宝记》等典籍记载，北魏末年（公元 534 年）时，京城洛阳有佛寺 1 368 所，全国有佛寺三万所，僧尼近二百万人[1]。而唐法琳《辩正论》记，南朝到梁（公元 502—556 年），共有寺院 2 846 所，僧尼 82 700 人，比东晋时寺院增加 1 000 余所，僧尼增加三倍多。由文献载述可知，南北朝佛寺的格局基本采用合院建筑组群与山树园池相结合的模式，园林化佛寺至此已基本成型。

（1）北魏洛阳城市佛寺的园林化

《洛阳伽蓝记》中所举北魏洛阳城内外佛寺，很大一部分有园林化特点，其中，最具代表性介绍如下。

1）景林寺

景林寺具有合院式的殿堂区，并在该区西侧兴建了附属的园林，以供静修。史料记载其：

在开阳门内御道东。讲殿叠起，房庑连属。丹槛炫日，绣桷迎风，实为胜地。寺西有园，多饶奇果。春鸟秋蝉，鸣声相续。中有禅房一所，内置祇洹精舍，形制虽小，巧构难比。加以禅阁虚静，隐室凝邃。嘉树夹牖，芳杜匝阶，……静行之僧，绳坐其内，餐风服道，结跏数息。[2]

由如上载述可见，景林寺的总体布局与士人宅园十分相似，可见舍宅为寺之风对佛寺形态汉化和演变的重大影响。同时，该寺园林的风格意境也与士人园如出一辙，自东晋时起，愈来愈多的汉族高僧逐渐成为传道的主力，他们多兼通玄佛，以道行学问获取社会地位，并与名士同游共处。南北朝时，玄学与佛教进一步融会，

①北魏洛阳佛寺有的规模庞大，例如《洛阳伽蓝记》所载融觉寺："清河文献王怿所立也，在阊阖门外御道南。有五层浮图一所，与冲觉寺齐等。佛殿僧房，充溢一里。比丘昙谟最善于禅学，讲《涅槃》《花严》，僧徒千人。"（洛阳里坊尺寸大约为三百步，约合今 410 米见方）
②杨衒之：《洛阳伽蓝记·城内》，24~25 页，长春，时代文艺出版社，2008。

在思想上有许多共同之处，景林寺"虽云朝市，想同岩谷"的意匠，与士人园林"庭起半丘半壑，听以目达心想"①的精神内涵实具异曲同工之妙。

2）宝光寺

宝光寺有面积较大的园池环境，史料记载当时京邑民众常结伴到寺园游玩。这说明了随着汉地佛教的世俗化，环境优美的寺院吸引了大批信众，有时具有公共园林的性质。兹引宝光寺园林化景观的相关记载如下：

在西阳门外御道北。有三层浮图一所，以石为基，形制甚古，画工雕刻。隐士赵逸见而叹曰："晋朝石塔寺，今为宝光寺也！"人问其故，逸曰："晋朝三十二寺尽皆湮灭，惟此寺独存。"指园中一处曰："此是浴室，前五步，应有一井。"众僧掘之，果得屋及井焉。井虽填塞，砖口如初，浴堂下犹有石数十枚。当时园地平衍，果菜葱青，莫不叹息焉。园中有一海，号"咸池"。葭菼被岸，菱荷覆水，青松翠竹，罗生其旁。京邑士子，至于良辰美日，休沐告归，征命朋，来游此寺。雷车接轸，羽盖成阴。或置酒林泉，题诗花圃，折藕浮瓜，以为兴适。②

3）景明寺

景明寺是将殿堂与园池林木穿插结合而建的典型寺院，如史料所载：

景明寺，宣武皇帝所立也。景明年中立，因以为名。在宣阳门外一里御道东。其寺东西南北，方五百步。前望嵩山少室，却负帝城，青林垂影，绿水为文。形胜之地，爽垲独美。山悬堂光观，盛一千余间。复殿重房，交疏对霤，青台紫阁，浮道相通，虽外有四时，而内无寒暑。房檐之外，皆是山池，竹松兰芷，垂列阶墀，含风团露，流香吐馥。至正光年中，太后始造七层浮图一所，去地百仞，……妆饰华丽，侔于永宁。金盘宝铎，焕烂霞表。寺有三池，萑蒲菱藕，水物生焉。或黄甲紫鳞，出没于蘩藻，或青凫白雁，浮沉于绿水。碾硙春簸，皆用水功。③

4）建中寺

建中寺原为阉官刘腾的住宅。洛阳伽蓝记中记述了北魏末年（公元529—531年）将其改立为佛寺时，对原格局的延用以及对功能的相应调整情况：

建义元年，尚书令乐平王尔朱世隆为荣追福，题以为寺，朱门黄阁，所谓仙居也。以前厅为佛殿，后堂为讲室，金花宝盖，遍满其中。有一凉风堂，本腾避暑之处，凄凉常冷，经夏无蝇，有万年千岁之树也。④

可见，由士人贵族宅园改立而成的佛寺，是以利用宅内原有建筑物为前提，通常以正厅为佛殿或讲堂，其余房舍、厨库之类皆可沿用，而佛塔的兴造与否则依据宅第大小是否足以容纳而定。这种基本保持宅邸总体布局的佛寺对汉地佛寺形态发展所产生的影响是显而易见的。自东晋至南北朝，大部分城市佛寺，都采用类似的合院式格局。

---

① 姜质：《庭山赋》，记北魏洛阳张伦宅园。
② 杨衒之：《洛阳伽蓝记·城西》，83页，长春，时代文艺出版社，2008。
③ 杨衒之：《洛阳伽蓝记·城南》，57~59页，长春，时代文艺出版社，2008。
④ 杨衒之：《洛阳伽蓝记·城内》，16~17页，长春，时代文艺出版社，2008。

北魏洛阳其他佛寺的园林化景观，详见下表5-1所录（根据《洛阳伽蓝记整　理》）。（图5-6）

表5-1　北魏洛阳佛寺的园林化景观

寺 名	立寺人	寺 址	寺院园林环境
永宁寺	熙平元年，灵太后胡氏所立	在宫前阊阖门南一里御道西	中有九层浮图一所，……浮图北有佛殿一所，形如太极殿……僧房楼观一千余间，雕梁粉壁，青璅绮疏，难得而言。栝柏松椿，扶疏拂檐。翠竹香草，布护阶墀
建中寺	普泰元年，尚书令乐平王尔朱世隆所立也。本是阉官司空刘腾宅	在西阳门内御道北，延年里	以前厅为佛殿，后堂为讲室，金花宝盖，遍满其中。有一凉风堂，本腾避暑之处，凄凉常冷，经夏无蝇，有万年千岁之树也
长秋寺	刘腾所立	在西阳门内御道北一里，亦在延年里，即是晋中朝时金市处	寺北有濛氾池，夏则有水，冬则竭矣。中有三层浮图一所，金盘灵刹，曜诸城内。
瑶光寺	世宗宣武皇帝所立	在阊阖城门御道北，东去千秋门二里	有五层浮图一所，去地五十丈。……尼房五百余间，绮疏连亘，户牖相通，珍木香草，不可胜言
景乐寺	太傅清河文献王怿所立	阊阖南御道东，西望永宁寺正相当	有佛殿一所……堂庑周环，曲房连接，轻条拂户，花蕊被庭。至于大斋，常设女乐。……得往观者，以为至天堂。及文献王薨，寺禁稍宽，百姓出入，无复限碍
昭仪尼寺	阉官等所立	在东阳门内一里御道南	昭仪寺有池，……后隐士赵逸云："此地是晋侍中石崇家池，池南有绿珠楼。"
愿会寺	中书侍郎王翊舍宅所立	昭仪尼寺池西南	佛堂前生桑树一株，直上五尺，枝条横绕，柯叶傍布，形如羽盖。复高五尺又然。凡为五重，每重叶椹各异，京师道俗谓之神桑
景林寺	—	在开阳门内御道东	讲殿叠起，房庑连属，丹槛炫日，绣桷迎风，实为胜地。寺西有园，多饶奇果。春鸟秋蝉，鸣声相续。中有禅房一所，内置祇洹精舍，形制虽小，巧构难比。加以禅阁虚静，隐室凝邃。嘉树夹牖，芳杜匝阶，虽云朝市，想同岩谷。净行之僧，绳坐其内，餐风服道，结跏数息

（"城内"纵向合并 瑶光寺、景乐寺 行之间的寺址列）

寺 名	立寺人	寺 址	寺院园林环境
灵应寺	杜子休舍宅所立	绥民里东崇义里	园中果菜丰蔚，林木扶疏，……为三层浮图
秦太上君寺	胡太后所立	在东阳门外二里御道北，所谓晖文里	中有五层浮图一所，修刹入云，高门向街。佛事庄饰，等于永宁。诵室禅堂，周流重叠，花林芳草，遍满阶墀
正始寺	百官等所立也。正始中立，因以为名	在东阳门外御道西，所谓敬义里也	檐宇精净，美于景林。众僧房前，高林对牖，青松绿柽，连枝交映。多有枳树而不中食
平等寺	广平武穆王怀舍宅所立	在青阳门外二里御道北，所谓孝敬里也	堂宇宏美，林木萧森，平台复道，独显当世
景明寺	宣武皇帝所立也。景明年中立，因以为名	在宣阳门外一里御道东	寺东西南北，方五百步。前望嵩山少室，却负帝城，青林垂影，绿水为文，形胜之地，爽垲独美。山悬堂光观，盛一千余间。复殿重房，交疏对霤，青台紫阁，浮道相通，虽外有四时，而内无寒暑。房檐之外，皆是山池，竹松兰芷，垂列阶墀，含风团露，流香吐馥。至正光年中，太后始造七层浮图一所，去地百仞，……寺有三池，萑蒲菱藕，水物生焉。或黄甲紫鳞，出没于蘩藻，或青凫白雁，浮沉于绿水。碾硙舂簸，皆用水功
秦太上公二寺	西寺，太后所立；东寺，皇姨所建并为父追福，因以名之	在景明（寺）南一里	并门邻洛水，林木扶疏，布叶垂阴。各有五层浮图一所，高五十丈，素采布工，比于景明。至于六斋，常有中黄门一人，监护僧舍，衬施供具，诸寺莫及焉
文觉、三宝、宁远三寺	—	劝学里	周回有园，珍果出焉。有大谷（含消）梨，重十斤，从树着地，尽化为水
承光寺	—	—	多果木，柰味甚美，冠于京师
报德寺龙华寺追圣寺	高祖孝文皇帝所立也。广陵王所立也；北海王所立也	在开阳门外三里。龙华寺、追圣寺并在报德寺之东	而此三寺，园林茂盛，莫之与争
高阳王寺	高阳王雍之宅以为寺	在津阳门外三里御道西	白殿丹槛，窈窕连亘，飞檐反宇，辀轇周通。……其竹林鱼池，侔于禁苑，芳草如积，珍木连阴
崇虚寺	民众所立	在城西，即汉之跃龙园也	在城西，即汉之濯龙园也

城东

城南

寺 名	立寺人	寺 址		寺院园林环境
冲觉寺	太傅清河王怿舍宅所立		在西明门外一里御道北	西北有楼，出凌云台，俯临朝市，目极京师，……楼下有儒林馆、延宾堂，形制并如清暑殿，土山钓台，冠于当世。斜峰入牖，曲沼环堂。树响飞嘤，阶丛花药
白马寺	汉明帝所立		在西阳门外三里御道南	浮图前，奈林蒲萄异于余处，枝叶繁衍，子实甚大。奈林实重七斤，蒲萄实伟于枣，味并殊美，冠于中京。帝至熟时，常诣取之，或复赐宫人
宝光寺	—	城西	在西阳门外御道北	有三层浮图一所，以石为基，形制甚古，画工雕刻。隐士赵逸见而叹曰："晋朝石塔寺，今为宝光寺也！"人问其故，逸曰："晋朝三十二寺尽皆湮灭，惟此寺独存。"指园中一处曰："此是浴室，前五步，应有一井。"众僧掘之，果得屋及井焉。井虽填塞，砖口如初，浴堂下犹有石数十枚。当时园地平衍，果菜葱青，莫不叹息焉。园中有一海，号"咸池"。葭菼被岸，菱荷覆水，青松翠竹，罗生其旁。京邑士子，至于良辰美日，休沐告归，征友命朋，来游此寺。雷车接轸，羽盖成阴。或置酒林泉，题诗花圃，折藕浮瓜，以为兴适
法云寺	西域乌场国胡沙门昙摩罗所立		在宝光寺西，隔墙并门	作祇洹一所，工制甚精。佛殿僧房，皆为胡饰，丹素炫彩，金玉垂辉。……伽蓝之内，花果蔚茂，芳草蔓合，嘉木被庭
大觉寺	广平王怀舍宅所立		在融觉寺西一里许（融觉寺在阊阖门外御道南）	北瞻芒岭，南眺洛汭，东望宫阙，西顾旗亭，神皋显敞，实为胜地。……怀所居之堂，上置七佛。林池飞阁，比之景明。至于春风动树，则兰开紫叶，秋霜降草，则菊吐黄花；名德大僧，寂以遣烦。永熙年中，平阳王即位，造砖浮图一所，是土石之工，穷精极丽
永明寺	宣武皇帝所立		在大觉寺东	房庑连亘，一千余间。庭列修竹，檐拂高松，奇花异草，骈阗阶砌
凝圆寺	阉官济州刺史贾璨所立	城北	在广莫门外一里御道东，所谓永平里	房庑精丽，竹柏成林，实是净行息心之所也。王公卿士来游观为五言者，不可胜数

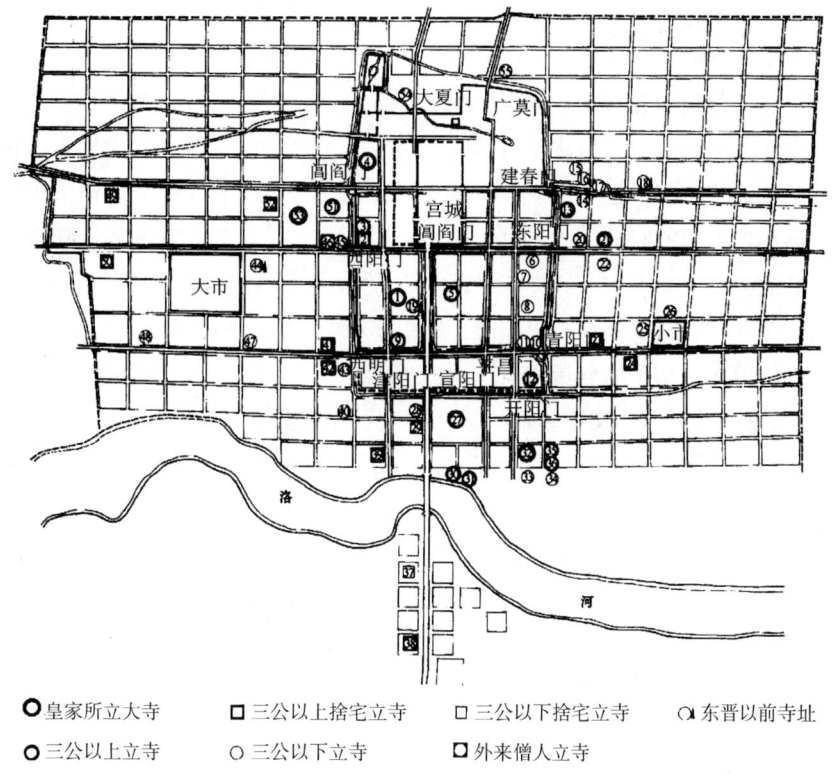

图 5-6 洛阳佛寺分布示意图
（引自傅熹年《中国古代建筑史·第二卷·三国、两晋、南北朝、隋唐、五代建筑》，180 页）

（2）南朝建康城市佛寺的园林化

南朝都城建康，本就处于山水之间，故即使是都下佛寺，也往往依山临水而建，以较为自由的布局，与环境充分结合。因此，南朝建康佛寺的园林化特征，是比较明显的。另外，有学者指出，南朝大型佛寺有一个突出的特点，即佛寺内除中院外，又设立众多"别院"，例如，梁武帝所立

建康大爱敬寺，就有别院 36 所，"皆设池台，周宇环绕"[1]。这说明了寺院功能的日益庞杂，必须以分区的方式加以编排，这种寺院格局被后世历代传承下来。

南朝时建康城中最著名的园林化佛寺，当数梁武帝敕建的同泰寺。同泰寺紧邻宫城北墙而建，落成于梁普通八年（公元 527 年），采用园林化布局，规模宏大、盛极一时。值得特别指出的是，在当时多

---

[1]《续高僧传》卷一《释宝唱传》："（梁武帝）于钟山北涧建大爱敬寺，……中院之去大门，延袤七里，廊庑相架，檐霤临属。旁置三十六院，皆设池台，周宇环绕。千有余僧，四事供给。"转引自傅熹年《中国古代建筑史·第二卷·三国、两晋、南北朝、隋唐、五代建筑》第194页。

元文化空前繁荣的背景下，同泰寺的建筑格局被赋予了深刻的象征性寓意，是梁武帝宣扬儒、佛文化精神和践行政教合一理想的特殊舞台。由于这一突出体现南朝盛期文化特色的建筑实例，过早毁于兵火①，略可窥探其创作意象的有关记载，也长期沉埋在纷杂的文献中。本文在此尝试考证同泰寺的沿革和建筑格局，对其象征意义及历史文化价值作出初步的分析和探讨。

1) 同泰寺兴建的历史文化背景

两汉大一统帝国崩溃之后，中国陷入南北分治、战乱不断的时代。佛教因应乱世人心的需要，分别在南北不同的政治环境下逐渐地传布到社会的各个阶层，寺院沙门扩展其经济利益、提高自身社会地位且参与政治权力的运作，到了南北朝中叶，寺院沙门已经与帝王（包含宗室）、贵族成鼎足三分的社会三大势力之一。对最高统治者帝王来说，政教结合已成为治国方略中不可或缺的要素。

北魏初年，道武帝拓跋珪在高僧法果的辅佐下创立了"皇帝即如来观"的政教结合政策②。而后，昙曜等人进一步地将"皇帝即如来观"具象化于云冈、龙门等石窟中巨大的"帝王如来身"大石佛的塑造上。

在南方，佛学与玄学接轨，切近玄学的般若空宗等佛学得到统治阶级的认同和提倡③，社会文化呈现出儒道释积极融合的特色。东晋名僧慧远倡导"释迦与尧孔，归致不殊"④的著名理论，即突显了南朝社会多元文化积极互融的重要特色。至梁代，兼通儒、释、道的开国之君梁武帝萧衍⑤，大力推行政教结合，不但领导编译注解大量佛典，调和王者与沙门的关系，还在天监十八年（公元519年）根据他躬亲编撰的《在家出家受菩萨戒法》，从慧约国师受菩萨戒，成为"皇帝菩萨"⑥。同时，在东晋以来相沿为南朝帝都和佛教中心的建康城，梁武帝还兴建了众多的梵宫琳宇，如"经营雕丽，奄若天宫"的大爱敬寺（［唐］道宣：《续高僧传·梁杨都庄严寺沙门释宝唱传》），"殿堂宏敞，宝塔七层"的大智度寺（［唐］道宣：《续高僧传·梁杨都庄严寺沙门释宝唱传》），以及皇基寺、光宅寺、法王寺、开善寺等

---

①梁中大同元年（公元546年），同泰寺浮图遭雷击起火，殃及全寺。随后侯景之乱爆发，复建工程搁置，寺址荒至荒芜。

②"皇帝即如来观"理念起源于太祖道武帝拓跋珪平定河北，礼聘释法果为道人统，助其推展政教事务之时。《魏书·释老志》云：初，法果每言，太祖明叡好道，即是当今如来，沙门宜应尽礼，遂常致拜。谓人曰："能弘道者人主也，我非拜天子，乃是礼佛耳。"

③玄学讨论哲学中的本体论问题，提出"本""末"的概念，着力在客观世界后寻求所谓永恒不变的本体。般若学是佛教大乘的宗教哲学，认为客观世界是不真实的，是"幻相"，真实的世界存在于现实世界的时间之外。统治者提倡上述理论以淡化民众对现实社会阶级差别和时局动荡的关注，引导其转向精神境界的自我解脱。

④［东晋］慧远：《沙门不敬王者论》，《弘明集》卷五。

⑤梁武帝有关儒家经义的著作包括诗、书、易、春秋、孝经、中庸，又为《通史》撰赞序，还作有《孔子正言》《老子讲疏》。

⑥《魏书·萧衍传》记载梁武帝臣下奏表上书中称萧衍为"皇帝菩萨"。

著名寺院，其中尤以毗邻宫城建造的同泰寺最为弘丽。梁武帝常在该寺躬亲讲经弘法，甚至四次在寺中舍身侍佛，如后文所述，同泰寺更在经营意象中通过附会宇宙图式的方式，突出王权与佛教的融合一体，并强化出王权的主体地位。可以说，同泰寺是梁武帝为践行其政教合一理想而刻意营建的特殊大道场。

2）同泰寺位置与沿革

同泰寺背倚鸡笼山，南面与建康宫城仅一路之隔，梁武帝为方便出入，在宫城北墙开辟大通门正对寺院南门。（图5-7）唐代许嵩《建康实录》就此提到：

帝创同泰寺，寺在宫后，别开一门，

名大通门，对寺之南门，取返语以协同泰为名。帝晨夕讲议，多游此门。

同泰寺基址原为东吴宫苑，东晋辟为廷尉署，梁武帝时将"晋廷尉之地迁于六门之外"（［唐］许嵩：《建康实录》），普通八年（公元527年）建立同泰寺。规模宏大、"拟则宸宫"的同泰寺落成后，各方僧众踵至朝拜，梁武帝晚年更将其作为生死与共的活动中心。梁中大同元年（公元546年），同泰寺的九层浮图遭雷击起火，殃及其他建筑，除柏殿及瑞仪幸存，全寺尽成灰烬[1]；梁武帝又命建十二层浮图祛灾祈福，但即将建成时侯景之乱爆发，工程搁置[2]。到922年杨吴时，因同泰寺

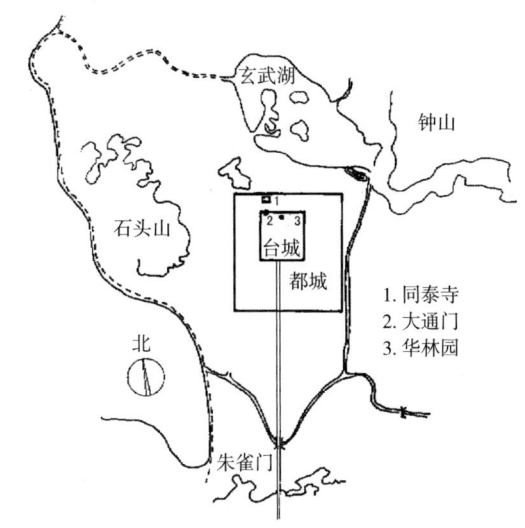

图5-7　同泰寺位置示意图
（引自傅熹年《中国古代建筑史·第二卷·三国、西晋、南北朝、隋唐·五代建筑》，61页）

①［唐］许嵩：《建康实录》"起寺十余年，一旦震火焚寺，唯余瑞仪、柏殿，其余略尽。"
②［宋］司马光《资治通鉴》卷一五九载：中大同元年三月庚戌，上幸同泰寺，遂停寺省，讲《三慧经》。夏，四月，丙戌，解讲，大赦，改元。是夜，同泰寺浮图灾，上曰："此魔也，宜广为法事。"群臣皆称善。乃下诏曰："道高魔盛，行善鄣生。当穷兹土木，倍增往日。"遂起十二层浮图；将成，值侯景乱而止。

故址之半建起了台城千佛院,宋名法宝寺(宋周应合:《景定建康志》)。此后,历经沧桑,至明洪武二十年(公元1387年),明太祖朱元璋曾命崇山侯李新在这一带兴建大型佛寺,即著名的"鸡鸣寺"①,经过清代和近代维护,留传至今。

3)同泰寺格局与象征意义

有关同泰寺的建筑格局,传世方志及佛教典籍中多有提及,其建筑及园林美景也为南北朝文人争相题咏。全寺布局以宏伟的九层佛塔为中心,周匝合院建筑群,山树园池罗列其间,如《建康实录》中引述陈代顾野王《舆地志》指出:

(同泰寺)兼开左右营,置四周池堑,浮图九层,大殿六所,小殿及堂十余所,宫各象日月之形。禅窟、禅房,山林之内,东西般若台各三层。构山筑陇,亘在西北,起柏殿在其中。东南有璇玑殿,殿外积石种树为山,有盖天仪,激水随滴而转。

从已知实例看,仿自初唐中国佛寺的日本京都法胜寺和法成寺②,曾采用与上述文字惊人吻合的模式:大门和"凹"字形布局的建筑组群之间设有水池,池中沿纵轴布置岛屿和桥梁,岛上有塔(图5-8)。始建于唐代的昆明圆通寺,也呈类似格局:寺内有环以回廊假山的水池,中有一岛,上建八角大亭③,岛前后分别有路通向山门和大殿。这些与同泰寺格局明显一脉相承的实例表明,中国塔院式佛寺自汉代起迹,历经魏晋的发展并与山树园池结合,至南北朝已衍为较成熟的园林化佛寺模式,到隋唐时广为流布。在这一历史进程中,同泰寺的经营布局意象,无疑具有举足轻重的价值和意义。

各国的宗教建筑格局,都与其民族认定之宇宙图式有不可分割的联系④。值得注意的是,同泰寺兴建之际,梁武帝提出了轰动一时的天象论,融合印度佛教"须弥山"宇宙观⑤和中国"盖天说"⑥,建构了创新性的宇宙图式,而同泰寺的布局正是该图式的象征性表达⑦。唐代瞿昙悉

①高树森,邵建光:《金陵十朝帝王州》,北京,中国人民大学出版社,1991。
②法胜寺和法成寺建于平安时代(公元794—1185年)中后期。
③萧默:《敦煌建筑研究》,69页,北京,文物出版社,1989。
④中国古代早期的祭祀建筑以《河图》《洛书》演成的九宫格为蓝本。西汉长安南郊的明堂辟雍遗址和王莽九庙的建筑格局,明显隐喻四方围绕中央之宇宙图式。汉代以降,中土佛寺渐兴。佛教传入初期依附于中国本土信仰,因此中国佛教建筑在形成之初为本土祭祀建筑在印度塔庙基础上的形象转译,由于中印宗教建筑图式的趋同(中国为九宫,印度为曼荼罗),这种转译显得十分顺理成章。《后汉书·陶谦传》所记笮融,"大起浮图寺,上累金盘,下为重楼。又堂阁周回",显示的便是以印度塔庙为原型的浮图居中的塔院。据王世仁先生考证,晋怀帝永嘉中(公元307—313年),西域僧人帛尸梨蜜多罗翻译密宗经典《大孔雀王神咒经》,曼荼罗传入中国。这进一步地推动了中国寺院格局的宇宙图式化,西晋墓中出土的魂瓶上所塑建筑群,被专家定位为当时寺院的写照,其高大建筑(佛阁、佛塔)居中、周围低矮建筑环绕的形态明显附会了佛教宇宙空间图式,姚秦的麦积山石窟寺、北魏的洛阳永宁寺等众多南北朝佛寺建筑在布局经营上均与之一脉相承。
⑤须弥山说所述古代印度的宇宙图案为:大地象平底的圆盘,地中央耸立着巍峨的须弥山,山外环七山七海,最外为咸海和铁围山。与大地平行的天上有一系列天轮,携带着日月星辰,以须弥山为轴旋转不息。
⑥盖天说是综合中国古代宇宙图式的系统理论,认为"天似盖笠,地法覆盘,天地各中高外下。北极之下为天地中,其地最高,而滂池四溃,三光隐映,以为昼夜"。
⑦日本学者山田庆儿在《梁武帝的盖天说与世界庭院》(载于《古代东亚哲学与科技文化》)中曾提及类似观点。

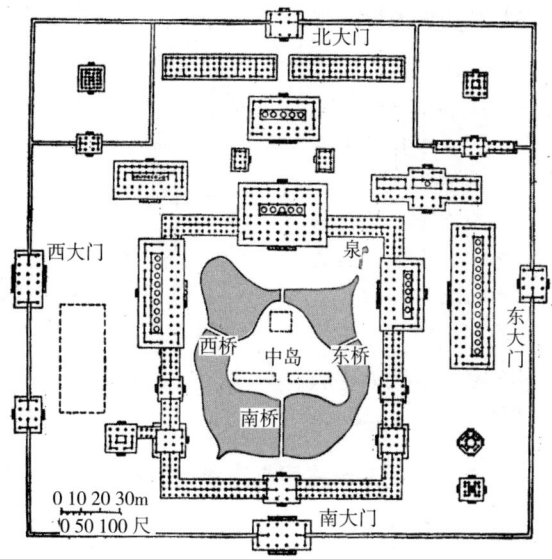

法成寺平面复原（引自张十庆《〈作庭记〉译注研究》）

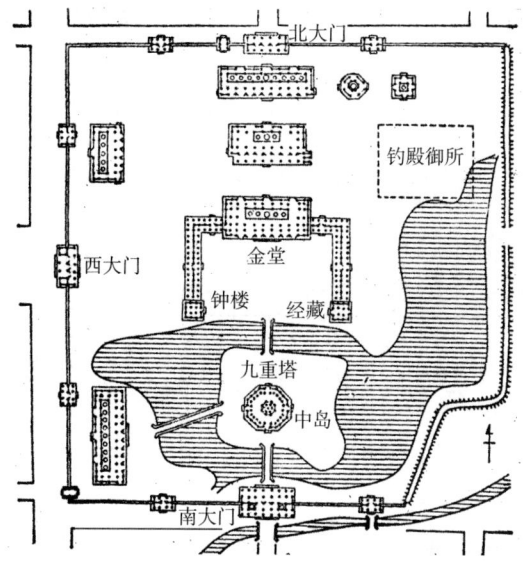

法胜寺平面复原（引自张十庆《〈作庭记〉译注与研究》）

图 5-8 法成寺和法胜寺部分示意图

达在《开元占经》中提及有关天象论的描述：

> 四大海之外，有金刚山，一名铁围山。金刚山北，又有黑山[1]。……日月循山而转，周回四面。一昼一夜，围绕环匝。……黑山在北，当北弥峻，东西连峰，近前转下……金刚山自近天之南，黑山则近天之北。虽于金刚为偏，而于南北为心。

梁代是南朝文化的盛期，作为皇帝的梁武帝，集文学家、科学家和虔诚的佛教徒于一身，他提出天象论，除了源于对天文学的钟爱外[2]，主要还意在以这种佛教诸山包围着盖天世界的崭新宇宙图式来宣扬其融通政教的人生观。为了将此意象进一步具象地体现，梁武帝倾力主持构建了同泰寺，寺院的择址、布局以至景观处理等方面，都与天象论宇宙图式有明显的对应关系，详见表5-2所示。

表5-2　同泰寺格局与天象论的对应关系

天象论	同泰寺格局	象征寓意
四大海	置四周池堑	八功德水，代表清净和盈满
须弥山	浮图九层	将天、地、人连通起来的世界之柱，它代表着梁武帝作为"皇帝菩萨"，集中国和印度文化中理想的圣王境界为一身的神圣地位
黑山在北，当北弥峻	构山筑陇，亘在西北，起柏殿在其中	这些佛教诸山是宇宙的边缘，在寺院中又隐喻修行之所和佛教的彼岸世界，是梁武帝信仰的终极归属之处；同时，山林环境又是中国传统文化中理想的隐逸场所，梁武帝"构山筑陇""积石种树为山"，营造岩林环境，是将佛教中"宴坐山林，下中上修，能见自心妄想流注。"[3]的理想修行场所与魏晋以降文人隐士超世逸群、隐居求志的园林环境在建筑精神上的成功接轨
有金刚山，一名铁围山。……金刚山自近天之南	东南有璇玑殿，殿外积石种树为山，有盖天仪，激水随滴而转	
日月循山而转，周回四面。一昼一夜，围绕环匝。	大殿六所，小殿及堂十余所，宫各象日月之形	池堑环绕中的大小殿堂，象征"四海包围的大地"上人的世界，这些殿堂成组而设，布局严整，体现梁武帝所追求的安宁有序的国家秩序

---

①金刚山、黑山等都是佛经中记载的山，如：东晋佛陀跋陀罗译的《华严经》："又风轮起名不可坏。能成大小围山及金刚山。……能成十种大山，何等为十。所谓芭蕉山、仙人山……持劫山、黑山……"。

后秦鸠摩罗什译《维摩诘经》："又此三千大千世界，诸须弥山，雪山。……香山，宝山，黑山，铁围山，大铁围山……悉现于宝盖中。"

②史料记载其"天情睿敏，下笔成章"（《梁书·本纪》），"六艺备闲，棋登逸品，阴阳纬候，卜筮占决，并悉称善，草隶尺牍，骑射弓马，莫不奇妙"（《梁书·武帝纪下》），"恭俭庄敬，为人慈爱，晚岁笃嗜内典"（《汉魏六朝百三名家集·梁武帝集》）。据《隋书·天文志》《南史》等史料记载，自古以来与天文学有密切关系的律学是梁武帝颇为自得的学问。梁武帝将前代留存的浑天仪、浑天象安置在华林园中，还主持制作浑象、漏刻、表等天文仪器。

③《楞伽经》，南朝宋元嘉年间求那跋罗译。

由表 5-2 的对照分析可知，同泰寺一方面如《续高僧传》所记："楼阁台殿，拟则宸宫"，具有写仿世俗性皇宫形制的建筑群；同时，佛塔、禅窟等佛教建筑又点化出浓重的宗教氛围，同泰寺正是宗教与政治王权完美结合的双重道场，是梁武帝追求神圣化皇权的表演舞台。

另外，宫城北墙特地加开的大通门象征着现世与理想的沟通。梁武帝第一次舍身后，符应同泰寺及大通门之名，改年号为大通，暗示皇帝经由舍身的仪式，已将作为现世政治世界的建康宫城与政教合一的双重道场同泰寺打通，大通门正是紧密联系二者的节点，通过它，梁武帝在两个世界间自由流转。

梁武帝非但赋予同泰寺的建筑格局浓重的隐喻色彩，更在其中践行了闻名于世的四次舍身侍佛举动①。当其舍身寺中时，不只是作为一位三宝奴、信仰者的武帝而已，由于皇太子以及群臣以巨额金钱奉赎"皇帝菩萨"清净大舍之举动，使梁武帝在同泰寺神圣的、宗教的、内的世界与世俗的、政治的、外的世界之双重世界结构的道场中，具足了"皇帝菩萨"所享有的皇帝与菩萨之双重身份，确立了王法与佛法之双重权柄，能同时统治臣民与沙

门。而梁武帝从同泰寺的无遮大会上御金辂经大通门回到宫城太极殿，再行登位礼，大赦，改元等政治举动时，他已经不只是一位政治家的武帝而已，而是一位同时掌有宗教统领权的"皇帝菩萨"。

由此，梁武帝经由仪式化、偶像化等繁复隆重的舍身侍佛过程，累积自己的声望、权威，使君权为时人所认同，从而更合情、合法地凌驾于贵族、沙门之上，为建立一个"政教合一""儒佛合一"的新政教体制奠定坚实的基础。同泰寺作为梁武帝践行上述举措的主要场所，是这一非凡历史事件的忠实载体，具有重要的历史文化价值。

4）同泰寺中几个值得讨论的建筑

佛塔

同泰寺的中心耸立有九层佛塔，形象显赫，统摄全寺，精湛的建筑工艺渲染出浓重的佛教氛围，赢得世人交相称颂，如庾信《奉和同泰寺浮图诗》赞咏道：

岧岧凌太清，照殿比东京。长影临双阙，高层出九城。栱积行云碍，幡摇度鸟惊。凤飞如始泊，莲合似初生。轮重对月满，铎韵拟鸾声。画水流全住，图云色半轻。露晓盘犹滴，珠朝火更明。

王训《奉和同泰寺浮图诗》描述道：

王门虽八达，露塔复千寻。重栌出汉

---

①梁武帝舍身时间是：第一次，大通元年（公元 527 年）三月，历时四天；第二次，中大通元年（公元 529 年）九月，历时十七天；第三次，中大同元年（公元 546 年）三月，历时三十七天；第四次，太清元年（公元 547 年）三月，历时五十一天。舍身的仪式是：梁武帝幸同泰寺开无遮大会，首先诏令以某月某日于同泰寺无遮大会，"舍朕身及以宫人并王所境土，供养三宝（佛宝、法宝、僧宝）。"然后脱下皇袍，穿上袈裟，施行清净大舍，舍弃自身的皇位、宫人，以及一切国土，用来供养三宝，这称为"羯磨"。梁武帝在无遮大法会上行羯磨法舍身之后，就住在同泰寺内的别殿中。武帝睡的是朴素木床，用葛布帷帐，使用土瓦器，乘小车，私人执役，乘舆时只穿法服，除此以外的物件一概屏除。武帝舍身期间主要的工作，系以"皇帝菩萨"或"法王"的身份，登大殿法堂为四部大众讲《涅盘经》或《般若经》《三慧品》等佛经。在这一段期间也同时处理军国大事，例如第四次舍身期间就派遣司州刺史羊鸦仁等地方长官，将兵三万趣悬瓠，运粮食应接侯景。

表，层拱冐云心。昆山雕润玉，丽水莹明金。悬盘同露掌，插凤似飞禽。

王台卿《奉和同泰寺浮图诗》：

朝光正晃朗，踊塔标千丈。仪凤异灵鸟，金盘代仙掌。积拱承雕桶，高檐挂珠网。宝地若池沙，风铃如积响。刻削生千变，丹青图万象。……晨雾半层生，飞幡接云上。

由相关诗文略可概括出这座佛塔的基本特征：木构九层，尺度高大，檐下斗拱层迭并覆有珠网，檐角垂挂宝铎；塔顶构建仰覆莲、承露盘、数层相轮，顶部立凤鸟，刹柱上系有飞幡；塔身内外还施以丰富生动的雕刻、壁画及彩画。

其中，关于该塔在顶部立凤鸟的记载是具有重大价值的建筑史料。这种塔刹形式的实物现今唯存孤例，即山西浑源圆觉寺元代密檐塔塔刹，专家考证，圆觉寺塔顶部凤鸟是古代候风仪实物——候风鸟[1]。现存的汉代文献及画像砖上，都有关于在阙或高台等高大建筑顶部立类似凤鸟饰物的文字和图像记载，而将这种形式移植到佛塔上，无疑印证了汉化佛塔与汉地本土高大建筑间明显的承继关系。

另外，按隋代费长房《历代三宝记》所说，该塔"凌云九级，俪魏永宁"，可与北魏孝明帝熙平元年（公元516年）在洛阳凌空出世的永宁寺塔相媲美。而据考古挖掘和文献资料推断，永宁寺塔为方塔，底边各长约38米，总高约150米，规模极其宏大[2]；同泰寺塔与其相仿，无疑巍然可观。

般若台

同泰寺中还有"东西般若台各三层"。般若台在现存佛寺中甚为罕见，按文献记载，在东晋、南北朝以至隋唐佛寺中，这类台式建筑[3]却十分流行，因译经、藏经、修行、受戒或供养信物等不同功用而形态各异，名为般若台则应与当时般若佛学的流行有关[4]。

如东晋慧远创建庐山东林寺，就有般若台作为诸如瞿昙僧伽提婆与《八十华严》的译者佛陀跋陀罗多等大德高僧的译经场所[5]。东晋刘遗民《白莲社念佛记》提到"集于庐山之阴，般若台精舍阿弥陀像前"，晋无名氏《莲社高贤传·慧远法师》"于般若台之东龛方从定，起见阿弥陀佛"等描述可见，该般若台可能是一座砖石台，上建多开间的精舍，用于译经和清修。麦积山石窟127窟西壁的北魏壁画《西方净土变》、敦煌莫高窟第217窟北

①王其亨：《浑源圆觉寺塔及古代候风鸟实物》，载于《文物》，1987（11），63~64页。
②参见傅熹年《中国古代建筑史·卷二·三国、两晋、南北朝、隋唐、五代建筑》，155~193页，北京，中国建筑工业出版社，2009。
③梁思成先生曾就台式建筑定义："一种高的建筑，下部或用木或用砖石，筑成高基，再在基上建筑起房子来。"见《我们所知道的唐代佛寺与宫殿》，载《中国营造学社汇刊·三》。
④汉末三国时，流通的佛经译本分两类：小乘禅学和大乘般若学。东晋时，因般若学的基本理论与当时兴盛的本土玄学十分接近，故而得到当时士族文化阶层的接受和提倡，进而广泛流布于社会。
⑤《高僧传·僧伽提婆传·正藏》：庐山慧远法师……即请（僧伽提婆）入庐岳，以晋太元中，请出《阿毗昙心》及《三法度》等。提婆乃于般若台，手执梵文，口宣晋语，去华存实，务尽义本。

壁的初唐壁画《观无量寿佛经变》、河北磁县南响堂山石窟第二窟隋刻《西方净土变》[1]中均绘有当时台式建筑的明确形象。砖石台的基座多有收分，台顶周匝勾栏的平座上建木构殿屋；木台常为下砌砖石底座，树立木柱承挑斗拱平座或勾栏，上建殿屋。

释道宣《广弘明集》载东晋王齐之《萨陀波仑赞》注称："因画般若台，随变立赞"，有学者推论意为庐山社众在般若台台基上以《道行般若经》为底本，画上了四幅般若的变相图[2]。

梁朝僧佑《出三藏记集·法苑集》载：僧佑先后在建康城内建初寺和钟山定林上寺营建般若台，造立经藏，功德广受称颂。所述应为类藏经阁的高台建筑，底层架高可防避潮湿虫蚁。

唐房玄龄《晋书·姚兴载记》："起浮图于永贵里，立般若台于中宫，沙门坐禅者恒有千数。"而宋代宋敏求《长安志》更记录此台"居中作须弥山，四面有崇岩峻壁，珍禽异兽，林草精奇，仙人佛像俱有"。此台似为供养信物、四壁雕绘精美的台座式建筑。

唐玄奘译《大般若波罗蜜多经卷·初分常啼菩萨品》也描述了类似形制的般若台："其路边有法涌菩萨所营七宝大般若台。以赤栴檀而为涂饰。悬宝铃铎出微妙音。周匝皆垂真珠罗网。于台四角悬四宝珠。以为灯明昼夜常照。……台中有座，七宝所成。其上重敷茵褥绮毡。"

唐怀信《释门自镜录》载："唐衡州衡岳寺慧期，……以载初元年四月八日。于衡岳寺般若台，为僧受戒"，此台则为受戒之用。戒台约起源于三国魏时，或曰起于南朝[3]，榆林窟五代第十三窟绘有二层戒台形象。

以上相关史料大体勾勒出了般若台的基本形制和功用，即为高基座的台式建筑物，同泰寺中的三层般若台可能是分层的台座式建筑，也可能指基座上有三层建筑物。南京栖霞寺现存般若台遗址，仅余石雕台座。日本京都笠置寺历史上有著名的般若台建筑，由现存《日本笠置寺般若台图》可见，其形象与石窟壁画上唐代佛寺台式建筑相当吻合。（图5-9）

同泰寺在历史上虽然仅存在了二十年，但它以"楼阁台殿拟则宸宫，九级浮图回张云表，山树园池沃荡繁积"的格局，完美附会了梁武帝融会中印文化的天象论宇宙图式，隐喻其政教合一的政治构想，承载了武帝舍身侍佛和臣民奉赎皇帝菩萨等一系列特殊历史事件，具有重要的历史文化价值。史料记载中同泰寺严整的总体布局和丰富的建筑类型，为中国早期佛寺建筑研究提供了宝贵资料，其中折射出的对异国建筑文化的融通和再创造精神，堪为今人借鉴。

[1] 现藏于华盛顿富利阿美术馆（Froer Gallery）。
[2] 赖鹏举：《罗什入关以前中国的净土思想》，载于《法光学坛》，1997（1）。
[3] ［宋］高承：《事物纪原》，引自萧默：《敦煌建筑研究》，北京，文物出版社，1989。

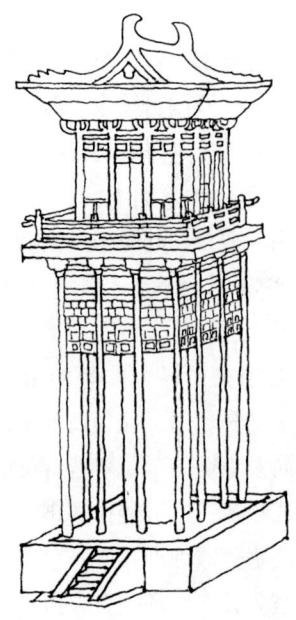

木台（摹自萧默《敦煌建筑研究》）

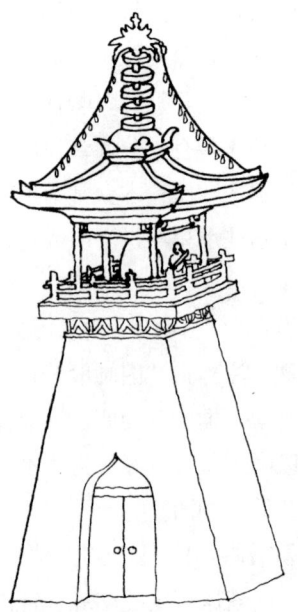

砖台（摹自萧默《敦煌建筑研究》）

［北魏］桓氏一族供养石佛立像，塔刹的形制
（引自文物出版社1994年版金申编著《中国历代纪年佛像图典》，纽约大都会博物馆藏）

图5-9　般若台

四、山林佛寺

1.山林佛寺的成因

两晋之际，汉地佛教初步发展，但中土胡汉混战，各国兴衰无常。佛教僧人有的趋附于新兴统治者，有的则避地而居，聚徒讲学。在江南，自东晋时起，长江中下游的江陵、庐山、豫章、寿春、会稽等地，出现了一批以山林佛寺为主体的地方佛教中心。风气所及，南朝帝王也多有择址山林敕建佛寺者。

江南山林佛寺的兴盛，与相应的自然和社会条件有直接关系。首先，江南丰美的山水是其环境依托，许多名僧名士对此都不乏赞誉之辞：

崇岩吐清气，幽岫栖神迹。希声奏群籁，响出山溜滴。有客独冥游，径然忘所适。（［东晋］慧远：《庐山东林杂诗》）

顾长康从会稽还，人问山川之美，顾云："千岩竞秀，万壑争流，草木蒙笼其上，若云兴霞蔚。"（刘义庆：《世说新语·言语》）

王子敬云："从山阴道上行，山川自相映发，使人应接不暇。若秋冬之际，尤难为怀。"（《世说新语·言语》）

一方面，山居禅观和山林讲经原本就是佛家推崇的修为方式。另一方面，东晋以降高僧与士人的密切交往，也是山林佛寺勃兴的主要动因。东晋时，出现了一些幼年受儒家经典熏染，而后又接受并钻研佛教义理的僧人，其中有不少是高门子弟。不论从社会关系上还是思想生活方式上，他们都与士大夫阶层有着极为密切的联系。如名僧竺潜（法深）是西晋丞相王敦之弟，成帝末，隐迹剡山（今浙江绍兴），其弟子竺法友及名僧支遁（道林）、于法兰、释道宝（王导之弟）等，皆继之居剡，立寺行道（《高僧传·卷四》）。可见，山林佛寺多为修行讲学而立，在一定程度上也是隐逸意识与出家行为相结合的产物。而东晋高僧慧远更是"博综六经，尤善老庄"，他以儒、道典籍来会通佛理，吸引文人名士接受佛教。其造立的庐山东林寺，是集中了众多名士的庞大宗教集团，"彭城刘遗民、豫章雷次宗、雁门周续之、新蔡华颖之、南阳宗炳、张莱民、张季硕等。并弃世遗荣，依远游止"（《高僧传》卷六《释慧远传》）。影响所及，许多士人庄园中也建置禅房、精舍等佛教建筑，如谢灵运始宁山居中，就"面南岭，建经台。倚北阜，筑讲堂。傍危峰，立禅室。临浚流，列僧房"（谢灵运：《山居赋》）为僧人提供定期聚众说法的场所："安居二时，冬夏三月。远僧有来，近众无阙。法鼓朗响，颂偈清发。……山中兮清寂，群纷兮自绝。周听兮匪多，得理兮俱悦。"（谢灵运：《山居赋》）

故此，山林佛寺多倚重地方士族布施土地或庄园山居而建。例如，上述庐山东林寺，就是慧远在刺史恒伊的资助下兴造的；而齐永明七年（公元489年），高士明僧绍舍山居为精舍，请释法度居之，便是后来的"三论宗"发源地摄山栖霞寺。

2. 山林佛寺的发展

（1）高僧精舍发展而成

山林佛寺许多是由高僧精舍逐渐发展而成的。早期文献中，精舍一词是指文人高士居住、修行兼或讲学之所。两晋之际，讲经大盛，禅法渐行，出现一种以讲学修行为主要功能的佛教建筑，因其与儒家讲学修行的活动方式相近，故当时亦习称为精舍①。

东晋十六国时，精舍的建立更为普遍，都城、山林之中，多有造筑，形制各有不同②。

城市中的精舍有的由衙署改建而成，规模宏大；甚至宫殿中也造立精舍。略如：曾于敦煌立精舍讲学的罽宾僧人昙摩密多，"顷之复适凉州，仍于公府旧事，更葺堂宇，学徒济济，禅业甚盛"（《高僧传》卷三《昙摩密多传》），这是利用衙署改建而成的精舍。东晋太元六年（公元381年），孝武帝"初奉佛法，立精舍于殿内，引诸沙门居之"（《建康实录》卷九）。

山林中的精舍在形式和布局上十分自由，通常依山傍谷而建。例如：

康僧渊在豫章，去郭数十里立精舍，旁连岭，带长川，芳林列于轩亭，清流激于堂宇。乃闲居研讲，希心理味。庾公诸人多往看之。观其运用吐纳，风流转佳，加已处之怡然，亦有以自得，声名乃兴。后不堪，遂出。（《世说新语《栖逸》）

前秦时京兆僧人竺僧朗，皇始元年（公元351年）隐居泰山，

于金舆谷昆仑山中，别立精舍。……朗创筑房室，制穷山美，内外屋宇，数十余区。闻风而造者百有余人。（《高僧传》卷五《竺僧朗传》）

这类精舍往往逐渐发展成为佛寺。如慧远至庐山，始住龙泉精舍，后称龙泉寺。《高僧传》记载此事曰：

（慧远）见庐峰清净，足以息心，始住龙泉精舍……因号精舍为龙泉寺。（《高僧传》卷六《释慧远传》）

慧远之弟慧持到蜀，止龙渊精舍，亦称龙渊寺：

（慧持）遂乃到蜀，止龙渊精舍，大弘佛法。……后境内清恬，还止龙渊寺。（《高僧传》卷六《释慧持传》）

有学者认为，此期佛寺尚未有严格规

---

① 《后汉书·李充传》记陈留人李充于东汉延平中（公元106年）征为博士。母丧行服，"服阕，立精舍讲授"。《后汉书·姜肱传》记其与弟夜遇盗贼，二人争死，后盗贼感悔，"乃就精庐，求见徵君"。唐李贤注："精庐，即精舍也"。《资治通鉴·晋记》引此文，其中胡三省注："盖以专精讲习所业为义。今儒、释肄业之地，通曰精舍。"说明直至宋代，精舍一词仍为儒释共用。

伴随佛经的传译，精舍又有由释迦牟尼修行说法之所引申而来的含义。唐玄奘《大唐西域记》中将西域地区的佛塔庙称作精舍，其中又依体量分为大小精舍。《洛阳伽蓝记》中记景林寺西园"中有禅房一所，内置祇洹精舍，形制虽小，巧构难比"。

② 东晋王珣（丞相王导之孙，小字法护，348—400）曾于都城建康"建立精舍，广招学众"。《高僧传》卷一《僧伽提婆传》。

前秦时京兆僧人竺僧朗，皇始元年（公元351年）隐居泰山，"于金舆谷昆仑山中，别立精舍。……朗创筑房室，制穷山美，内外屋宇数十余区。闻风而造者百有余人"。同上卷五《竺僧朗传》。

制，但凡有僧人主持，并得到社会供养、官方认可，便可立寺。故精舍与佛寺之间，并无明确界限，至南朝初期依然①。如史料所记载的：东晋末（义熙十三年，公元417年），始兴公王恢迎高僧智严至建康，"乃为于东郊之际更起精舍，即枳园寺也"（《高僧传》卷三《释智严传》）。宋元嘉十年（公元433年），西域僧人僧迦罗多"卜居钟阜之阳，剪棘开榛，造立精舍，即宋熙寺是也"。又畺良耶舍元嘉初至京师，"初止钟山道林精舍"，亦即道林寺（《高僧传》卷三《畺良耶舍传》）。

由山林精舍发展而成的佛寺，在建筑营构方式以及审美意趣上，与郊野士人园林没有太大区别，主要注重建筑与环境的有机结合；而略有差异的则是佛寺中往往有较多的佛教建筑，如般若台、塔、佛龛、石室等。由《高僧传》载述东晋慧远兴造的庐山东林寺景观可窥得山林佛寺之一斑：

桓乃为远复于（庐）山东更立房殿，即东林寺是也。远创造精舍，洞尽山美，却负香炉之峰，傍带瀑布之壑，仍石垒基，即松栽构，清泉环阶，白云满室。复于寺内，别置禅林。森树烟凝，石筵苔合。凡在瞻履，皆神清而气肃焉。……远闻，天竺有佛影，是佛昔化毒龙所留之影，在北天竺月支国那竭呵城南古仙人石室中。……每欣感交怀，志欲瞻睹。会有西域道士叙其光相，远乃背山临流，营筑龛室，妙算画工，淡彩图写。（《高僧传·卷六·释慧

远传》）

《高僧传》还记载东林寺有般若台精舍，内有阿弥陀像。又有记载为"般若台"的②，例如：

庐山慧远法师……即请（僧伽提婆）入庐岳，以晋太元中，请出《阿毗昙心》及《三法度》等。提婆乃于般若台，手执梵文，口宣晋语，去华存实，务尽义本。（《高僧传·僧伽提婆传·正藏》）

另外，释道宣《广弘明集》载东晋王齐之《萨陀波仑赞》注称："因画般若台，随变立赞"，有学者推论意为庐山社众在般若台台基上以《道行般若经》为底本，画上了四幅般若经变图③。

值得重视的是，在兼通玄佛的慧远眼中，栖居山林佛寺的最大意义即为：通过栖息岩林，畅情自然山水，而体悟人生和佛学至理。如其《庐山东林杂诗》所言：

崇岩吐清气，幽岫栖神迹。希声奏群籁，响出山溜滴。有客独冥游，径然忘听适。挥手抚云门，灵关安足辟。流心叩玄扃，感至理弗隔。孰是腾九霄，不奋冲天翮。妙同趣自均，一悟超三益。

又《万佛影铭》曰：

廓矣大象，理玄无名，体神入化，落影离形。回晖层岩，凝映虚亭。在阳不昧，处暗逾明。

慧远在诗中生动表述了其融会佛教超越精神的山水审美观，在他看来，自然万物莫不是佛影的体现，莫不充盈、闪射着天地神灵的光辉。可见，山林佛寺与士

---

① 傅熹年《中国古代建筑史·卷二·三国、两晋、南北朝、隋唐、五代建筑》第168、169页。
② 般若台的形制究竟如何目前难以考知，参见前文对同泰寺般若台的相关讨论。
③ 赖鹏举：《罗什入关以前中国的净土思想》，载于《法光学坛》，1997（1）。

人园林，在作为精神居所的本质上，有着极大的共通之处。（图5-10）

（2）帝王敕建的山林佛寺

帝王敕建的山林佛寺，以南方居多。东晋南朝的帝王多崇佛教，因此在修建佛寺上往往不遗余力。在山林中修建的皇家佛寺，除规模宏大外，在格局上也比较完整，塔、殿具备，不像普通的山林佛寺，有时并不立塔，如东晋王劭所造枳园精舍，

即为"虽房殿严整，而琼刹未树"[1]。

"皇室造寺祈福之风，先盛于北魏，后渐于南朝。《建康实录》所记南朝建康佛寺中，以梁武帝时所置者最多，计四十余所，其中武帝为祈福而亲立者，便有七所"[2]。这七所佛寺中，仅有同泰寺建于城区，其余六所都为山林佛寺。

这些皇家佛寺多选择山川形胜之处，充分结合自然环境进行营构，史料对其多有载述：

（梁武帝）于钟山北涧建大爱敬

[五代] 荆浩《匡庐图》
（引自《中国美术全集·隋唐绘画》）

[南宋] 摹本，北宋李公麟《莲社图》
（引自《中国美术全集·两宋绘画》）

图5-10　佛寺

---

① 梁沈约：《南齐仆射王奂枳园寺刹下石记》，《广弘明集》卷十六。
② 即位后，为亡母造大智度寺于青溪侧，天监二年（公元503年），立法王寺；天监六年（公元507年），舍宅造光宅寺；天监十年（公元511年），为德皇后造解脱寺；天监十三年（公元514年），为贤志造劝善寺；普通元年（公元520年），为亡父造大敬爱寺于钟山；大通元年（公元527年），为自己造同泰寺于宫后。见《建康实录》卷十七。《续高僧传·卷一·释宝唱传》。转引自傅熹年《中国古代建筑史·第二卷》第163页。

寺，……中院之去大门，延袤七里，廊庑相架，檐霤临属。旁置三十六院，皆设池台，周宇环绕。千有余僧，四事供给。(《续高僧传》卷一《释宝唱传》)

（大爱敬寺）面势周大地，萦带极长川。棱层叠嶂远，迤俪嶝道悬。……落英分绮色，坠露散珠圆。当道兰藿靡，临阶竹便娟。……攀缘傍玉涧，褰陟度金泉。长途弘翠微，香楼间紫烟。（萧衍《游钟山大爱敬寺》)

善觉寺：

飞轩绛屏，若丹气之为霞，绮井绿浅，如青云之入吕。……聿遵胜业，代彼天工。四园枝翠，八水池红。花疑凤翼，殿若龙宫，银城映沼，金铃响风。露台含月，珠幡拂空。（梁元帝《善觉寺碑》)

开善寺：

诘屈登高岭，回互入羊肠。稍看原蔼蔼，渐见岫苍苍。……兹地信闲寂，清旷惟道场。玉树琉璃水，羽帐郁金床。紫柱珊瑚地。神幢明月珰。牵萝下石磴，攀桂陟松梁。洞斜日欲隐，烟生楼半藏。（萧统《开善寺法会诗》)

具有优美园林景观的皇家佛寺，是帝王调节情绪、涤荡性灵的上好去处。如梁萧统在诗文中多次阐述的：

尘根久未洗，希沾垂露光。《开善寺法会诗》

暂使劳尘轻。《同泰僧正讲诗》

非曰乐逸游，意欲识箕颍。《钟山解讲诗》

五、石窟寺

建造石窟寺的做法源于印度西南部地区，最早的石窟寺约开凿于公元前3世纪。公元3—5世纪，随着佛教沿丝绸之路的东传，葱岭以东地区也开始出现建造石窟寺的做法。据现存实例和文献记载，中国历史上最早造立石窟寺的地区是丝绸之路北道沿线及河西走廊一带，即龟兹、焉耆诸国和十六国中的西秦、后秦、北凉各国。当时开凿石窟是僧人禅修、同时也是统治者祈福的一种方式。十六国后期，北魏逐渐统一了北部中国，西域及河西一带开凿石窟的做法，很快传入内地，被皇室接受并成为社会各阶层所极为热衷的一种福业。自文成帝即位到孝文帝迁都洛阳之后，平城、洛阳两地相继开凿了规模空前的皇家石窟群，同时，境内各地的凿窟活动，也在各级政府与权贵的主持参与下不断开展。

石窟寺是佛寺的一种特殊形式。按佛教典籍要求，石窟寺的建造通常选择河泉环绕，林木荫郁，幽闭僻静的山崖或台地等自然形胜处，凿窟造像，成为僧人聚居修行之所在[1]。

国内几个著名的石窟寺，多遵循以上择址和建造模式。敦煌莫高窟位于今敦煌市东南25公里处的鸣沙山下，宕泉河水沿鸣沙山东侧自南向北蜿蜒流去；大同

---

[1]僧人习禅需有安静的环境。《禅秘要法经》云："佛告阿难，佛灭度后，佛四部众弟子，若修禅定，求解脱者……当于静处，若冢间，若林树下，若阿练若处，修行甚深，诸圣贤道。"《付法藏因缘传》卷二载"山岩空谷间，坐禅而宴居，风寒诸勤苦，悉能忍受之"，明确指出应在石窟中坐禅，而且坐禅要山居。参见刘慧达：《北魏石窟与禅》，载于《中国石窟寺研究》，宿白，北京，文物出版社，1996。

云冈石窟寺位于今山西大同旧城西15公里的武周山，前临武周川，川水东南流；龙门石窟在今洛阳城南12公里的伊阙，伊水从窟前北流。麦积山石窟寺位于甘肃天水市东南约45公里，它所依托的麦积山山形奇崛，酷似当地农家麦垛。麦积山南对香积山，西北的豆积山、罗汉崖山头成簇，西南是制高点天池坪，背面则为雕巢峪和蟠桃峰，永川河绕山北流。其他如永靖炳灵寺，张掖马蹄寺等石窟也基本是依山环水的格局，可见，石窟寺与山水环境有着十分紧密的联系。(图5-11)

由前文所述可知，魏晋南北朝时期，由于政权和佛教的盛衰不定，有些僧人避地而居，兴立佛寺，聚徒讲学，部分山林石窟寺的兴造即与此相关。甘肃天水的麦积山石窟寺是为典型。

1. 麦积山石窟寺的历史沿革

据石刻铭记及史料记载，麦积山"始建于姚秦（约公元385—420年），成于元魏"[1]，《高僧传·宋伪魏平城释玄高》载"高乃杖策西秦，隐居麦积山。山学百余人，崇其义训，禀其禅道"。玄高以禅法名世，是佛教史上著名高僧，北魏太子晃曾事之为师。玄高能与百余人在麦积山参禅修行，可见此前禅窟已有一定规模。

自北魏太和末年到隋开皇年间（约公元500—600年），是麦积山凿窟的盛期。后经隋开皇二十年（公元600年）与唐开元二十二年（公元734年）两次大地震，窟群的中部崩塌，毁失了相当数量的早期洞窟，整个窟群也从此分为东崖和西崖两部分[2]。唐宋多利用旧窟重装或改塑，艺术日趋精湛。明清亦妆銮旧塑，但多失原型。

2. 麦积山石窟寺与山林环境的有机结合

麦积山石窟寺以其精湛的佛教雕塑、绘画和建筑艺术而闻名[3]，此外，它还具有独特的环境景观成就，是其文物价值中不可分割的组成部分，具有以下特征：

其一，以奇崛的崖体形貌与窟龛镌凿结合，形成极富美感的石窟寺外观。

其二，以精心择取的自然山水格局完美附会了神秘的佛教宇宙空间图式——曼荼罗，成功烘托出宗教场所精神，是中国

---

[1] 麦积山第76窟佛座中央剥蚀部分底层铭记表明此窟建于后秦弘始九年。南宋绍兴二十七年刻石，南宋嘉定十五年《四川制置使给田公据碑》，明崇祯十五年《麦积山开除常住地粮碑》，南宋《方舆胜览》等，见金维诺.《麦积山石窟的兴建及其艺术成就》，载《中国石窟·天水麦积山》，文物出版社、平凡社，1998。
[2] 参见傅熹年《中国古代建筑史·第二卷》。
[3] 在佛教雕刻方面，麦积山石窟寺留存的塑像数量众多，制作精湛，足以代表中国佛教雕塑艺术的高超水平，尤其是北朝窟龛造像遗存完整，全面系统地反映了自北魏至隋代中国佛教雕塑发展演变的全过程。在绘画艺术方面，保存有我国石窟寺中年代最早的大型经变壁画（127窟，北魏），为研究经变画以及中国山水画的起源和发展提供了重要依据。在建筑艺术方面，遗留了多座反映南北朝时期建筑形式的龛窟，从外形和室内两方面弥补此段时期建筑史的空白。

图 5-11　云冈石窟全景（引自文物出版社、平凡社 1991 年版《中国石窟·云冈石窟》）

目前体象曼荼罗图式的古迹遗存中年代较早的一例[1]。

其三，麦积主峰与周围群山间大小高卑、远近离合、主从虚实关系的精妙组合，是中国古代关于外部空间设计的"风水形势之法"的成功实践例证。

（1）麦积通天栈，悬崖势倒垂——奇崛的崖体形貌

麦积山石窟寺崖体形貌之奇崛峻秀堪谓中国石窟寺之首，与举世闻名的敦煌莫高窟、大同云冈石窟、洛阳龙门石窟相比，后三者虽均依山而凿，然山形平板，只起窟龛载体之用，本身的景观意义并不鲜明；而麦积山则一崖孤耸，山体圆浑饱满，状如积麦，加以竖向错落布置、高下达十余层的窟龛，以及凌空飞架、联系各窟的栈道，整个崖体宛如天宫楼阁，极富观赏价值。（图 5-12）

（2）佛教场所精神之高扬——因借自然、气势恢宏的曼荼罗格局

各国的宗教建筑格局，都与其民族认定之宇宙图式有不可分割的联系。

曼荼罗意译为坛、道场，本是印度《吠陀经》中的抽象场所概念，包含四极与中央的意义。佛教兴起后，吸收了曼荼罗图式，并结合印度古代关于宇宙构造的理论"须弥山说"[2]，将曼荼罗衍为佛教宇宙观的象征图式。它有着明确的中心和边界，

---

① 该观点由王其亨先生在实地调研中提出，本文结合文献考证加以阐述。

② 须弥山说：位于大地中央的宇宙之山，是大神梵天（Braham）居住的须弥山（Sumeru,Mount Meru），四边是所谓东胜身、南瞻部、西牛货、北俱卢等四大部洲。其外有七山七海，最外为咸海和铁围山。

空间阵列是环绕中心层层布置并由中心向外渐次减弱等级层位的"聚集"型，从三维的空间意象看，中央即是须弥山所在①。（图5-13）

中国古代早期的祭祀建筑以《河图》《洛书》演成的九宫格为蓝本，②印度则附会曼荼罗图式，③二者均隐喻四方围绕中央的宇宙格局。汉代以降，中土佛寺渐兴。由于佛教传入初期依附于中国本土信仰，因此当时的中国佛寺形象多为本土祭祀建筑与印度塔庙的综合，《后汉书·陶谦传》所记笮融"大起浮图寺，上累金盘，下为重楼，又堂阁周回"，描述的便是具

印度塔庙色彩的浮图居中式佛寺院落。晋怀帝永嘉中（公元307—313年），西域僧人帛尸梨蜜多罗翻译密宗经典《大孔雀王神咒经》，曼荼罗系统地传入中国④，更广泛地影响了中国寺院格局，西晋墓中出土的魂瓶上所塑建筑群，被专家定位为当时寺院的写照，明确体现了高大的佛阁、佛塔居中、周围低矮建筑环绕的曼荼罗意向寺院格局。（图5-14）南北朝时期很多佛寺建筑采用了此种布局模式，著名的一例即北魏胡太后所建的洛阳永宁寺，其建造年代与麦积山石窟相差不远。南朝梁代建康同泰寺则是附会融合中印宇宙模式

图5-12　麦积山石窟外景（始建于姚秦）

①在佛教教义中须弥山是将宇宙三界（天界、地界、地狱各七层）连通起来的世界之柱，法轮之轴。
②如西汉长安南郊的明堂辟雍遗址和王莽九庙的建筑格局。
③曼荼罗图形在意象、形体和模数参照等方面，自古为印度城市和庙宇的设计所运用，类似于九宫"择中"布局的塔庙形态最为典型，如古都巴特那出土的公元3世纪以前的泥板雕刻上有多层塔庙居中的塔院、犍陀罗的雀离浮图遗址和菩提伽雅大塔，以及吴哥窟的塔庙群等，都表现了"须弥"居中的曼荼罗意象。
④王世仁：《佛国宇宙的空间模式》，引自《王世仁建筑历史理论文集》，北京，中国建筑工业出版社，2001。

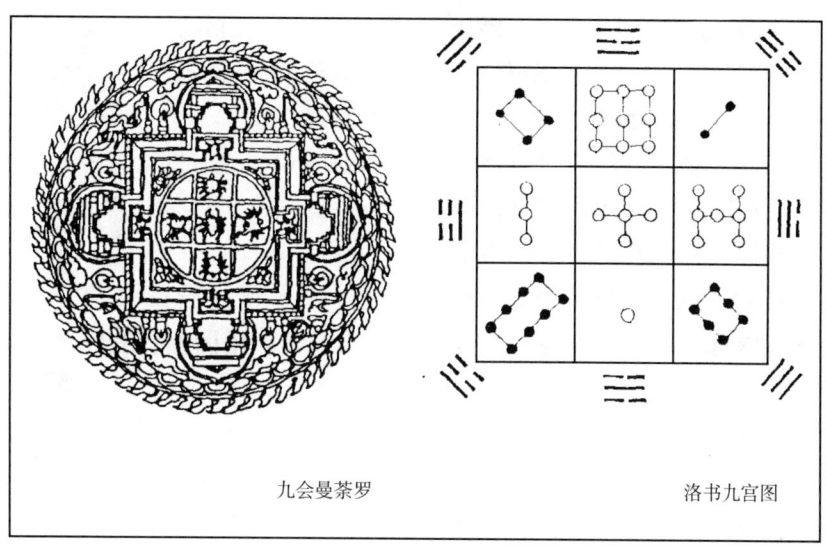

九会曼荼罗　　　　　　　　　　　洛书九宫图

图 5-13　曼荼罗与洛书九宫图

图 5-14　西晋墓出土魂瓶

的天象论[1]，也是曼荼罗图式的流脉。

始建于姚秦的麦积山石窟寺，其环境格局之择取经营，成功地附会了曼荼罗图式：主峰麦积山是曼荼罗中心，显赫的位置标举了其主体地位，象征须弥山；同时，其竖直感强烈的山体形象和竖向布局的佛

---

[1]天象论是梁武帝萧衍于天监年间（约525年）提出的宇宙理论，该论融会了中印宇宙观，全文载于唐瞿坛悉达撰《开元占经》。

窟隐喻着它作为世界之柱连通宇宙三界、勾通天地的神圣意义；四周层层拱卫的香积山、天池坪、豆积山、罗汉崖、小献山、蜂儿崖等大小群山及山间谷地则象征环绕须弥山的各大部洲和七山七海。这些山脉绵延层迭，在方圆十数里的范围内塑造出强烈的向心性空间感，将所有神秘和崇高的寓意指向该空间的中心——麦积山。正如寺僧所述："伏睹本寺继传名相，历劫胜因，群山围绕，中间突起一峰，镌凿千龛，现垂万象。"（图5-15）

可见，在佛教意义上，麦积山的环境格局就是一个气势恢宏的曼荼罗大道场，是巧妙结合自然山水营构的清修事佛的神圣场地。在这里，奇崛的自然景观和神秘的宗教含义完美契合，具有高度象征意义的空间处处彰显着屏除杂念、实现轮圆俱足的佛教场所精神。不可否认，如此精妙的环境景观必然激发信众们强烈的宗教情感和创作热情，而这些精神力量无疑是成就麦积山石窟寺巧夺天工、价值非凡的佛教雕塑、绘画、建筑等文化艺术遗产之直接动力。

这种在规划选址中追求曼荼罗图式的意匠在中国建筑史上影响很大[①]，尤其是黄教兴起之后清帝为绥和蒙藏而建的避暑山庄和外八庙，即组成世界上最大的曼荼罗，其空间拓扑形态与麦积山一脉相承。

（3）传统建筑文化之展现——环抱有情、相因相济的风水形势

麦积山石窟寺的雕塑、绘画等佛教艺术作品与自然景观经整体组合后给人留下了深刻美感体验。这一非凡成就的取得除了受西来佛教文化影响外，还得益于中土固有的风水形势理念。

中国传统建筑文化十分注重人文美与自然美的有机结合，并形成了精辟的理论体系，其中，以风水形势说最具普适性。据考证，风水"形势"说在春秋战国时代已具备雏形，汉晋之际初成体系，而后衍为严整的风水理论[②]。它包括了对于构成自然景观的"形"与"势"的评审和选择，以及如何有机协调组织建筑等人文景观，在审美愉悦的基础上，使人深入理解和领

图5-15 麦积山"群山围绕，中间突起一峰，镌凿千龛，现垂万象"

---

①吴晓敏：《因教仿西卫，并以示中华——曼荼罗原型与清代皇家宫苑中藏传佛教建筑的创作》，天津大学博士论文，2001。

②传世较早的风水要籍如《黄帝宅经》《管氏地理指蒙》《郭璞古本葬经·内篇》，详见王其亨：《风水形势说和古代中国建筑外部空间设计探析》，见《风水理论研究》，天津，天津大学出版社，1992。

悟整个环境空间的美学内涵。

麦积山石窟寺即是风水形势说付诸实践的杰出例证，其设计意匠可归纳为如下两大方面。

其一，众山朝拱，一峰独尊的群体空间格局。

麦积山石窟寺在环境空间上之所以形象显赫，地位突出，完全得益于与周围群山的总体配合。麦积主峰与四周山峦拥有中心—外围的自然格局：处于基地中心位置的麦积主峰山体圆浑饱满，崖壁丹色浓醇；周围的群山则周匝环抱，绵延起伏，构成气势浩大的底景，众星拱月般映衬着麦积奇峰。所谓"驻远势以环形，聚巧形以展势"，古代哲匠运用风水理论，在上述自然造化的基础上合理经营，选取麦积山营建石窟寺，首先强化出了整体环境的中心，而后借助完形心理，凸显周围群山的集结内敛和辐辏向心，最终完美渲染出麦积山石窟寺众山朝拱，一峰独尊的群体景观形态和空间心理感受。

其二，顾盼有情，形势相乘的主辅景观对话关系。（图5-16）

麦积山崖壁窟龛的开凿，精心考虑了与周围景观在视觉和心理上的对话关系。

窟龛集中开凿于南向和西向崖面。首先，从整体山川形势上看，麦积山的南向和西向不但视野开阔，而且在远景尺度上，南有香积山和天池坪端拱，西有豆积山和罗汉崖顾应。这些山峰的相对高度和体量虽然都不亚于甚至远大于麦积主峰，但因其与主景拉开了适当的距离，而丝毫无喧宾夺主之感；同时，其原本鲜明的山体形象勾勒出生动的天际轮廓，形成视线在远景尺度上的悦目收束，激发观者"返身而诚""天地皆备于我"的审美感知升华。其次，麦积山的西、南两向有大片山地缓坡和低矮小丘，它们与麦积山的距离自100米至500米不等，是远景及中景观赏麦积主峰的绝佳地点，登临其间，麦积山石窟寺"镌凿千龛，现垂万象"的崖壁景观，以及栈道凌空、宛如天宫楼阁的整体形象尽展眼前，是"千尺为势"这一传统外部空间设计理论的成功运用。

可见，麦积山石窟寺主体与周围山水空间在美学层面上有机结合、在美感体验上相济相生。远观崖窟时，"动静阴阳，移步换形"；登临石窟凭栏四望时，群山众水形势相乘，顾盼有情；游观者在身所盘桓、目所绸缪间可欣然体会到天地万物

图5-15　麦积山众山朝拱的空间格局

"相济而相因，……千态万状，相类相生"[1]的自然之道。

第二节 道教宫观的园林环境

道教于东汉初兴，其渊源为古代的巫术，合道家、神仙、阴阳五行之说，奉老子为教主，张道陵倡导的五斗米道为道教定型化之始。东汉末，五斗米道与后起的太平道流行于民间，一时成为农民起义的旗帜。魏晋南北朝是道教的发展完善期，东晋葛洪作《抱朴子》，对道教学说加以理论上的整理，北魏寇谦之制定乐章诵戒，南朝陆修静编著斋醮仪范，道教仪轨自此趋于完备。魏晋南北朝的道教理论主张融合儒、释、道，依附于统治阶级政权，而其讲求服食养生之道、追求长寿不死、羽化登仙，也符合于统治阶级企图永享奢靡生活、留恋人间富贵的愿望。因而，不仅在民间流行，在上层社会也颇有市场。例如，南朝的琅玡王氏（王羲之一房）、高平郗氏、竟陵萧氏，以及北朝的清河崔氏、京兆韦氏等世家大族都竞相崇奉道教。而南朝萧梁道士陶弘景、北魏道士寇谦之等人，更是被当权帝王敬为"山中宰相""拜事甚谨"，具有非比寻常的社会地位。

道教着眼于现世，讲求通过清修吐纳养气，服食药物养身等方式祛病祸而致神仙。为方便采集药物，锻炼神丹，道士往往居于山林；同时，山清水秀的环境也适合于吐纳调息、清修静养。故此，道士所居宫观多择址山林，据传东汉时天师道的创始人张道陵就在峨眉山修持；东晋葛洪隐居浙江灵隐山[2]。经历代延承，许多道教宗派常常与深山古岭并为指称。例如，嵩山天师道（北魏寇谦之在此创新天师道），茅山道（萧梁陶弘景在茅山创该道），终南山楼观道等等。

山林道观在建筑营构方式以及审美意趣上，与郊野士人园林基本趋同，也是注重建筑与环境的有机结合。例如陶弘景在茅山的道观，《梁书·处士列传·陶弘景传》记之曰：

> 陶弘景字通明，……于是止于句容之句曲山。恒曰："此山下是第八洞宫，名金坛华阳之天，周回一百五十里。昔汉有咸阳三茅君得道，来掌此山，故谓之茅山"。乃中山立馆，自号华阳隐居。始从东阳孙游岳受符图经法。遍历名山，寻访仙药。每经涧谷，必坐卧其间，吟咏盘桓，不能已已。……永元初，更筑三层楼，弘景处其上，弟子居其中，宾客至其下，与物遂绝，唯一家僮得侍其旁。特爱松风，每闻其响，欣然为乐。……天监四年，移居积金东涧。

梁代刘孝标也记述了其东阳金华山居旁的道观建筑景象：

---

①《管氏地理指蒙》，转引自王其亨：《风水理论研究》，天津，天津大学出版社，1992。
②《水经注·卷四十·浙江水》记载：浙江又东迳灵隐山，山在四山之中，有高崖洞穴，左右有石室三所，又有孤石壁立，大三十围，其上开散，状似莲花。昔有道士，长往不归，或因以稽留为山号。（会贞按：《环宇记》许由、葛洪皆隐此山，入去忘归，本号稽留山，今有寺。）

……有道观，亭亭崖侧，下望云雨。蕙楼茵榭，隐映林篁。飞观列轩，玲珑烟雾。……观下有石井，峯跱中涧，雕琢刻削，颇类人工。跃流溙泻，济涌泱咽，电击雷吼，骇目惊魂。寺观之前，皆植修竹，檀栾萧瑟，被陵缘阜。[1]

①刘孝标《东阳金华山栖志》，载于《全上古三代秦汉三国六朝文·全梁文》卷五十七。

第六章

结论

魏晋南北朝士人地位攀升、宗教蓬勃发展、文化多元繁荣等特殊历史际遇，促发了士人园林、佛寺园林、道教宫观园林等新园林类型的大量涌现，公共园林、衙署园林也初现端倪。它们与皇家园林并行发展，打破了秦汉时期皇家宫苑独尊的局面，建构了后世园林体系的基本类型框架。

魏晋南北朝时期山水美学的突破性发展促进了园林审美内涵的凸显和造园审美追求的自觉，园林经营不再侧重于秦汉时期的满足园主的物质生活需求，转而向营建陶冶情操、安顿心灵的精神居所发展。中国古典园林以山水审美为主题、以寄情赏心为旨归的独特精神气质和艺术风貌，由此逐渐显化和确立。

魏晋社会的主流文化，并非如学界普遍认为的那样，是儒学的衰落。儒学的地位并未因玄学的"援道入儒"而受到动摇；在与道、佛思想的碰撞交融中，儒学反而显示出更鲜活的生命力。只有走出"庄老道家思想占主导地位"这一误区，抛弃一切成见，才有可能客观地评价魏晋哲学思潮的典型表征即玄学的本质，以及山水美学获得巨大发展的根本原因。

魏晋玄学本质上不是"玄虚"和"虚无"，更不等同于老庄道家学说。玄学是以易学为中心的儒学反思，理性精神是其核心。通过兼收并蓄的反思与更新，儒学在魏晋以玄学的形式保持延续，并始终处于社会文化的主流地位。玄学中的老庄，是被儒学改造后的老庄。玄学对先秦儒学的更新，为大量纯哲学、纯美学范畴的产生和发展完善作出了极大贡献。

玄学"辩名析理"的抽象思维方式，不仅在于深化了哲学本体论研究，而且训练了主体的逻辑思辨和理性思维能力。以此为工具对艺术所作的本体论探究、对审美理想的追求和对审美特征的把握等，将推重"神""情""气""韵""言""意"等玄学要义从哲学领域引向美学，有力推动了魏晋美学的蓬勃发展。

玄学宇宙本体论由"贵无"向"崇有"的转变，构成了山水审美兴盛的哲学基础。一方面，"崇有"促使魏晋人充分重视事物的感性形态——形式美；另一方面，"崇有"发展出"圣人虽在庙堂之上，然其心无异于山林之中"的思想，解开了魏晋士人承自庄学的、关于精神超越无法与现实生活接轨的矛盾情结，将深受魏晋人推崇的庄子心性逍遥引向了审美境界，同时也形成了"出处同归"的儒道合流隐逸观。由此具备了山水审美的两大基本条件——关注山水感性形态和审美化心性超越。在此基础上，魏晋士人承继和发展孔子儒学比德、比道的山水审美观、"礼乐复合"的人生理想以及"修身求志"的隐逸观，掀起了空前的山水审美热潮。优游林泉和山水园居成为社会风尚，从而有力促进了园林审美内涵的凸显和开掘。

魏晋南北朝门阀政治、庄园经济等特殊的社会背景和空前活跃的文化氛围，促发了士人对"山水"这一审美对象的深入开掘，形成山水审美的社会风尚，与山水为伴的生活模式成为士人安顿身心的理想选择，士人园林日渐发展兴盛。此期的士人园林超越了两汉私家园林侧重物质资料占有和财富炫耀的特征，凸显出娱游赏会和修身养性的审美内涵。士人们在园林意匠和创作风格上推陈出新，开园林小型化和景观写意化之先河，为后世文人园的成熟和跃居中国古典园林体系的主导地位奠定了坚实的基础。

魏晋南北朝的皇家园林，由于帝王深染士风以及延请士人主持造园，在总体风格上深受士人园林的影响；发端于两晋南北朝的寺观园林也在一定程度上脱胎于私家园林，是宗教生活与士人园林的结合；同时，衙署园林、公共园林等园林类型，都围绕着士人活动而初显雏形；私家园林中的贵族和富商园林，均追随士人园林风格。可见，魏晋南北朝新兴的士人园林在造园风格上日居主导地位，大大促进了其他园林类型的发展和完善。

伴随理性精神的高扬和山水审美的突破性发展，基于帝王自身的文化修养和倚重士族的政治需要，人文意识充分渗透到魏晋南北朝皇家园林中，园林中的审美化氛围日渐浓重。皇家园林汲取士人园林精华，融入佛学等新兴文化因素，逐渐摆脱了汉代宫苑"惟帝王之神丽，惧尊卑之不疏"的单一模式，发展为融会着帝王气象、文人风采和宗教氛围的综合体系。作为礼乐复合型艺术，皇家园林不仅是帝王为昭示文治武功而在现实世界塑造的人间天堂，还是一个可居、可游的居住环境，更是一个赏心悦目、修身养性的精神故园。中国皇家园林独特的"圣王境界"逐步凸显。

洛阳都城宫苑群在城市规划中具有重要地位。延自东汉，经魏晋和北魏历代经营，洛阳内城的宫苑群，不仅作为城市环境美化要素，还在整体布局上环拱护卫着宫城。并且，各园苑内的池渠水体相互通连，进而与整个都城内部水网以及外部漕运水系连成一体，结合太仓、武器库等重要城市设施，构成了全城军事防御和物资储备、供应系统中至关重要的组成部分。这种结合城市环境和功能需求而精心布置宫苑群总体格局的做法，被后世继承和发展，北宋宫苑以及保存至今的明清北京景山、西苑宫苑群，都与其一脉相承。

两汉之际传入中国的佛教，在魏晋南北朝时期与儒、玄、道等汉地文化密切结合，于义理上相互融通阐发。其"般若学"和"涅槃学"，将神秘的精神实体作为修为的最高境界，提出直觉顿悟的修行方法。这些思想理论，与审美的超越性和直觉性特征契合，促进中国美学形成了超越现实形态的抽象、整体性审美观照方式和写意、侧重意境会晤的艺术表达风格。名僧名士同流，将佛学理论引申到艺术领域进一步阐发和实践，与同期带入的佛教文学、艺术等文化形态一起，推动了园林审美和园林创作手法的创新。

两晋南北朝，随着佛教的汉化和盛行，佛寺大量兴造，并呈现出与山水自然环境紧密结合的趋势，基本可概括为如下三种情况：第一，城市里的佛寺逐渐演变为合院建筑组群与山树园池相结合的模式，有些佛寺甚至特别建设了附属园林；第二，择址兴建于自然山水中的山林佛寺数量可观；第三，一部分石窟寺，也兴造于风景优美的山水环境中。

魏晋南北朝汉地佛寺，之所以形成与山水园林环境紧密结合的格局，除了基于佛教教义因缘，还主要有如下几个时代性和社会性动因：寺院庄园的出现；吸引信众的目的；舍园宅为寺的影响；僧人为避地而居，于山林造寺。

南朝梁代建康著名的皇家寺院同泰寺，其园林化格局是梁武帝天象论所建构的新宇宙图式的象征表达。

始建于姚秦的天水麦积山石窟寺，与自然山水环境紧密结合，完美附会了神秘的曼荼罗佛教宇宙图式，烘托出浓重的宗教氛围；同时，麦积山主峰与周围群山间大小高卑、远近离合、主从虚实关系的精妙组合，是中国古代关于外部空间设计的"风水形势之法"的成功实践例证。

魏晋园林中出现了以下两类写意化创作手法。其一，写整体之意。这是中国古人特有的乐感时空观的产物，亦即将对山水和建筑空间形象的整体节律的把握，反映到园林构筑中，即在有限的基地中，采取"以大观小""小中见大"的理念，营构全景式的、丰富多样的园林山水建筑景观，注重相互位置的经营，形成纡余委曲而又变化多端的、流动性的园林整体空间形象。其二，写个性之意。集中表现为在认识和概括山水个性特征的基础上，以相对抽象、局部或微缩化的手法，营造个性化的园林景观，渲染独特的园林氛围。园林中常见的点景题名、赏石之趣，以及"庭起半丘半壑，听以目达心想"等手法，皆属此类。

园林禊赏景观勃兴于魏晋南北朝时期。原为巫祭的春禊活动，在魏晋被赋予了浓厚的文化意韵，衍为文人雅聚的禊赏盛事，进而经由御苑文会，被纳入皇家园林，由此引发了"曲水流觞"等园林景观的创造性营构，禊赏主题以及后世传承发展的流杯渠、流杯沟、禊赏亭等禊赏建筑在园林艺术创作中始终盛行不衰。

亭由驿站演变为园林中"虚纳胜概、与心同游"的点景建筑。亭在汉代本是驿站建筑，相当于基层行政机构。到魏晋时，随着游弋山水之风日炽，建于郊野山水间的驿亭，往往成为驻足停留和送友话别的地点，因而逐渐演变为一种风景建筑。此时亭的建置，已注意与周围景观的映照关系，亭简洁空灵的建筑形象与魏晋崇尚洗练的审美意趣相契合，被认为是能充分实现人与自然互融的理想建筑，并自此被引入园林，逐渐发展成至关重要的点景建筑。隋唐以后，亭更成为园林中必不可少的构成要素，几乎没有无亭的园林。在古代，园林更多地被称为"园亭""池亭""林亭""亭馆"等，很多园林直接以"亭"命名，如苏州沧浪亭。

点景题名是园林中最具文化内涵的写意手法。撷取相关经史艺文的原型，以解释学的方式援典题名，来凸显作品主题和深化审美意境，这一迥异于世界其他建筑文化的独特创作意匠，在魏晋南北朝园林中已经较为频繁地出现。点景题名往往是园林主人寄寓和表达人生理想的最直接手段，从另一侧面反映了园林作为社会政治和文化特殊载体的本质特征，这种造园手法历代传承，至清代园林达到了蔚为大观的境地。

魏晋南北朝园林景观营造中，叠石手法日渐成熟丰富，如北魏茹皓在洛阳华林园天渊池西侧所造石山，以及北魏洛阳张伦宅园中景阳山，史料都对其石构形态载述详尽。此期还出现了赏石之风，例如南朝梁到溉宅园中的奇礓石，为众人赏好，甚至吸引了梁武帝，后终被掠入华林园。

政治局势动荡的魏晋南北朝，各民族大规模迁徙融合，南朝与北朝、中土与外域的积极交流，促使社会风习、建筑式样、家具装饰等都出现了胡汉兼容的新发展，社会文化呈现出多元交织、融会发展的繁荣景象，从而对建筑和园林的审美意象、艺术手法、类型和内容等产生了巨大影响。

参考文献

［1］陈寿．三国志［M］．北京：中华书局，1959.

［2］房玄龄．晋书［M］．北京：中华书局，1974.

［3］沈约．宋书［M］．北京：中华书局，1974.

［4］萧子显．南齐书［M］．北京：中华书局，1972.

［5］姚思廉．梁书［M］．北京：中华书局，1973.

［6］姚思廉．陈书［M］．北京：中华书局，1973.

［7］魏收．魏书［M］．北京：中华书局，1974.

［8］李百药．北齐书［M］．北京：中华书局，1972.

［9］令狐德棻．周书［M］．北京：中华书局，1971.

［10］魏徵，等．隋书［M］．北京：中华书局，1973.

［11］李延寿．南史［M］．北京：中华书局，1975.

［12］李延寿．北史［M］．北京：中华书局，1983.

［13］陆翙．邺中记．文渊阁四库全书光盘本。

［14］释慧皎．高僧传［M］．汤用彤，校注，汤一玄，整理．北京：中华书局，1992.

［15］颜之推．颜氏家训选译［M］．黄永年，译注．成都：巴蜀书社，1991.

［16］张彦远．历代名画记［M］．俞剑华，注释．上海：上海人民美术出版社，1964.

［17］徐坚，等．初学记［M］．北京：中华书局，1962.

［18］李昉，等．太平御览．文渊阁四库全书光盘本。

［19］王先谦．庄子集解［M］．上海：上海书店出版社，1986.

［20］许嵩．建康实录［M］．张忱石，点校．北京：中华书局，1986..

［21］欧阳询．艺文类聚［M］．上海：上海古籍出版社，1982.

［22］葛洪．抱朴子［M］．上海：上海古籍出版社，1990.

［23］张敦颐．六朝事迹编类［M］．上海：上海古籍出版社，1995.

［24］古今图书集成［M］．影印版．北京：中华书局，1934.

［25］严可均．全上古三代秦汉三国六朝文［M］．北京：中华书局，1958.

［26］逯钦立．先秦汉魏晋南北朝诗［M］．北京：中华书局，1983.

［27］刘义庆．世说新语译注［M］．刘孝标，注，曲建文，陈桦，译注．北京：北京燕山出版社，1996.

［28］杨衒之．洛阳伽蓝记校注［M］．范祥雍，校注．上海：上海古籍出版社，1999.。

［29］王国维．水经注校［M］．上海：上海人民出版社，1984.

［30］司马迁．史记［M］．郑州：中州古籍出版社，1994.

［31］许慎．说文解字注［M］．段玉裁，注．上海：上海古籍出版社，1981.

［32］刘致平．中国居住建筑简史——城市、住宅、园林［M］．北京：中国建筑工业出版社，1990.

［33］刘敦桢．中国古代建筑史［M］．2版．北京：中国建筑工业出版社，1984.

［34］傅熹年．中国古代建筑史·第二卷·三国、两晋、南北朝、隋唐、五代建筑［M］．

北京：中国建筑工业出版社，2001.

［35］周维权.中国古典园林史［M］.北京：清华大学出版社，1990.

［36］张家骥.中国造园史［M］.哈尔滨：黑龙江人民出版社，1987.

［37］冈大路.中国宫苑园林史考［M］.常瀛生，译，北京：农业出版社，1988.

［38］吴功正.六朝园林［M］.南京：南京出版社，1992.

［39］王毅.园林与中国文化［M］.上海：上海人民出版社，1990.

［40］张家骥.中国造园论［M］.太原：山西人民出版社，1991.

［41］中国科学院自然科学史研究室.中国古代建筑技术史［M］.北京：科学出版社，1985.

［42］傅熹年.傅熹年建筑史论文集［M］.北京：文物出版社，1998.

［43］李允鉌.华夏意匠——中国古典建筑设计原理分析［M］.2版.香港：香港广角镜出版社，1984.

［44］李约瑟.中国科学技术史（第一卷导论）［M］.科学出版社、上海古籍出版社，1990.

［45］金学智.中国园林美学［M］.南京：江苏文艺出版社，1990.

［46］洛阳市文物局，洛阳白马寺汉魏故城文物保管所.汉魏洛阳故城研究［M］.北京：科学出版社，2000.

［47］彭一刚.中国古典园林分析［M］.北京：中国建筑工业出版社，1986.

［48］侯幼彬.中国建筑美学［M］.黑龙江：黑龙江科学技术出版社，1997.

［49］王其亨.风水理论研究［M］.天津：天津大学出版社，1992.

［50］山田庆儿.古代东亚哲学与科技文化［M］.沈阳：辽宁教育出版社，1996.

［51］唐长孺.魏晋南北朝史论丛（外一种）［M］.石家庄：河北教育出版社，2000.

［52］王仲荦.魏晋南北朝史［M］.上海：上海人民出版社，1979.

［53］万绳楠.陈寅恪魏晋南北朝史讲演录［M］.合肥：黄山书社，1987.

［54］周一良.魏晋南北朝史札记［M］.北京：中华书局，1985.

［55］朱大渭.六朝史论［M］.北京：中华书局，1998.

［56］刘纬毅.汉唐方志辑佚［M］.北京：北京图书馆出版社，1997.

［57］田余庆.东晋门阀政治［M］.3版.北京：北京大学出版社，1996.

［58］罗宗真.六朝考古［M］.南京：南京大学出版社，1994.

［59］罗宗真.魏晋南北朝考古［M］.北京：文物出版社，2001.

［60］高敏.魏晋南北朝经济史［M］.上海：上海人民出版社，1996.

［61］冯友兰.中国哲学史新编［M］.北京：人民出版社，1986.

［62］冯友兰.中国哲学简史［M］.2版.北京：北京大学出版社，1996.

［63］汤用彤.魏晋玄学论稿［M］.上海：上海古籍出版社，2001.

［64］贺昌群.魏晋清谈思想初论［M］.北京：商务印书馆，1999.

［65］刘大杰.魏晋思想论［M］.林东海，导读.上海：上海古籍出版社，1998.

［66］汤一介.郭象与魏晋玄学［M］.北京：北京大学出版社，2000.

［67］汤一介.昔不至今［M］.上海：上海文艺出版社，1999.

[68]孔繁.魏晋玄谈［M］.沈阳：辽宁教育出版社，1991.

[69]罗宏曾.魏晋南北朝文化史［M］.成都：四川人民出版杜，1989.

[70]李力，杨泓.魏晋南北朝文化志［M］.上海：上海人民出版社，1998.

[71]杜继文.佛教史［M］.北京：中国社会科学出版社，1991.

[72]汤用彤.汉魏两晋南北朝佛教史［M］.上海：上海书店出版社，1991.

[73]吕澂.中国佛学源流略讲［M］.北京：中华书局，1979.

[74]祁志祥.佛教美学［M］.上海：上海人民出版社，1997.

[75]金申.中国历代纪年佛像图典［M］.北京：文物出版社，1994.

[76]李国荣.佛光下的帝王：中国古代帝王佛事活动秘闻［M］.北京：团结出版社，1995.

[77]任继愈.汉唐佛教思想论集［M］.北京：人民出版社，1994.

[78]陈来.古代宗教与伦理：儒家思想的根源［M］.北京：生活·读书·新知三联书店，1996.

[79]陈明.儒学的历史文化功能——士族：特殊形态的知识分子研究［M］.上海：学林出版社，1997.

[80]陈子展.诗经直解［M］.上海：复旦大学出版社，1983.

[81]郝大维，安乐哲.孔子哲学思微［M］.蒋戈为，李志林，译.南京：江苏人民出版社，1996.

[82]李泽厚.论语今读［M］.合肥：安徽文艺出版社，1998.

[83]孙钦善.论语注译［M］.成都：巴蜀书社，1990.

[84]祝敏彻，赵浚，刘成德，等.诗经译注［M］.兰州：甘肃人民出版社，1984.

[85]程俊英，蒋见元.诗经［M］.长沙：岳麓书社，2000.

[86]崔大华.庄学研究——中国哲学一个观念渊源的历史研究［M］.北京：人民出版社，1992.

[87]陈鼓应.庄子今注今译［M］.北京：中华书局，1983.

[88]老子，列御寇.老子、列子［M］.王弼，张湛，注.上海：上海古籍出版社，1989.

[89]李泽厚，刘纲纪.中国美学史［M］.北京，中国社会科学出版社，1984.

[90]李泽厚.美学三书［M］.合肥：安徽文艺出版社，1999.

[91]李泽厚.美的历程［M］.2版.北京：文物出版社，1989.

[92]李泽厚.世纪新梦［M］.合肥：安徽文艺出版社，1998.

[93]宗白华.美学散步［M］.上海：上海人民出版社，2005.

[94]叶朗.中国美学史大纲［M］.上海：上海人民出版社，1985.

[95]徐复观.中国艺术精神［M］.沈阳：春风文艺出版社，1987.

[96]吴功正.六朝美学史［M］.南京：江苏美术出版社，1994.

[97]盛源，袁济喜.六朝清音［M］.郑州：河南人民出版社，2000.

[98]陈炎，仪平策.中国审美文化史：秦汉魏晋南北朝卷［M］.济南：山东画报出版社，2000.

［99］余英时.士与中国文化［M］.上海：上海人民出版社，1987.

［100］宁稼雨.魏晋风度：中古文人生活行为的文化意蕴［M］.北京：东方出版社，1992.

［101］王永平.六朝江东世族之家风家学研究［M］.南京：江苏古籍出版社，2003.

［102］朱大渭，刘驰，梁满仓，等.魏晋南北朝社会生活史［M］.北京：中国社会科学出版社，1998.

［103］范子烨.中古文人生活研究［M］.济南：山东教育出版社，2001.

［104］张立伟.归去来兮：隐逸的文化透视［M］.北京：生活·读书·新知三联书店，1995.

［105］朱良志.中国艺术的生命精神［M］.合肥：安徽教育出版社，1995.

［106］何平立.崇山理念与中国文化［M］.济南：齐鲁书社，2001.

［107］章启群.论魏晋自然观——中国艺术自觉的哲学考察［M］.北京：北京大学出版社，2000.

［108］曹明纲.人境壶天［M］.上海：上海古籍出版社，1993.

［109］韩林德.境生象外：华夏审美与艺术特征考察［M］.北京：生活·读书·新知三联书店，1995.

［110］胡晓明.万川之月——中国山水诗的心灵境界［M］.北京：生活·读书·新知三联书店，1992.

［111］李文初.中国山水文化［M］.广州：广东人民出版社，1996.

［112］刘绍瑾.庄子与中国美学［M］.广州：广东高等教育出版社，1989.

［113］刘天华.画境文心：中国古典园林之美［M］.北京：生活·读书·新知三联书店，1994.

［114］伍蠡甫.山水与美学［M］.上海：上海文艺出版社，1985.

［115］臧维熙.中国山水的艺术精神［M］.上海：学林出版社，1994.

［116］张岱年.中华的智慧——中国古代哲学思想精粹［M］.上海：上海人民出版社，1989.

［117］罗宗强.魏晋南北朝文学思想史［M］.北京：中华书局，1996.

［118］陶潜.陶渊明集全译［M］.郭维森，包景诚，译注.贵阳：贵州人民出版社，1992.

［119］诗品全译［M］.徐达，译注.贵阳：贵州人民出版社，1990.

［120］叶舒宪.诗经的文化阐释——中国诗歌的发生研究［M］.武汉：湖北人民出版社，1994.

［121］郑岩.魏晋南北朝壁画墓研究［M］.北京：文物出版社，2002.

［122］陈传席.六朝画家史料［M］.北京：文物出版社，1990.

［123］蔡仲德.中国音乐美学史资料注译［M］.北京：人民音乐出版社，1990.

［124］蔡仲德.中国音乐美学史［M］.北京：人民音乐出版社，1995.

［125］白翠琴.魏晋南北朝民族史［M］.成都：四川民族出版社，1996.

［126］黄烈.中国古代民族史研究［M］.北京：人民出版社，1987.

［127］孙机.汉代物质文化资料图说［M］.北京：文物出版杜，1991.

［128］舒迎澜.古代花卉［M］.北京：农业出版社，1993.

［129］杜石然.中国古代科学家传记［M］.北京：科学出版社，1992.

［130］林树中.中国美术全集·雕塑编·魏晋南北朝雕塑［M］.北京：人民美术出版社，1988.

［131］陈明达.中国美术全集·雕塑编·巩县天龙山、响堂山安阳石窟雕刻［M］.北京：文物出版社，1989.

［132］宿白.中国美术全集·雕塑编·云冈石窟雕刻［M］.北京：文物出版社，1988.

［133］张安治.中国美术全集·绘画编·原始社会至南北朝绘画［M］.北京：人民美术出版社，2006.

［134］常任侠.中国美术全集·绘画编·画像石画像砖［M］.北京：人民美术出版社，1988.

［135］王树村.中国美术全集·绘画编·石刻线画［M］.北京：人民美术出版社，1988.

［136］宿白.中国美术全集·绘画编·墓室壁画［M］.北京：文物出版社，1989.

［137］金维诺.中国美术全集·绘画编·隋唐五代绘画［M］.北京：人民美术出版社，1984.

［138］金维诺.中国美术全集·绘画编·寺观壁画［M］.北京：文物出版社，1988.

［139］孙纪元.中国美术全集·雕塑编·麦积山石窟雕塑［M］.北京：人民美术出版社，1988.

［140］温玉成.中国美术全集·雕塑编·龙门石窟雕刻［M］.上海：上海人民美术出版社，1988.

［141］董玉祥.中国美术全集·雕塑编·炳灵寺等石窟雕塑［M］.上海：上海人民美术出版社，1988.

［142］龙门文物保管所.龙门石窟［M］.北京：文物出版社，1980.

［143］甘肃省文物考古研究所.河西石窟［M］.北京：文物出版社，1987.

［144］甘肃省文物工作队，庆阳北石窟文物保管所.陇东石窟［M］.北京：文物出版社，1987.

［145］苏州大学图书馆.中国历代名人图鉴［M］.瞿冠群，华人德，执笔.上海，上海书画出版社，1987.

［146］周小棣.东晋南朝崇尚自然的思想及其在园林实践中的表现［D］.东南大学，1995.

［147］成玉宁.中国早期造园的研究［D］.东南大学，1993.

［148］刘彤彤.问渠哪得清如许，为有源头活水来：中国古典园林的儒学基因及其影响下的清代皇家园林［D］.天津大学，1999.

［149］赵晓峰.廓如明圣应相让，心寄空澄天地宽：禅与清代皇家园林——兼论中国古典园林艺术的禅学渊涵［D］.天津大学，2003.

［150］姜东成.秋月春风常得句，山容水态自成图：清代皇家园林自然美创作意向与审美［D］.天津大学，2001.

［151］庄岳.数典宁须述古则，行时偶以志今游：清代皇家园林创作的解释学意象探析［D］.天津大学，2000.

［152］潘灏源.愿为君子儒，不作逍遥游：清代皇家园林的士人思想与士人园［D］.天津大学，1998.

［153］苏怡.平地起蓬瀛，城市而林壑：清代皇家园林与北京城市生态研究［D］.天津大学，2001.

［154］赵春兰.周祎瀛海诚旷哉，昆仑方壶缩地来：乾隆造园思想研究［D］.天津大学，1998.

［155］官巍.松桧阴森绿映筵，可知凤阙有壶天：清代皇家内庭园林研究［D］.天津大学，1996.

［156］吴莉萍.中国古典园林的滥觞——先秦园林探析［D］.天津大学，2003.

［157］孙炼.大者罩天地之表，细者入毫纤之内——汉代园林史研究.［D］.天津大学，2003.

［158］丁垚.隋唐园林研究——园林场所和园林活动［D］.天津大学，2003.

［159］永昕群.两宋园林史研究［D］.天津大学，2003.

［160］赵熙春.明代园林研究［D］.天津大学，2003.

后　记

本书是由 2003 年完成的博士论文整理而成的，仅为阶段性研究成果，尚有以下方面有待进一步深化和完善。

①基于本书所采取的早期园林与明清园林实物追溯互证的研究思路，可以通过继续深入考察明清园林实物，发现新的造园意匠或手法，进而通过追溯历史原型，完善魏晋南北朝等早期园林史的研究工作。

②魏晋南北朝是一个时局空前动荡的年代，政权的频繁交替、都城的迁移更迭，造成了园林实例在各地区散落分布的复杂局面；民族的相互融合，又使该时期的社会文化背景极度纷乱繁杂。故此，由于时间和精力所限，本书未能一一涉及各地区的零散园林实例以及各少数民族文化形态对园林产生的影响。这些工作可以在后续研究中加以完善和补充。

③关于魏晋南北朝历史遗迹的考古发掘工作仍在持续，配合新的考古发现，可以就此期的园林形态和文化进行更切实和深入的探讨。

④魏晋南北朝浩瀚的史料和传世文学、绘画、雕塑等艺术作品，是园林史研究的重要资料依托，本书所作的只是基本的挖掘和整理工作，进一步考证和钻研，将有助于推动研究的深入发展。

⑤魏晋南北朝与部分外域文化如西域、南洋、东洋各国文化有着一定的交流和相互影响。由于语言能力的限制，写作本书之时未能全面了解外域相关资料记载和研究成果以进行参证，此项工作也寄望于日后完善。

傅　晶

2015 年 北京